できるポケット

Excel グラフ

エクセル

基本&活用マスターブック

Office 2021/2019/2016 & Microsoft 365 対応

きたみあきこ & できるシリーズ編集部

インプレス

本書の読み方

関連情報

レッスンの操作内容を補足する要素を種類ごとに色分けして掲載しています。

使いこなしのヒント

操作を進める上で役に立つヒントを掲載しています。

ショートカットキー

キーの組み合わせだけで操作する方法を紹介しています。

時短ワザ

手順を短縮できる操作方法を紹介しています。

用語解説

覚えておきたい用語を解説しています。

ここに注意

間違えがちな操作の注意点を紹介しています。

関連レッスン

レッスンで解説する内容と関連の深い、他のレッスンの一覧です。レッスン名とページを掲載しています。

レッスンタイトル

やりたいことや知りたいことが探せるタイトルが付いています。

サブタイトル

機能名やサービス名などで調べやすくなっています。

レッスン 15 **いつもとは違う色でグラフを作成するには**

動画で見る

配色　練習用ファイル　L15_配色.xlsx

基本編 第2章 グラフをきれいに修飾しよう

グラフの配色を総入れ替えできる

標準のグラフでは、第1系列に［青、アクセント1］、第2系列に［オレンジ、アクセント2］、第3系列に［グレー、アクセント3］……という具合にカラーパレットの決まった色が設定されるため、ありきたりな印象になります。レッスン09で紹介した［色の変更］を使えば色合いを変更できますが、選択肢はカラーパレット内の色の組み合わせなので、既視感のある色合いになります。
いつもとは違う色合いのグラフにしたいときは、ブックの［配色］を変更しましょう。［配色］を変更するとカラーパレットの色が総入れ替えされ、セルやグラフに設定されている色も連動して変わります。下の［After］のブックには青系で統一した配色を設定していますが、さまざまな色相を組み合わせたシックな配色やマットな配色も用意されているので、好みのものを選びましょう。

Before

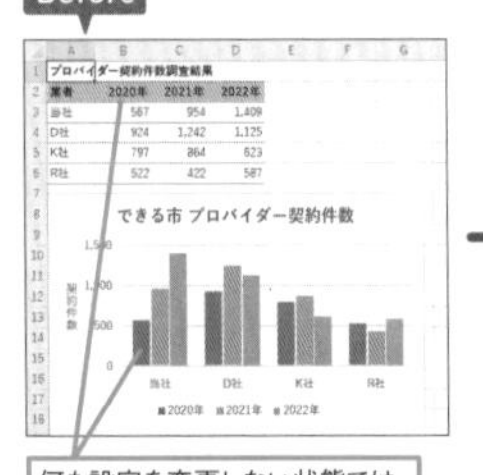

何も設定を変更しない状態では、［Office］の配色となっている

After

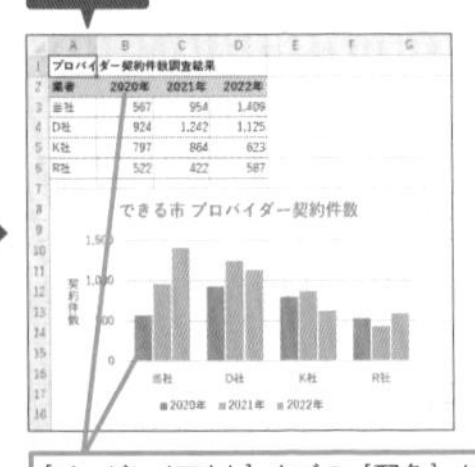

［ページレイアウト］タブの［配色］から選択して、色をまとめて変更できる

関連レッスン

68 できる

練習用ファイル

レッスンで使用する練習用ファイルの名前です。ダウンロード方法などは4ページをご参照ください。

動画で見る

パソコンやスマートフォンなどで視聴できる無料のYouTube動画です。詳しくは18ページをご参照ください。

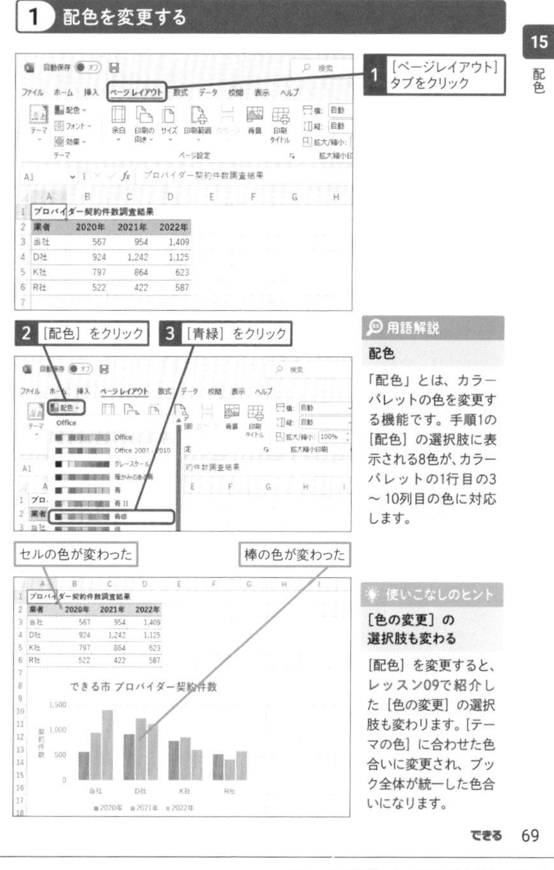

1 配色を変更する

1 [ページレイアウト] タブをクリック

2 [配色] をクリック

3 [青緑] をクリック

セルの色が変わった

棒の色が変わった

15 配色

用語解説

配色

「配色」とは、カラーパレットの色を変更する機能です。手順1の［配色］の選択肢に表示される8色が、カラーパレットの1行目の3～10列目の色に対応します。

使いこなしのヒント

［色の変更］の選択肢も変わる

［配色］を変更すると、レッスン09で紹介した［色の変更］の選択肢も変わります。［テーマの色］に合わせた色合いに変更され、ブック全体が統一した色合いになります。

できる 69

※ここに掲載している紙面はイメージです。
実際のレッスンページとは異なります。

操作手順

パソコンの画面を撮影して、操作を丁寧に解説しています。

●手順見出し

1 配色を変更する

操作の内容ごとに見出しが付いています。目次で参照して探すことができます。

●操作説明

1 [ページレイアウト] タブをクリック

実際の操作を1つずつ説明しています。番号順に操作することで、一通りの手順を体験できます。

●解説

[ページレイアウト] タブの [配色] から選択して、色をまとめて変更できる

操作の前提や意味、操作結果について解説しています。

練習用ファイルの使い方

本書では、レッスンの操作をすぐに試せる無料の練習用ファイルを用意しています。ダウンロードした練習用ファイルは必ず展開して使ってください。ここではMicrosoft Edgeを使ったダウンロードの方法を紹介します。

▼練習用ファイルのダウンロードページ
https://book.impress.co.jp/books/1123101033

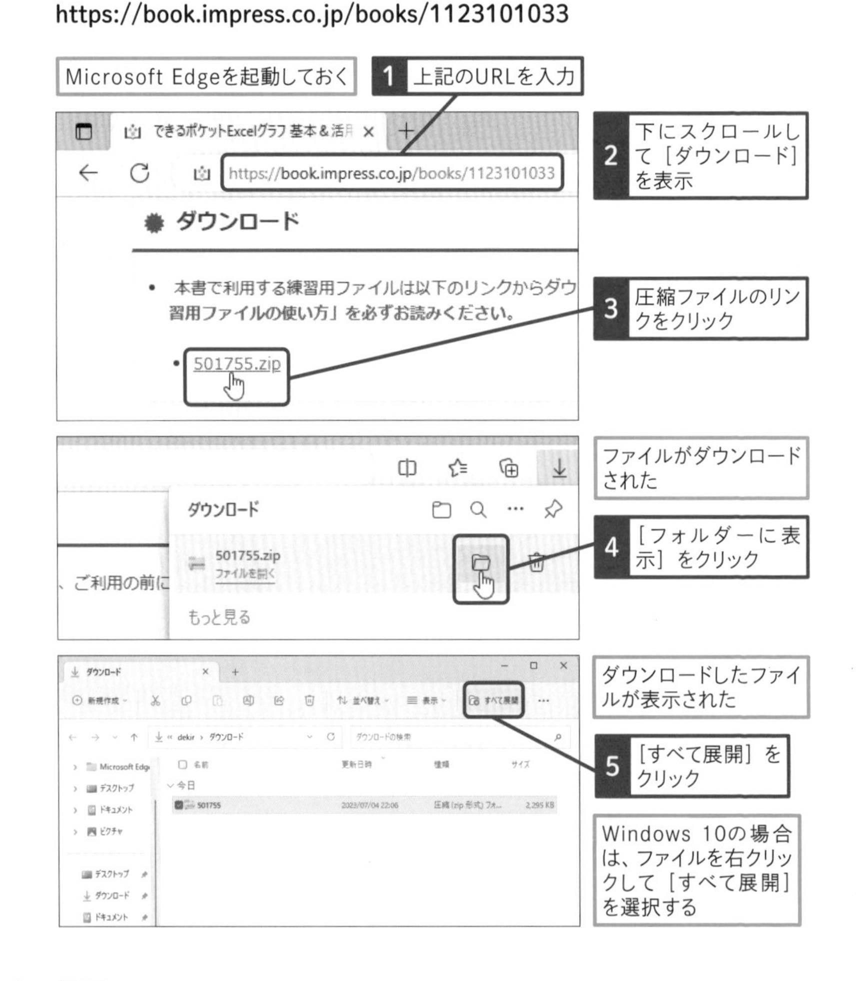

●練習用ファイルを使えるようにする

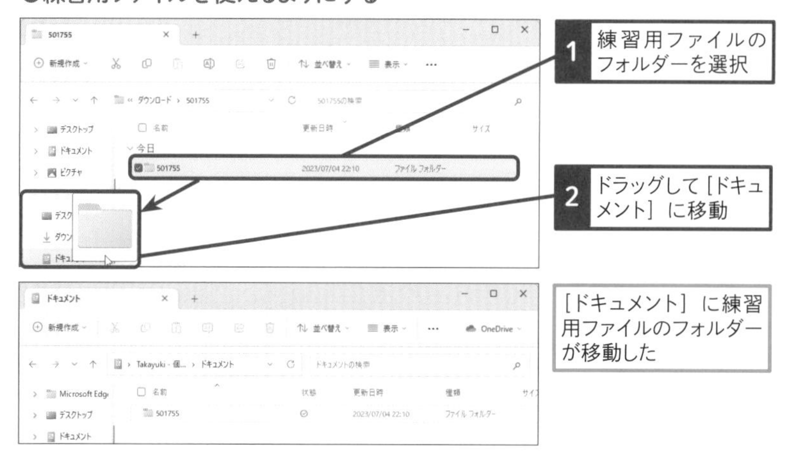

⚠ ここに注意

インターネットを経由してダウンロードしたファイルを開くと、保護ビューで表示されます。ウイルスやスパイウェアなど、セキュリティ上問題があるファイルをすぐに開いてしまわないようにするためです。ファイルの入手時に配布元をよく確認して、安全と判断できた場合は［編集を有効にする］ボタンをクリックしてください。

練習用ファイルの内容

練習用ファイルには章ごとにファイルが格納されており、ファイル先頭の「L」に続く数字がレッスン番号、次がレッスンのサブタイトルを表します。練習用ファイルが複数あるものは、手順見出しに使用する練習用ファイルを記載しています。手順実行後のファイルは、［手順実行後］フォルダーに格納されており、収録できるもののみ入っています。

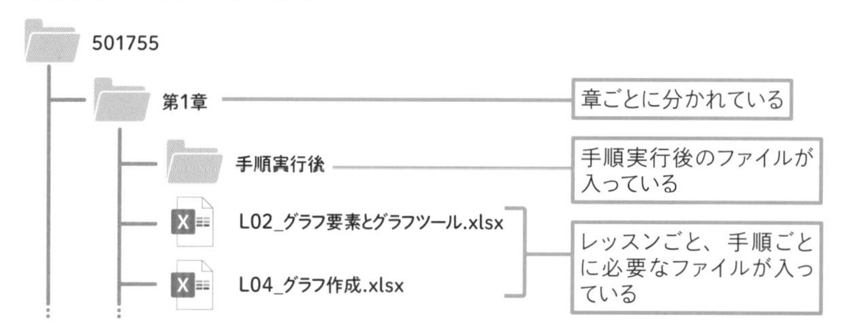

目次

動画について

操作を確認できる動画をYouTube動画で参照できます。画面の動きがそのまま見られるので、より理解が深まります。二次元バーコードが読めるスマートフォンなどからはレッスンタイトル横にある二次元バーコードを読むことで直接動画を見ることができます。パソコンなど二次元バーコードが読めない場合は、以下の動画一覧ページからご覧ください。

▼動画一覧ページ
https://dekiru.net/graph2021p

●用語の使い方

本文中では、「Microsoft Excel 2021」のことを、「Excel 2021」または「Excel」、「Microsoft 365 Personal」の「Excel」のことを、「Microsoft 365」または「Excel」と記述しています。また、本文中で使用している用語は、基本的に実際の画面に表示される名称に則っています。

●本書の前提

本書では、「Windows 11」に「Microsoft Excel 2021」がインストールされているパソコンで、インターネットに常時接続されている環境を前提に画面を再現しています。

●本書に掲載されている情報について

本書で紹介する操作はすべて、2023年4月現在の情報です。
本書は2023年5月発刊の『できるExcelグラフ』の一部を再編集し構成しています。重複する内容があることを、あらかじめご了承ください。

基本編

第1章

グラフを作成しよう

グラフは、数値データを視覚的に表現する道具です。表に並んだ数値を眺めてデータを分析するのは至難の業。しかしデータをグラフ化すれば、数値の大小関係や、時系列の傾向などが一目瞭然です。この章ではまず、グラフに関する基本知識と基本操作を身に付けましょう。基本を押さえておけば、この先の発展的なグラフ作りにすんなり進めるはずです。

レッスン

01 グラフの種類を理解しよう

グラフの種類　練習用ファイル　なし

表現したいことを効果的に見せるグラフを選ぼう

グラフは、数値の情報を目で見て把握するための道具です。グラフで何を伝えたいのか、それを伝えるためには「どんなグラフが効果的か」ということを理解してグラフの種類を選ぶことが大切です。例えば同じ売り上げを扱うグラフでも、売れ筋の商品を見極めたいなら大きさを比較しやすい「棒グラフ」、売り上げの貢献度を分析したいときは割合を表現できる「円グラフ」というように、グラフ化の目的に応じて最適なグラフを選びます。Excelでは、棒グラフ、折れ線グラフ、円グラフのような基本的なグラフから、レーダーチャートや散布図のようなより高度なグラフまで、さまざまな種類のグラフを作成できます。各グラフの特徴を理解し、目的に応じて使い分けてください。

●棒グラフで数値の大きさを比較する

◆棒グラフ
数値の大きさを比較しやすい

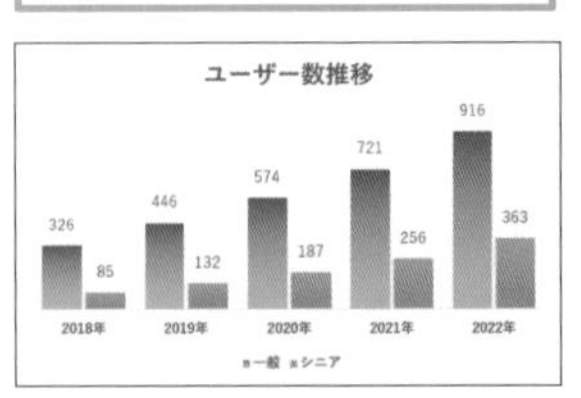

◆横棒グラフ
複数項目の大きさを水平に表示して比較するのに向いている

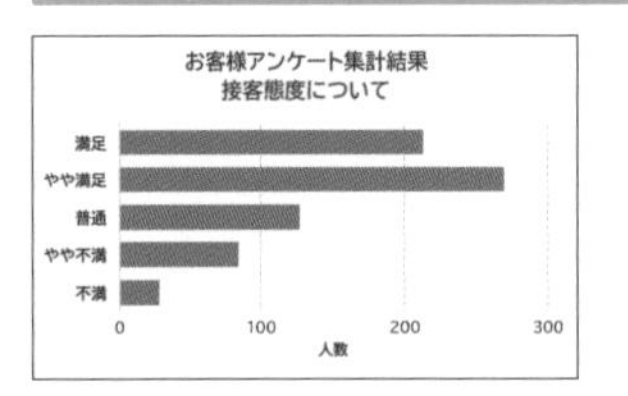

◆積み上げ縦棒グラフ
項目の大きさだけでなく割合も把握できる

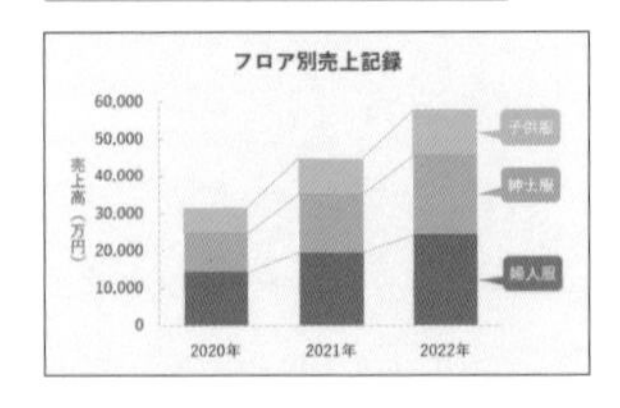

◆上下対称グラフ
マイナスの数値が下に伸びているので、プラスの数値と比較しやすい

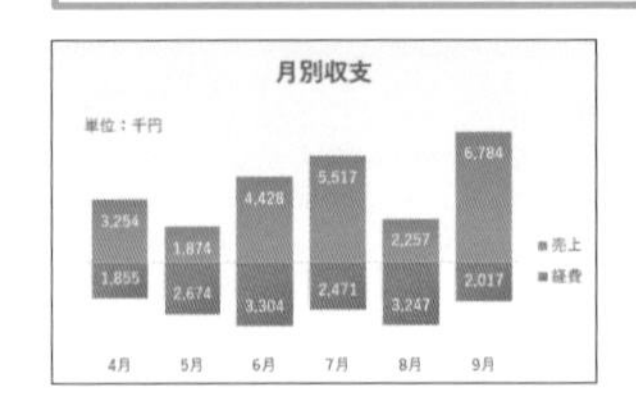

●折れ線グラフで推移が直感的に分かる

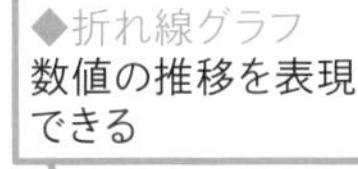

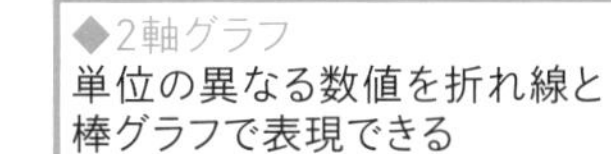

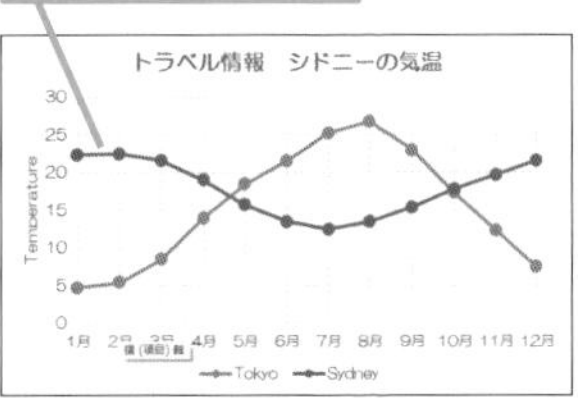

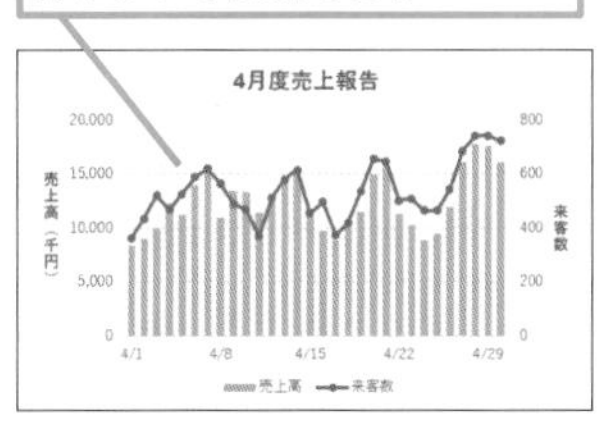

●円グラフやドーナツグラフでデータの割合や内訳を表せる

◆円グラフ
数値の割合を表現できる

◆ドーナツグラフ
メーターのような個性的な見せ方ができる

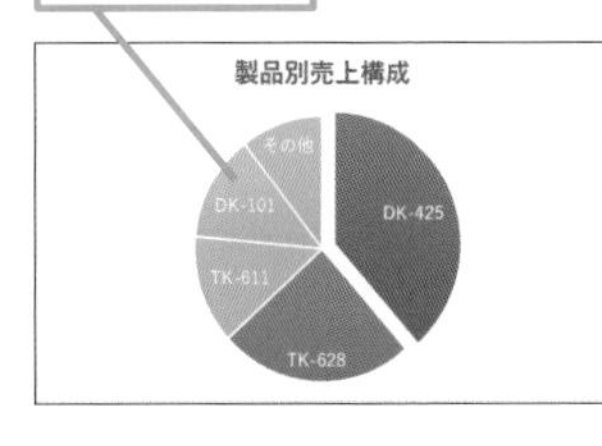

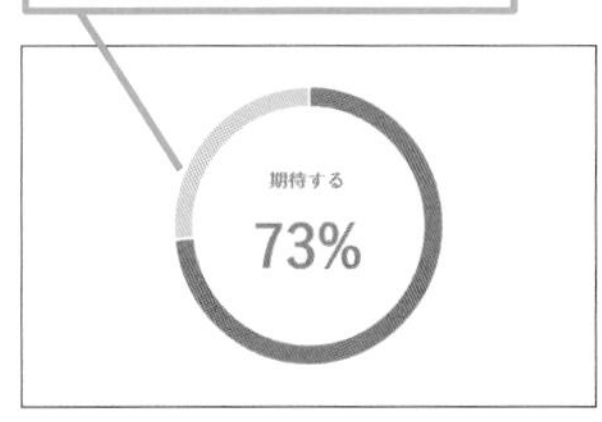

●高度なグラフで傾向や動きを分析する

◆レーダーチャート
性能や特徴といったバランスを分析できる

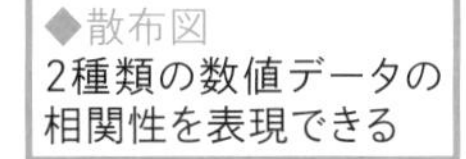

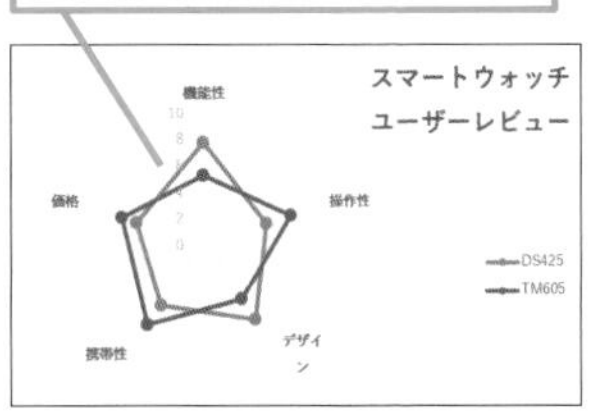

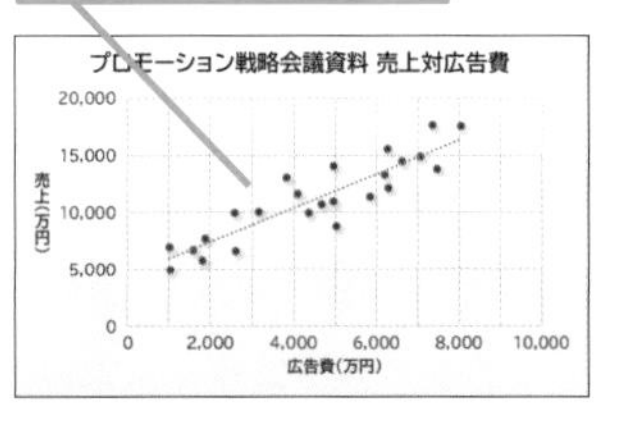

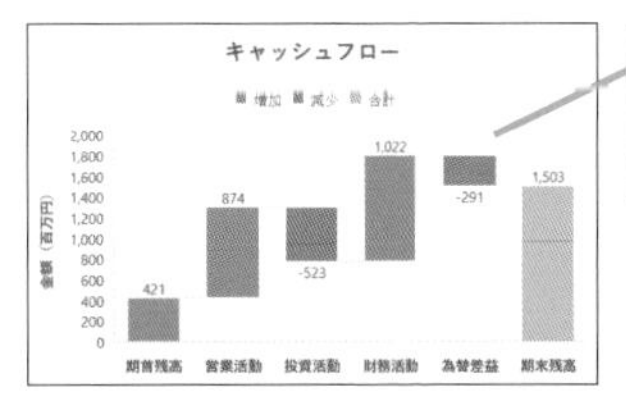

◆ウォーターフォール
値の増減による累計の結果を示せる。財務状況の把握などに使われる

レッスン
02 グラフ作成のポイントを理解しよう

グラフ要素とグラフツール　練習用ファイル　L02_グラフ要素とグラフツール.xlsx

グラフの標準的な構成要素を理解しよう

グラフを構成する部品のことを「グラフ要素」と呼びます。グラフ要素の組み合わせ方が分かりやすいグラフのポイントとなるので、どのようなグラフ要素があるのかを知っておくことが大切です。
下の例は、縦棒グラフを構成する標準的なグラフ要素です。まずは、各要素の名称と役割を把握しておきましょう。一度に全部を覚えるのは難しいかもしれませんが、この先のレッスンを進めながら何度もこのページに戻って確認してください。

●グラフの標準的な構成要素

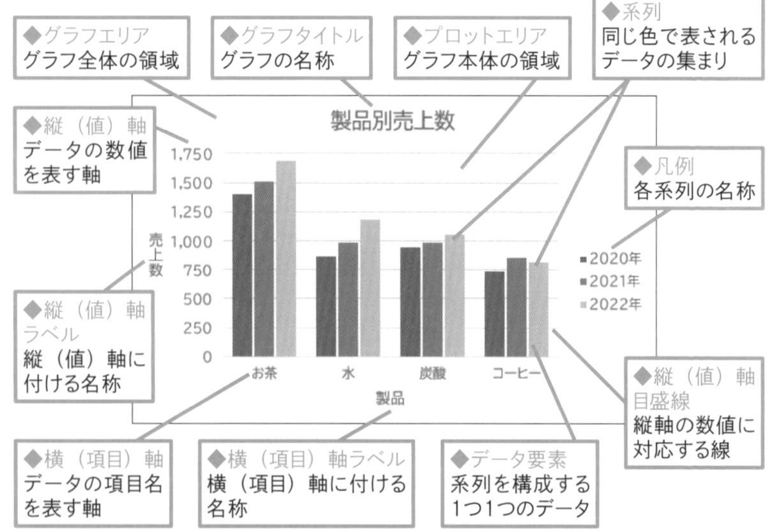

関連レッスン

レッスン01	グラフの種類を理解しよう	P.20
レッスン03	グラフを作成するには	P.26

さまざまなグラフ要素で工夫を凝らす

前ページで紹介した以外にも、下図のようなさまざまなグラフ要素があり、グラフの種類や目的に応じて利用できます。特に軸の名称はグラフの種類によって変わるので注意が必要です。下図で確認しておきましょう。

●横棒グラフ

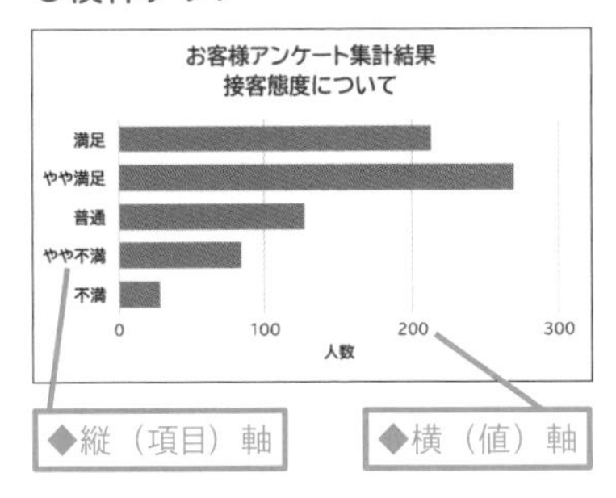

●折れ線グラフ

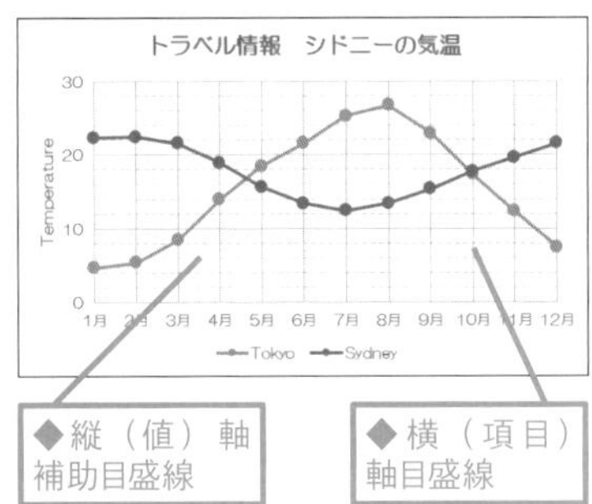

●2軸グラフ

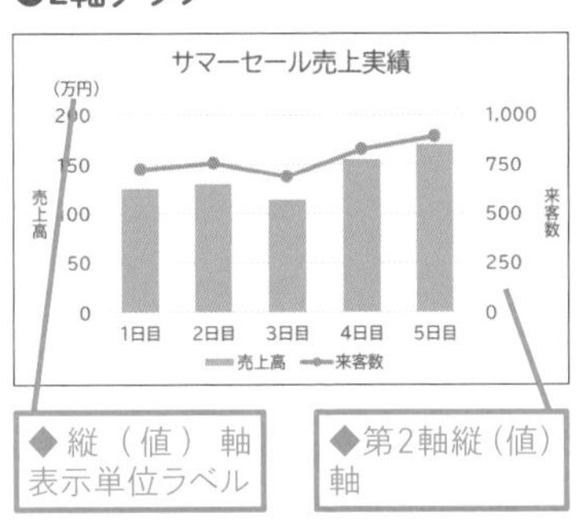

●散布図

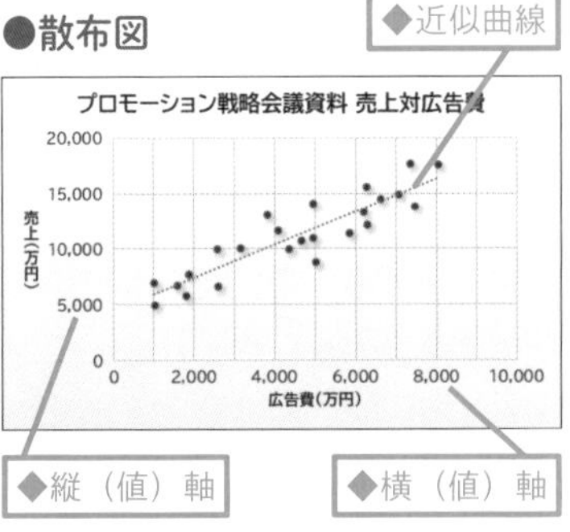

使いこなしのヒント

グラフ要素にマウスポインターを合わせてみよう

グラフ要素の名前を知りたいときは、グラフ要素にマウスポインターを合わせましょう。ポップヒントに「グラフエリア」「縦（値）軸」などとグラフ要素の名前が表示されます。データ要素の場合は、系列名、要素名、数値の3種類の情報を確認できます。

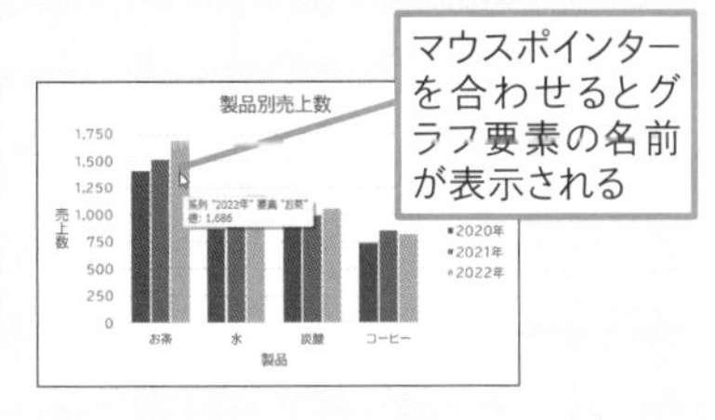

次のページに続く

グラフ編集用のタブの役割を知ろう

グラフを選択すると、リボンに［グラフのデザイン］タブと［書式］タブが表示されます。これらのタブは、グラフのレイアウトやデザインを設定するために欠かせないグラフの編集専用のタブです。ここでは各タブの役割を大まかにつかんでおきましょう。

●Excel 2021とMicrosoft 365のExcelのリボン

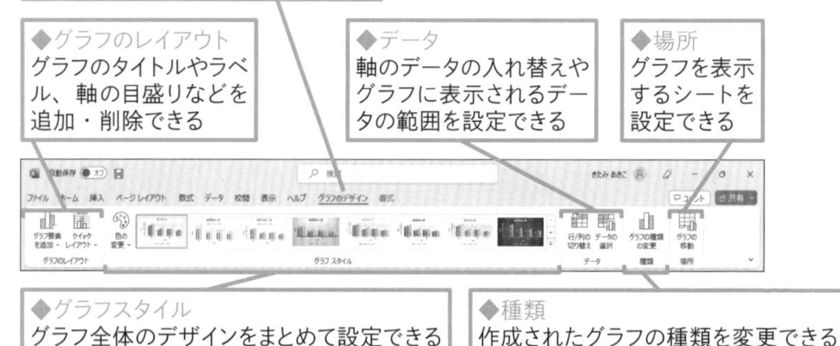

◆グラフスタイル
グラフ全体のデザインをまとめて設定できる

◆種類
作成されたグラフの種類を変更できる

◆現在の選択範囲
選択したグラフ要素を確認できるほか、書式を変更できる

◆［書式］タブ
グラフ要素の書式を個別に変更する

◆図形のスタイル
グラフ要素に色や影などの効果を設定できる

◆配置
ワークシートに配置されたグラフや図形の配置を設定できる

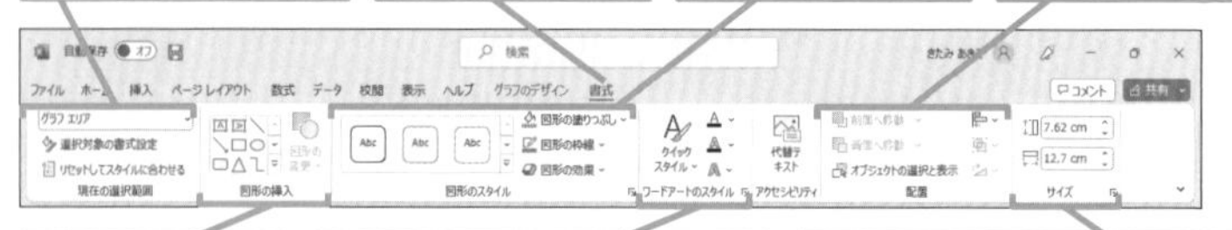

◆図形の挿入
グラフに図形を挿入できる

◆ワードアートのスタイル
グラフにワードアートを設定できる

◆サイズ
ワークシートに配置されたグラフや図形の大きさを設定できる

●Excel 2019/2016のリボン

◆［グラフツール］の［デザイン］タブ
Excel 2021とMicrosoft 365のExcelの［グラフのデザイン］タブにあたる

◆［グラフツール］の［書式］タブ
Excel 2021とMicrosoft 365のExcelの［書式］タブにあたる

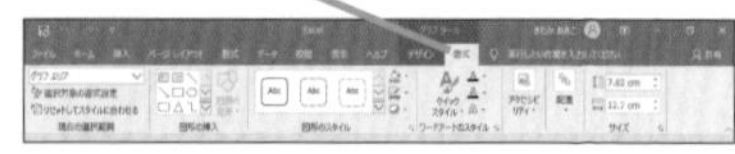

詳細な設定は作業ウィンドウで

グラフ要素の詳細な設定は、［○○の書式設定］作業ウィンドウで行います。作業ウィンドウの設定項目は3段階の階層構造になっています。例えば、グラフエリアのサイズに関する設定を行いたいときは、［グラフエリアの書式設定］作業ウィンドウで［グラフのオプション］-［サイズとプロパティ］-［サイズ］とたどっていきます。目的の設定項目をスムーズに探せるように、作業ウィンドウの構造を把握しておきましょう。

●1番目の階層のメニュー

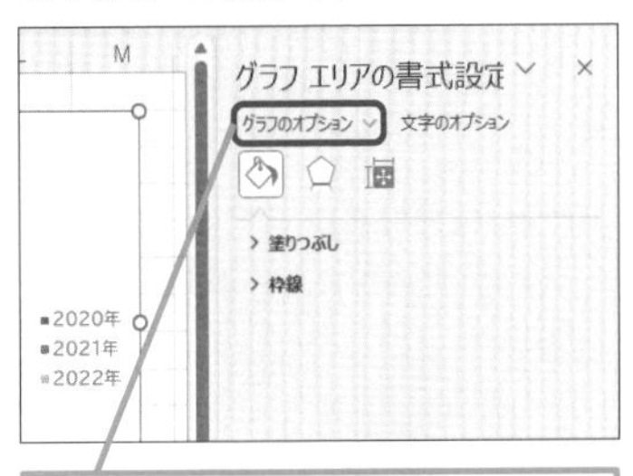

［グラフのオプション］をクリックすると、グラフエリア全体の設定に関するメニューアイコンが表示される

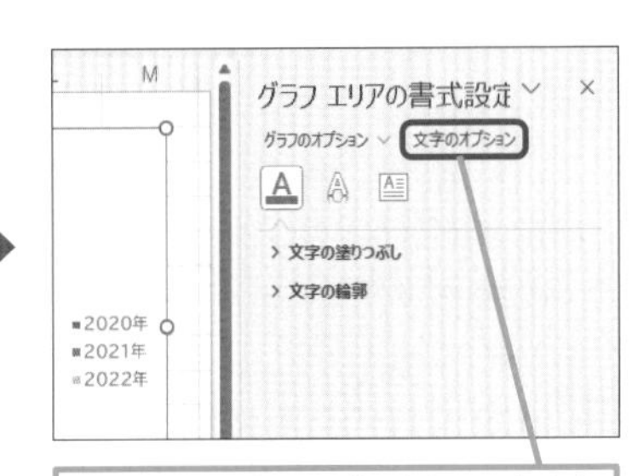

［文字のオプション］をクリックすれば、グラフエリアの文字の設定に関するメニュー項目が表示される

●2番目の階層のメニュー

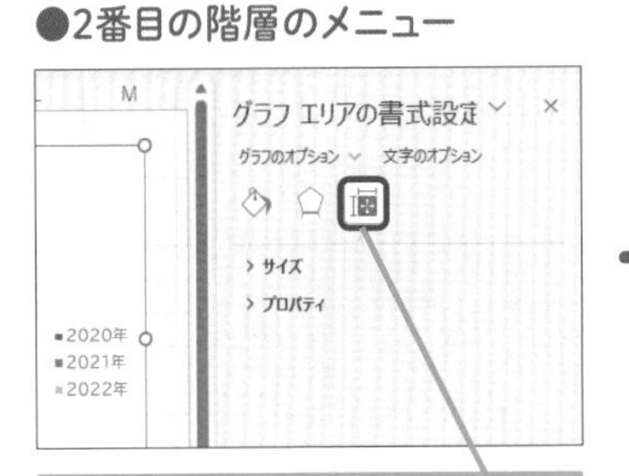

［グラフのオプション］をクリックして［サイズとプロパティ］のアイコンをクリックすると、サイズとプロパティに関するメニューが表示される

●3番目の階層のメニュー

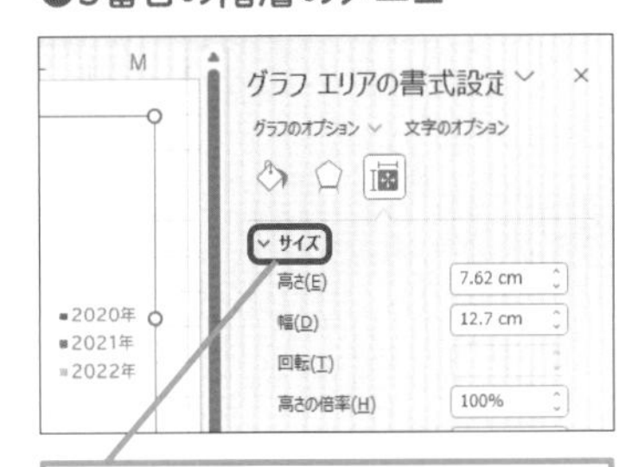

［サイズ］の左の三角形をクリックすることに、設定項目の表示と非表示が切り替わる

レッスン

03 グラフを作成するには

動画で見る

グラフ作成　練習用ファイル　L03_グラフ作成.xlsx

選択したデータから瞬時にグラフができる!

グラフの作成方法は至って簡単、表を選択してリボンのボタンからグラフの種類を指定するだけです。このわずか2ステップで、即座にグラフを作成できます。このレッスンでは、「製品別売上数」の表から集合縦棒グラフを作成します。作成されるのはグラフの周りにグラフタイトルと凡例があるだけの単純なものですが、表とは比べ物にならないほどの表現力を持っています。数値の大小関係を表から読み取るのは大変ですが、集合縦棒グラフならひと目で把握できます。簡単な操作で瞬時にグラフを作成できるので、気軽に表のデータからグラフを作成しましょう。さらに、この先のレッスンを参考に、色や目盛りなどの細かい設定を行えば、より見栄えのする分かりやすいグラフになるでしょう。

Before

	A	B	C	D	E	F
1	製品別売上数					
2	製品	2020年	2021年	2022年	合計	
3	お茶	1,406	1,514	1,686	4,606	
4	水	868	986	1,179	3,033	
5	炭酸	944	986	1,056	2,986	
6	コーヒー	733	854	819	2,406	
7	合計	3,951	4,340	4,740	13,031	
8						

製品ごとに2020年から2022年の売上数と合計を表にまとめている

「合計」を含まずにグラフを作成する

After

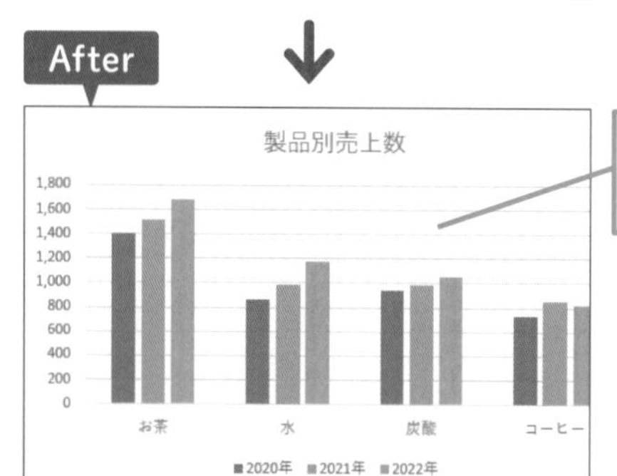

製品ごとの売上数を棒グラフにすると、データの大小がひと目で分かる

関連レッスン

レッスン16
グラフのレイアウトをまとめて変更するには
P.74

1 グラフを作成する

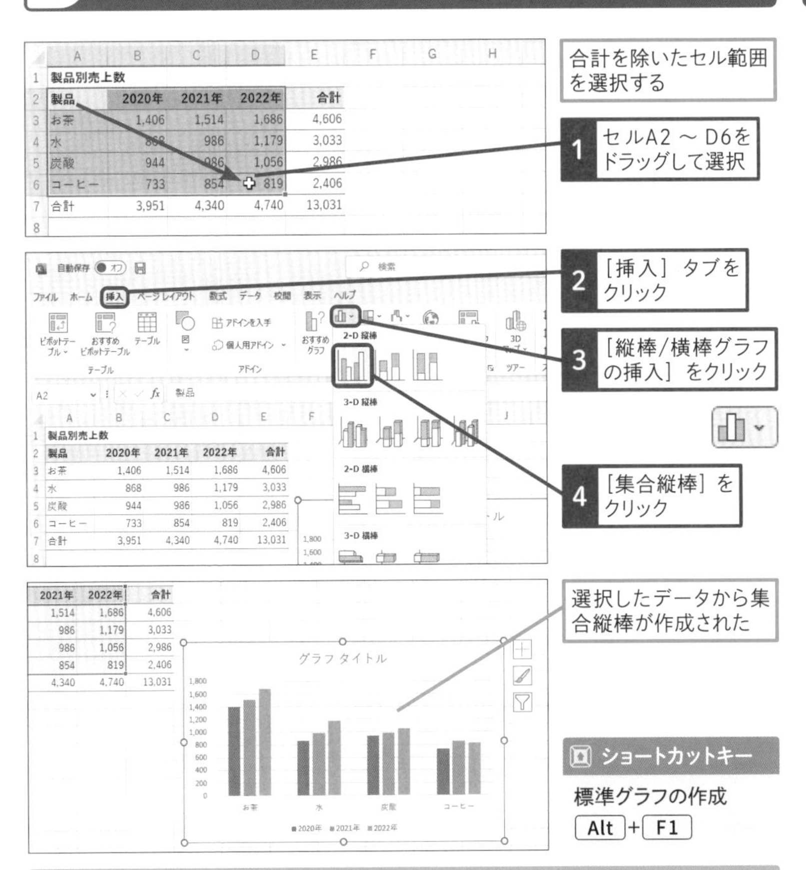

ショートカットキー

標準グラフの作成

Alt + F1

使いこなしのヒント

データの選択範囲に「合計」は含めない

手順1でセル範囲をドラッグするときは、「合計」を含めずに選択しましょう。合計の行や列を含めると、合計値までグラフ化されて思い通りのグラフになりません。

用語解説

グラフ作成で選択するセルを「データ範囲」と呼ぶ

グラフの基になるデータのセル範囲を「データ範囲」と呼びます。このレッスンで作成するグラフの場合、セルA2 ～ D6がデータ範囲です。

次のページに続く

2 グラフタイトルを編集できるようにする

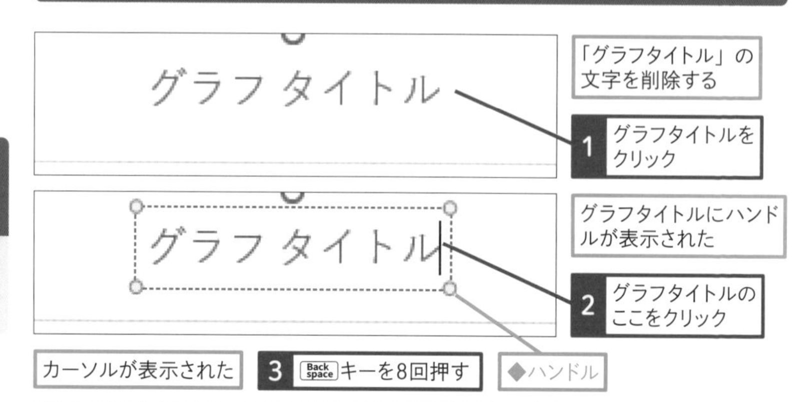

ここに注意

作成されたグラフが手順1の図と異なる場合は、最初にデータ範囲を正しく選択できていない可能性があります。クイックアクセスツールバーまたは［ホーム］タブの［元に戻す］ボタン（↶）をクリックしてグラフの作成を取り消し、手順1の操作1をやり直します。

使いこなしのヒント

おすすめグラフが利用できる

［おすすめグラフ］ボタンを使用すると、選択したデータに適した数種類のグラフが提示され、その中から選ぶだけで最適なグラフを作成できます。選択したデータによっては、棒と折れ線を組み合わせた複合グラフのような複雑なグラフも作成できます。グラフの種類に迷ったときは、利用するといいでしょう。

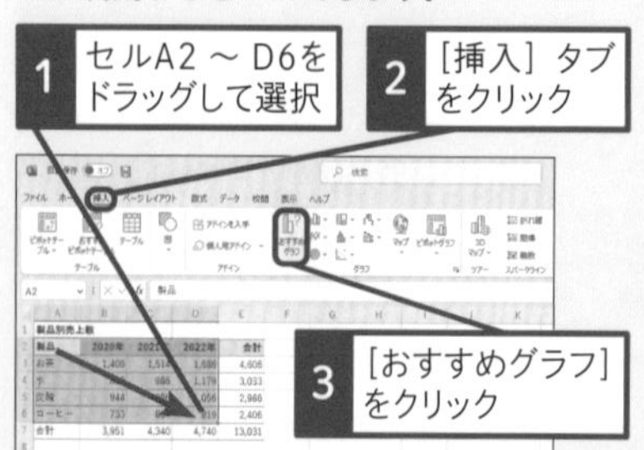

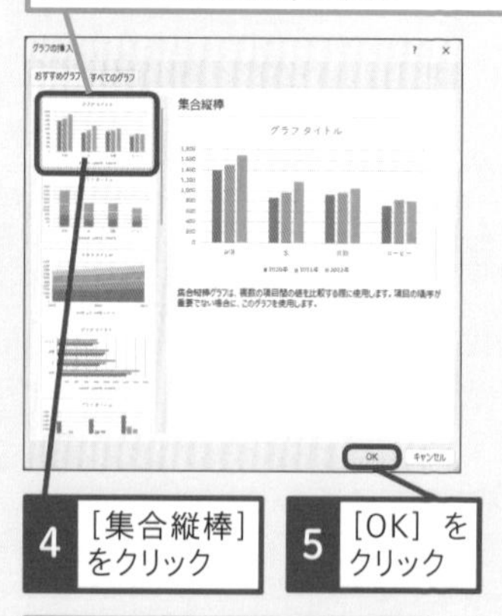

3 グラフタイトルを入力する

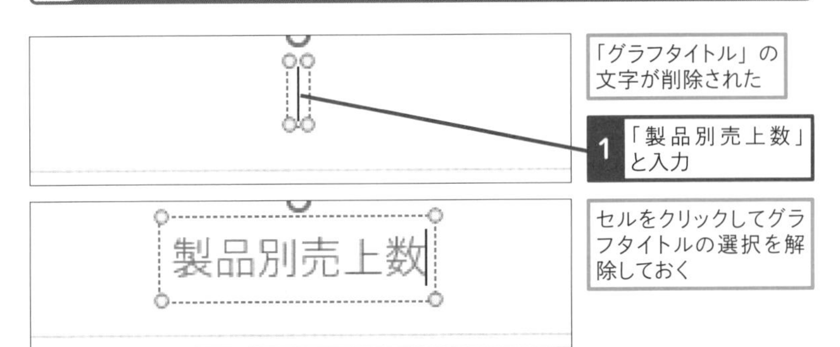

使いこなしのヒント

クイック分析ツールでもグラフを作成できる

数値のセル範囲を選択したときに表示される［クイック分析］ボタンをクリックすると、選択した数値データの分析に適したさまざまな機能が提示されます。選択肢にマウスポインターを合わせると、設定結果をプレビューできるので、グラフをはじめ、条件付き書式やテーブルなど、最適なデータ分析機能を手軽に試せます。どのようなツールでデータを分析すればいいか迷ったときは、利用してみましょう。

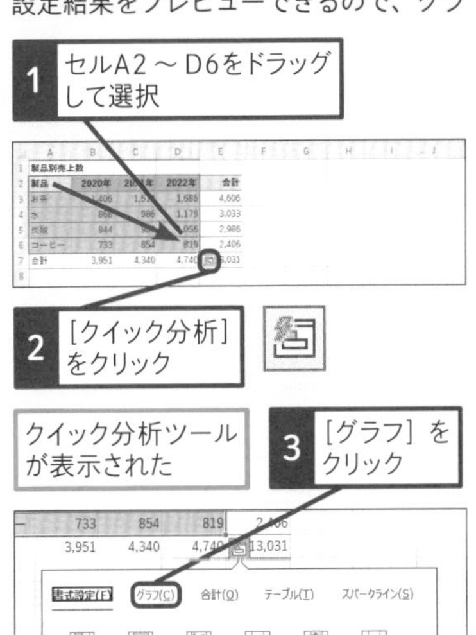

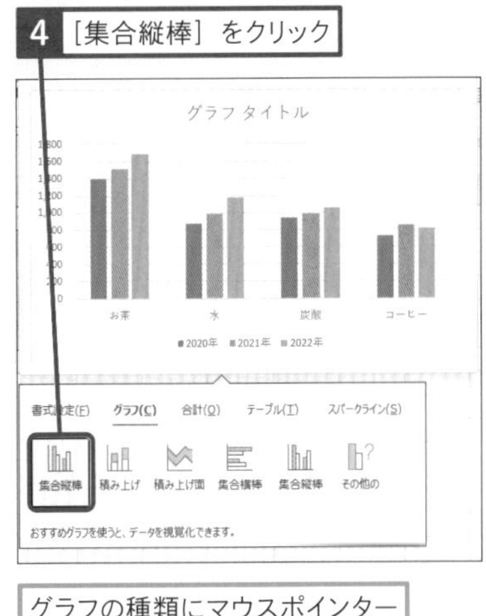

レッスン 04

項目軸と凡例を入れ替えるには

行/列の切り替え　練習用ファイル　L04_行列の切り替え.xlsx

ボタン1つで瞬時にグラフの情報が切り替わる

グラフは、数値データを分かりやすく伝えるための手段です。グラフで何を伝えたいのか、そしてどのようなグラフにしたら、伝えたいことを効果的に見せられるかを考えることが大切です。例えば、集合縦棒グラフは、横（項目）軸に表示される内容と凡例に表示される内容を入れ替えるだけで、グラフから伝わる内容が変わります。
下の［Before］のグラフを見てください。横（項目）軸に製品名、凡例に年が配置されており、製品ごとの売上数の違いを重視したグラフになっています。［After］のグラフでは、横（項目）軸に年、凡例に製品名を配置しました。横（項目）軸と凡例の項目を入れ替えただけですが、どうでしょうか？［After］のグラフでは、年ごとの売上数の違いが手に取るように分かります。入れ替えの操作は簡単なので、データをいろいろな角度から分析したいときは、横（項目）軸と凡例を入れ替えてみるといいでしょう。

Before

製品別に年ごとの売上数を比較できる

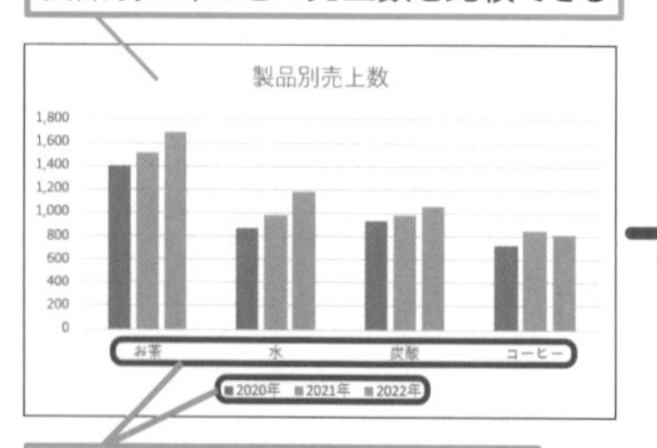

横（項目）軸に製品名、凡例に年が配置されている

After

年別に製品ごとの売上数を比較できる

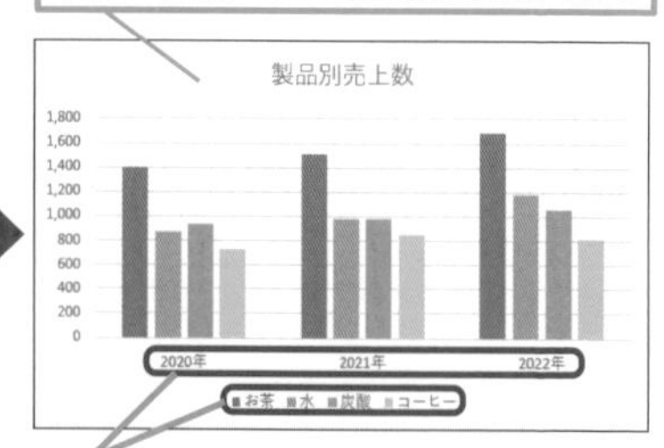

横（項目）軸に年、凡例に製品名が配置されている

関連レッスン

レッスン19　凡例の位置を変更するには　P.82

1 横（項目）軸と凡例を入れ替える

製品名（横（項目）軸）と年（凡例）を入れ替える

1 グラフエリアをクリック

2 ［グラフのデザイン］タブをクリック

3 ［行/列の切り替え］をクリック

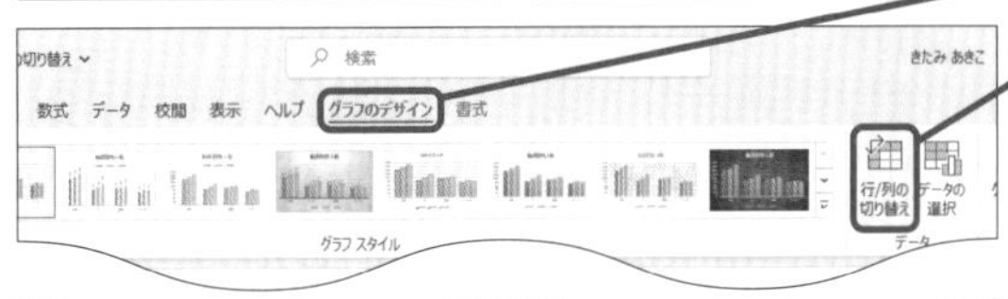

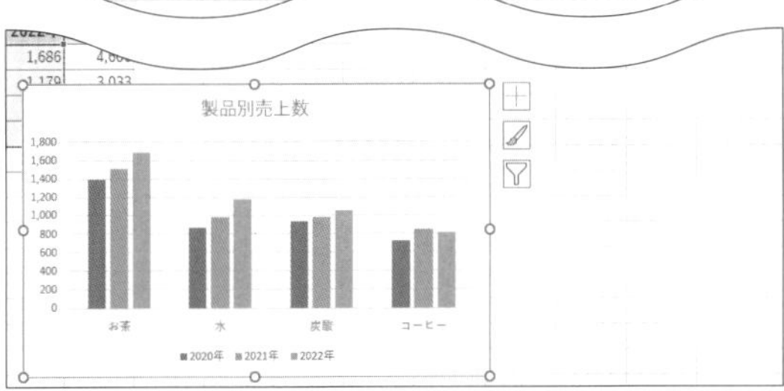

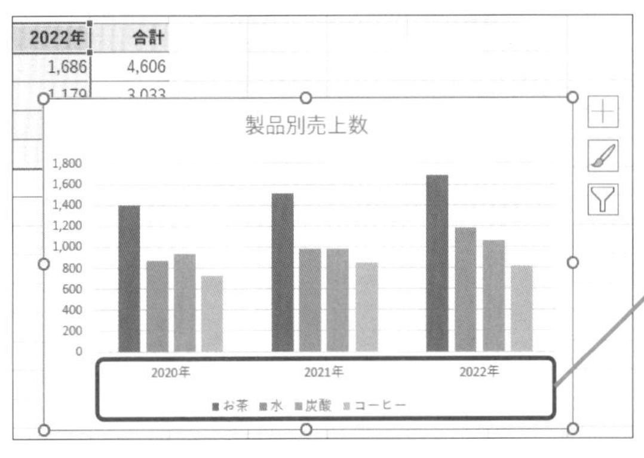

横（項目）軸に年、凡例に製品名が配置された

別の角度から売上数を比較できる

使いこなしのヒント

グラフエリアを選択するには

グラフを編集するときは、まずグラフを選択します。グラフを選択するには、マウスポインターを合わせたときに［グラフエリア］と表示される場所をクリックします。

使いこなしのヒント

横（項目）軸と凡例はどのように決まるの?

横（項目）軸と凡例は、データ範囲の数値の行数と列数の関係で決まります。数が多い方が横（項目）軸になります。このレッスンの元表の場合、製品名の行数が4行、年の列数が3列なので、各行の見出しの製品名が横（項目）軸に並びます。

列数より行数が多いので、製品名が横（項目）軸に並ぶ

	A	B	C	D	E	F
1	製品別売上数					
2	製品	2020年	2021年	2022年	合計	
3	お茶	1,406	1,514	1,686	4,606	
4	水	868	986	1,179	3,033	
5	炭酸	944	986	1,056	2,986	
6	コーヒー	733	854	819	2,406	

レッスン 05

グラフの種類を変更するには

動画で見る

グラフの種類の変更　練習用ファイル　L05_グラフの種類の変更.xlsx

データに応じて最適なグラフに変更しよう

Excelで作成できるグラフの種類は豊富です。棒グラフからは数値の大小、折れ線グラフからは時系列の変化、円グラフからは内訳というように、グラフの種類によって伝えたい内容が変わります。同じ縦棒グラフの中にも、集合縦棒や積み上げ縦棒など、複数の形式が用意されています。グラフの種類は簡単に変更できるので、いろいろと試して最適なグラフの種類を選びましょう。
下の［Before］のグラフは集合縦棒グラフです。各年、各製品の売上数の大小を比較するのに向いています。それに対して、年別の合計売上数に注目させるには、積み上げ縦棒グラフがお薦めです。［After］のグラフと比較してみましょう。棒の高さが年全体の売上数を表し、年ごとの売上数全体が比較しやすくなります。同時に、各製品の売上数が年ごとにどうなっているかも分かります。グラフの種類を変えるだけで、違った視点からの分析が可能になるのです。

Before

年別に製品ごとの売上数が集合縦棒で表示されている

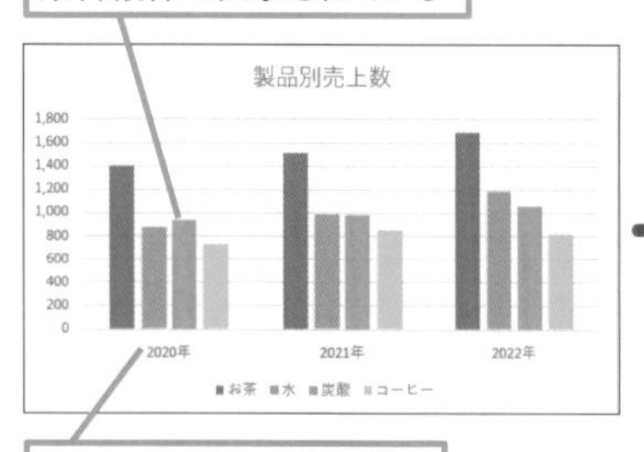

各年、各製品の売上数の大小を比較しやすい

After

積み上げ縦棒グラフに変更すると、年ごとの売上数の合計と製品別の売上数の割合がひと目で分かる

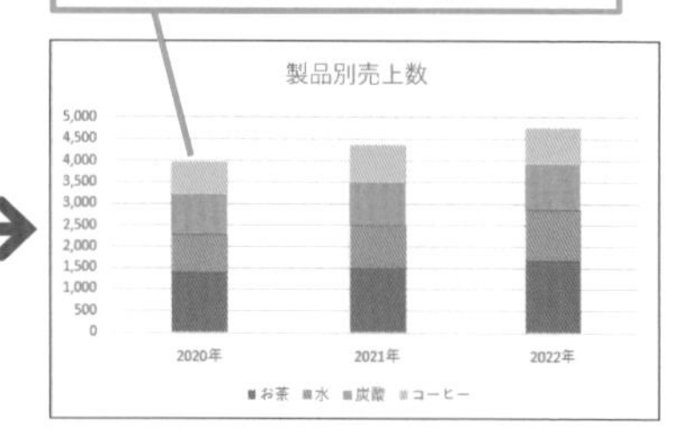

関連レッスン

レッスン19　凡例の位置を変更するには　P.82

1 グラフの種類を変更する

グラフエリアをクリックしてグラフ全体を選択する

1 グラフエリアをクリック

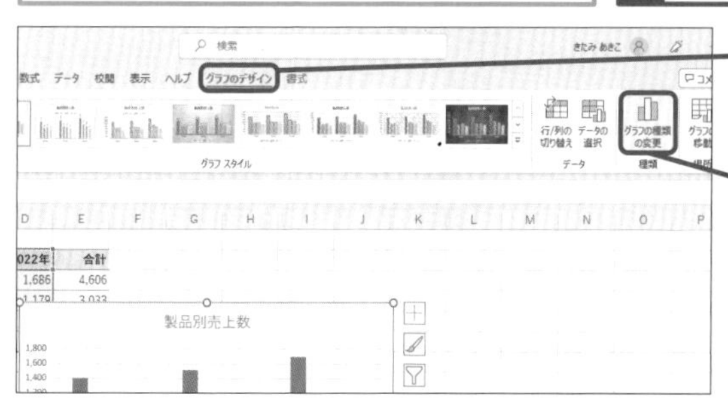

2 ［グラフのデザイン］タブをクリック

3 ［グラフの種類の変更］をクリック

［グラフの種類の変更］ダイアログボックスが表示された

4 ［縦棒］をクリック

5 ［積み上げ縦棒］をクリック

変更後のグラフが表示された

6 積み上げ縦棒のグラフをクリック

7 ［OK］をクリック

グラフの種類が積み上げ縦棒に変更された

使いこなしのヒント

グラフの種類は早めに決定しよう

グラフの種類は、後から何度でも変更できます。ただし、グラフのレイアウトやデザインを作り込んだ後でグラフの種類を変更すると、レイアウトやデザインの再調整が必要になることがあります。グラフの種類は、細部を作り込む前に決定した方がいいでしょう。

使いこなしのヒント

変更した結果を事前に確認できる

［グラフの種類の変更］ダイアログボックスには、実際のデータによるグラフのプレビューが表示されます。プレビューにマウスポインターを合わせると、さらに大きなプレビューが表示され、変更後の状態を詳しく確認できます。

レッスン

06 グラフの位置やサイズを変更するには

移動とサイズ変更 練習用ファイル L06_移動とサイズ変更.xlsx

ドラッグ操作でグラフを見やすく配置！

グラフをワークシート上に作成すると、グラフは画面の中央に配置されます。元の表やほかのグラフなど、ワークシート上の内容とのバランスを考え、グラフの位置とサイズを調整しましょう。
また、グラフエリアは通常横長ですが、円グラフの場合は幅を狭くしたり、項目数が多いときはグラフのサイズを大きくしたりするなど、作成するグラフに応じてサイズを調整しましょう。移動とサイズ変更は、マウスのドラッグ操作で簡単に行えます。
下の［Before］のワークシートは、グラフを作成した直後の状態です。表の一部と重なり、セルの内容が見えづらくなっています。［After］のワークシートでは、グラフを元表の真下に移動し、サイズを元表の幅にそろえました。これなら表のデータも確認でき、右側のセルに別の表を入力したり、新しいグラフを挿入したりすることも可能です。

Before

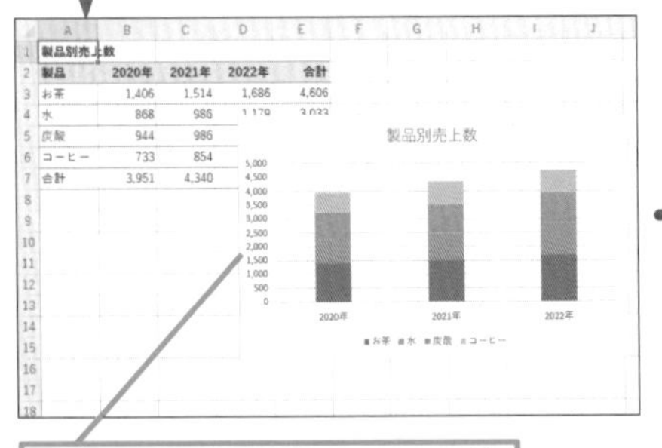

表とグラフの位置がそろっておらず、表の一部が隠れている

After

グラフの位置とサイズを変更して、バランスよく配置できる

関連レッスン

レッスン10 グラフ内の文字サイズを変更するには P.50

1 グラフを移動する

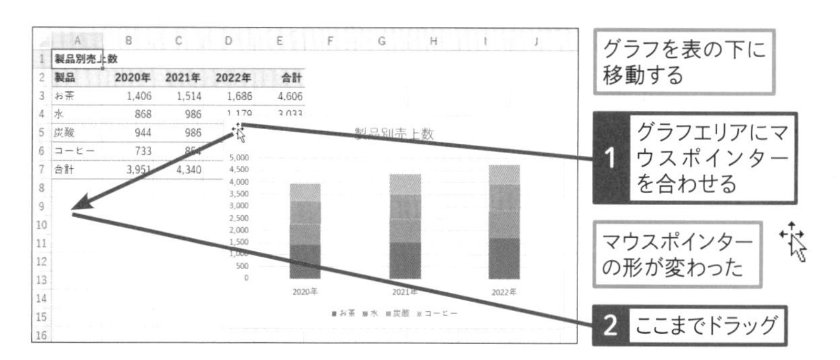

2 グラフのサイズを変更する

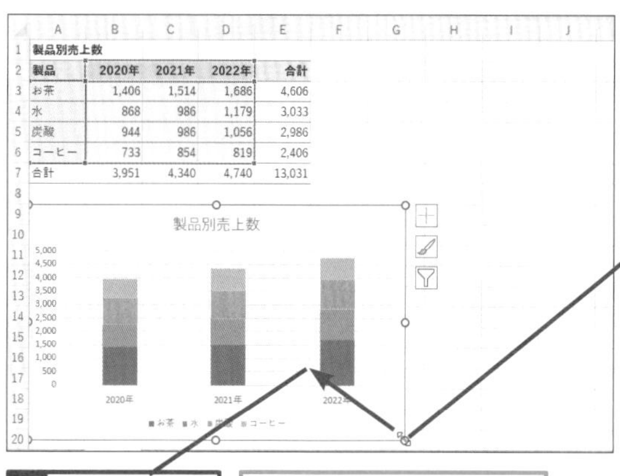

グラフが表の下に移動した

グラフのサイズを表と同じ幅に変更する

1 グラフのハンドルにマウスポインターを合わせる

マウスポインターの形が変わった

2 ここまでドラッグ

グラフのサイズが変更される

使いこなしのヒント

セルの枠線に合わせてレイアウトするには

移動やサイズを変更するときに、Altキーを押しながらドラッグすると、グラフをセルの枠線にぴったり合わせられます。

使いこなしのヒント

縦横比を保ったままサイズを変更するには

Shiftキーを押しながらグラフの右下角のハンドルをドラッグすると、グラフの縦横比を保ったままサイズを変更できます。

ここに注意

手順1で間違ってプロットエリアやグラフタイトルを移動してしまった場合は、クイックアクセスツールバーまたは［ホーム］タブの［元に戻す］ボタン（）をクリックしてから、操作し直しましょう。

次のページに続く

使いこなしのヒント

グラフを別のワークシートに移動するには

［グラフの移動］ダイアログボックスで以下のように操作すると、グラフを別のワークシートに移動できます。移動先は既存のワークシートに限られます。ちなみに［グラフの移動］ダイアログボックスで［新しいシート］をクリックした場合は、「グラフシート」と呼ばれるグラフ表示専用の新しいシートにグラフが移動します。

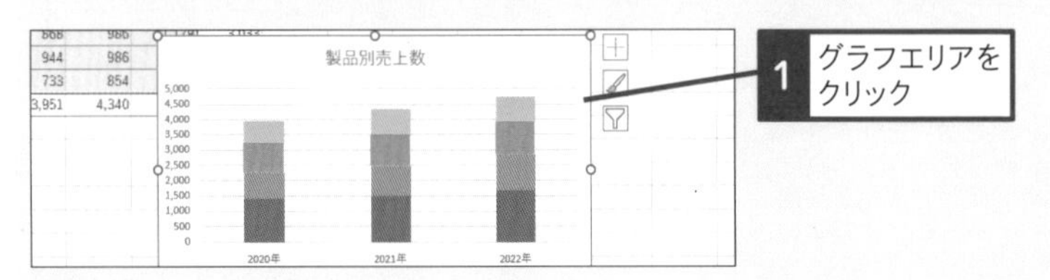

2 ［グラフのデザイン］タブをクリック

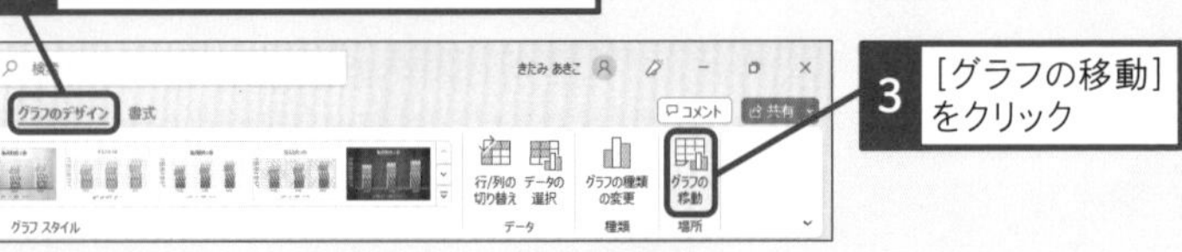

［グラフの移動］ダイアログボックスが表示された

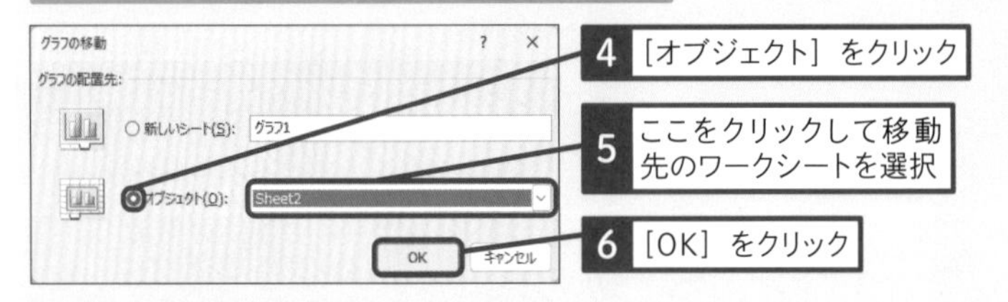

グラフが別のワークシートに移動した

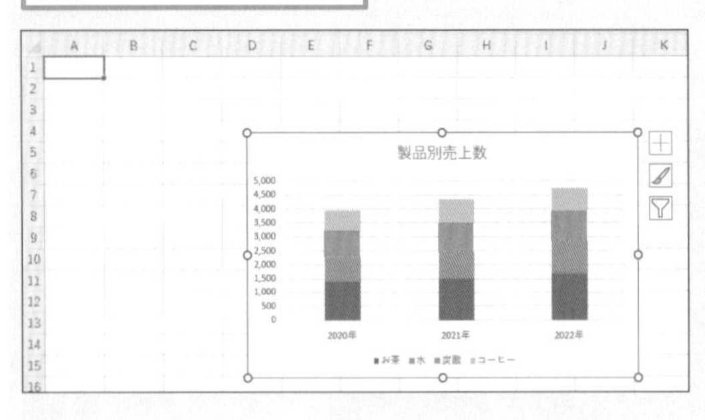

使いこなしのヒント

複数のグラフで位置やサイズをそろえる

複数のグラフを配置するときは、サイズや位置をそろえるときれいです。マウス操作で同じサイズにするのは難しいので、以下のようにグラフの高さと幅をセンチメートル単位の数値で指定するといいでしょう。配置は、[オブジェクトの配置]ボタンの項目でそろえます。例えば、2つのグラフを選択して[上揃え]を設定すると、2つのグラフのうち、上にある方のグラフの上端を基準に、もう一方のグラフが上に移動します。

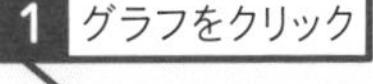

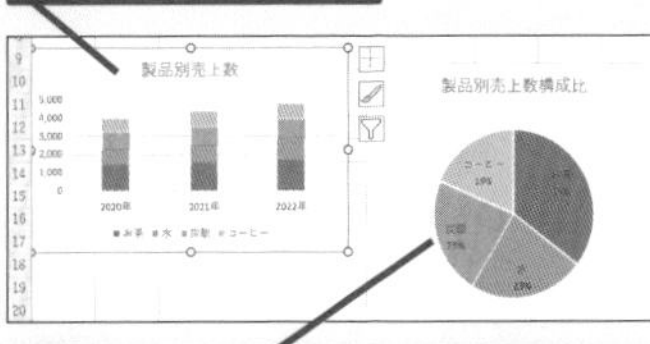

2 Ctrl キーを押しながらもう1つのグラフをクリック

2つのグラフが選択された

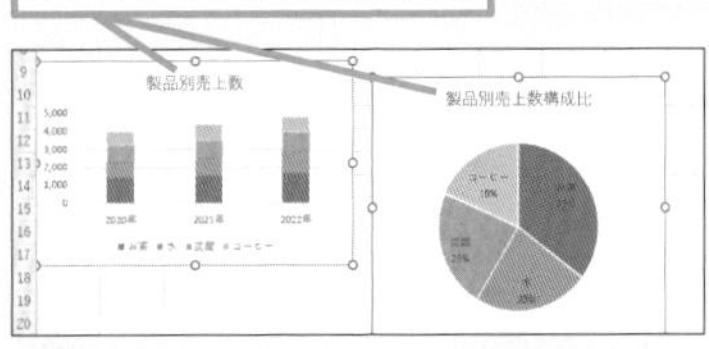

3 [図形の書式]タブをクリック

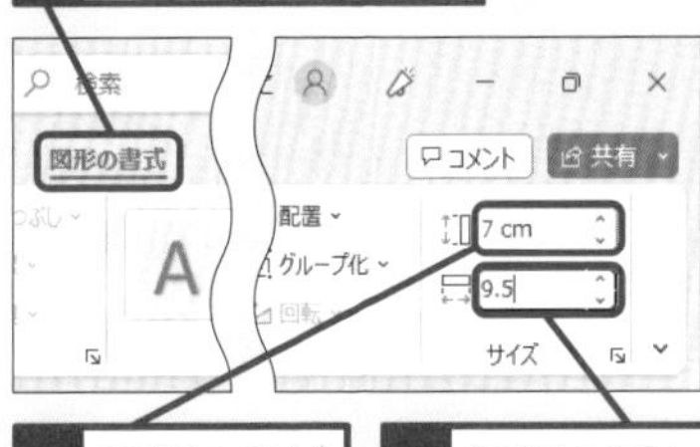

4 [図形の高さ]に「7」と入力して Enter キーを押す

5 [図形の幅]に「9.5」と入力して Enter キーを押す

グラフのサイズがそろった

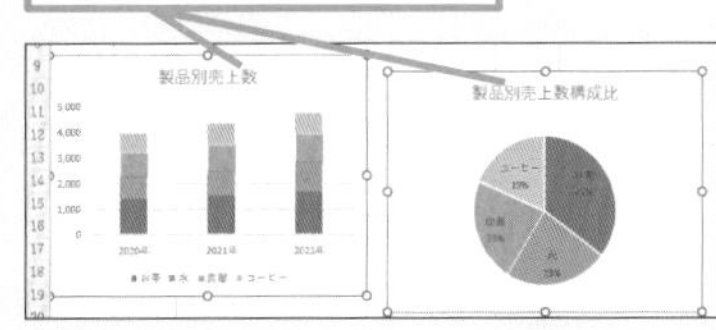

6 [配置]をクリック

配置

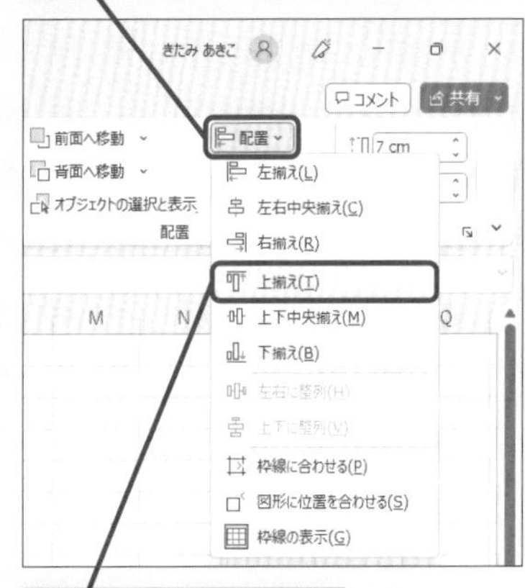

7 [上揃え]をクリック

2つのグラフの位置がそろった

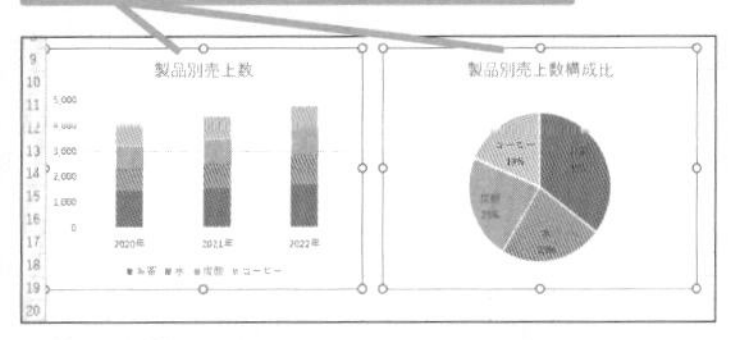

レッスン

07 グラフだけを印刷するには

グラフの印刷　練習用ファイル　L07_グラフの印刷.xlsx

グラフを用紙いっぱいに拡大して印刷できる

作成したグラフを、会議やプレゼンテーションの資料として添付したいことがあります。表とグラフの両方が配置されたワークシートを普通に印刷すると、表とグラフが一緒に印刷されます。

下の［Before］のワークシートの場合、標準の設定では、A4サイズの縦向きの用紙に製品別売上数の表とグラフが一緒に印刷されます。グラフと表を照らし合わせて数値を確認したいときには便利です。しかし、細かい数値にとらわれず、グラフでデータ全体の分布や傾向を見てほしいときもあります。そのようなときは、用紙いっぱいにグラフだけを印刷するといいでしょう。

あらかじめグラフを選択してから印刷プレビューを表示すると、グラフのみの印刷イメージが表示されるので、必要に応じて用紙の向きを切り替えてから印刷を実行しましょう。このレッスンでは、印刷イメージの確認とページ設定、印刷の実行という流れで手順を説明します。

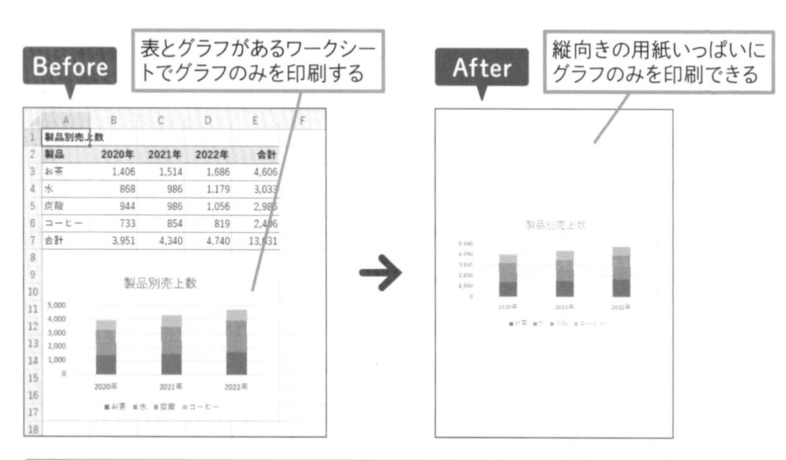

製品別売上数

製品	2020年	2021年	2022年	合計
お茶	1,406	1,514	1,686	4,606
水	868	986	1,179	3,033
炭酸	944	986	1,056	2,986
コーヒー	733	854	819	2,406
合計	3,951	4,340	4,740	13,031

関連レッスン

レッスン35　作成したグラフの種類を保存するには　P.132

1 印刷のプレビューを表示する

プリンターを使えるように準備しておく

グラフのみを印刷するのでグラフエリアを選択する

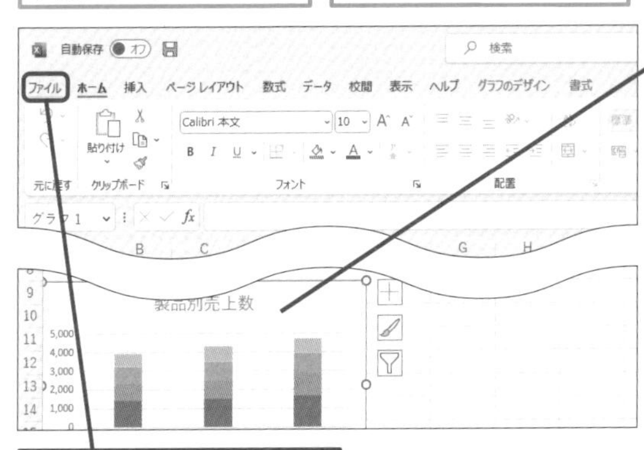

1 グラフエリアをクリック

2 ［ファイル］タブをクリック

［ホーム］の画面が表示された

3 ［印刷］をクリック

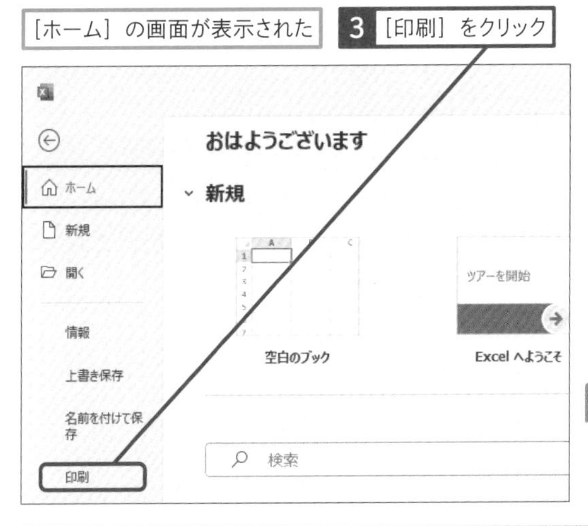

使いこなしのヒント

選択内容によって印刷対象が決まる

セルを選択した状態で印刷や印刷プレビューを実行すると、ワークシートが印刷対象になります。そのため、表とグラフが一緒に印刷されます。
一方、グラフエリアを選択しているときに印刷や印刷プレビューを実行すると、そのグラフのみが印刷対象になります。グラフだけを印刷したいときは、必ず事前にグラフエリアを選択しましょう。

ショートカットキー

［印刷］画面の表示
Ctrl+P

使いこなしのヒント

ワークシートの編集画面を表示するには

［ファイル］タブをクリックした後で元のワークシートの画面に戻るには、画面左上にある㊀をクリックします。［印刷］の画面で印刷プレビューを確認した後、印刷せずに元の画面に戻る場合も同様になります。

次のページに続く➡

2 印刷を実行する

［印刷］の画面に印刷プレビューが表示された

1 印刷部数を確認

2 ［印刷］をクリック

［ページ設定］をクリックすると［ページ設定］ダイアログボックスが表示され、印刷の詳細設定が行える

ここに注意

利用するプリンターの設定によって印刷プレビューの表示が異なります。

使いこなしのヒント

用紙の向きを変更するには

印刷の方向や余白の設定など簡単なページ設定は、［印刷］の画面で行えます。なお、より詳細なページ設定は、［ページ設定］をクリックして［ページ設定］ダイアログボックスを表示して行ってください。

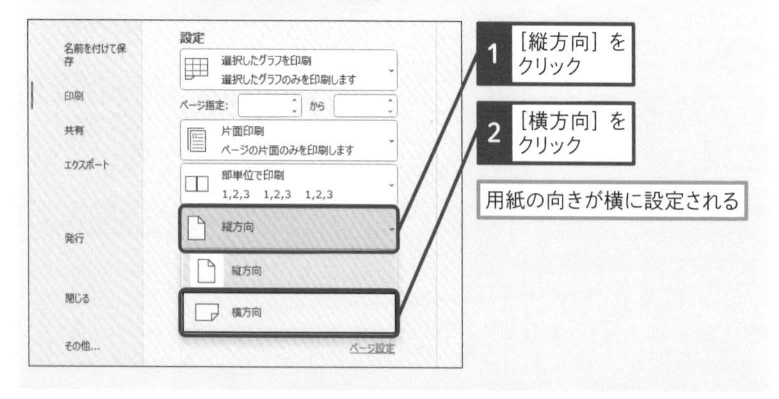

使いこなしのヒント

PDF形式で保存するには

表やグラフをネット経由で受け渡しするときは、PDF形式で保存しておくと便利です。PDFファイルは、開発元のアドビから無料で配布される「Acrobat Reader」などのアプリで表示できます。そのため、PDF形式で保存して渡せば、Excelがない環境でも相手に内容を確認してもらえます。あらかじめセルを選択していた場合は表とグラフが、グラフを選択していた場合はグラフのみがPDFファイルに保存されます。

グラフを選択しておく

1 [ファイル] タブをクリック

	A	B	C	D	E
1	製品別売上数				
2	製品	2020年	2021年	2022年	合計
3	お茶	1,406	1,514	1,686	4,606
4	水	868	986	1,179	3,033
5	炭酸	944	986	1,056	2,986
6	コーヒー	733	854	819	2,406
7	合計	3,951	4,340	4,740	13,031

[ホーム] の画面が表示された

2 [エクスポート] をクリック

[エクスポート] の画面が表示された

3 [PDF/XPSドキュメントの作成] をクリック

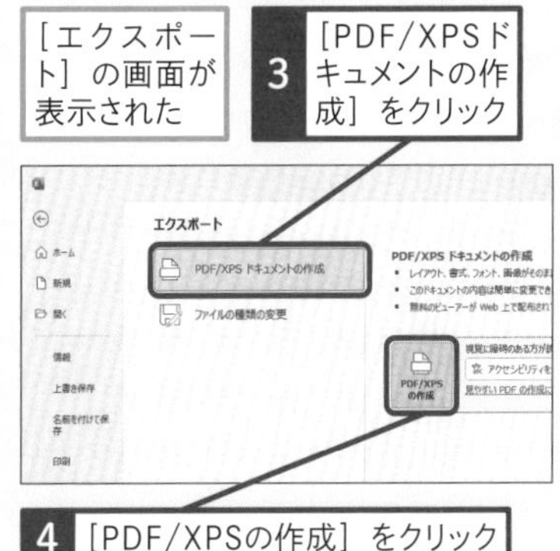

4 [PDF/XPSの作成] をクリック

[PDFまたはXPS形式で発行] ダイアログボックスが表示された

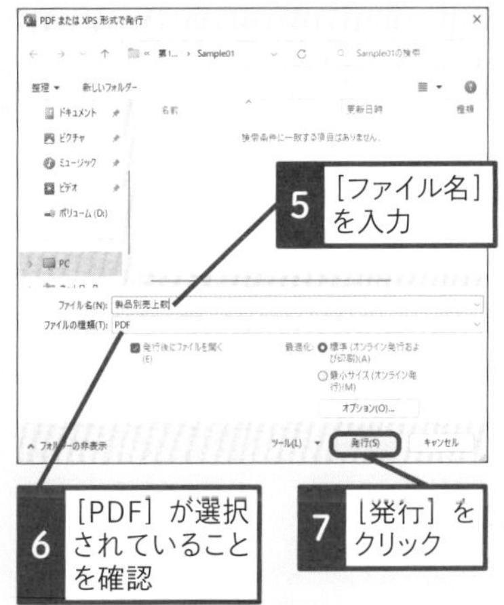

5 [ファイル名] を入力

6 [PDF] が選択されていることを確認

7 [発行] をクリック

PDF形式で保存される

レッスン

08 グラフをWordやPowerPointで利用するには

PowerPointへの貼り付け　練習用ファイル　L08_コピー元.xlsx、L08_貼り付け先.pptx

Excelのグラフをいろいろなアプリで使い倒す

Excelで作成したグラフは、ほかのアプリに貼り付けて利用できます。このレッスンでは、PowerPointのスライドに貼り付ける手順を紹介します。PowerPointの多くのファイルには「テーマ」という書式が適用されていますが、Excelのグラフは PowerPointのテーマに沿った書式に変換されて貼り付けられるので、雰囲気を損ねることなくスライドに馴染みます。[貼り付けのオプション] を使用すれば、Excelの書式のまま貼り付けたり、Excelにリンクしたりすることも可能です。

Wordの場合も、同様の操作でExcelのグラフを利用できます。また、45ページのヒントで紹介する [図としてコピー] を利用すれば画像編集ソフトなどに貼り付けることもできます。手間をかけて作成したグラフを、ほかのアプリでもとことん利用してください。

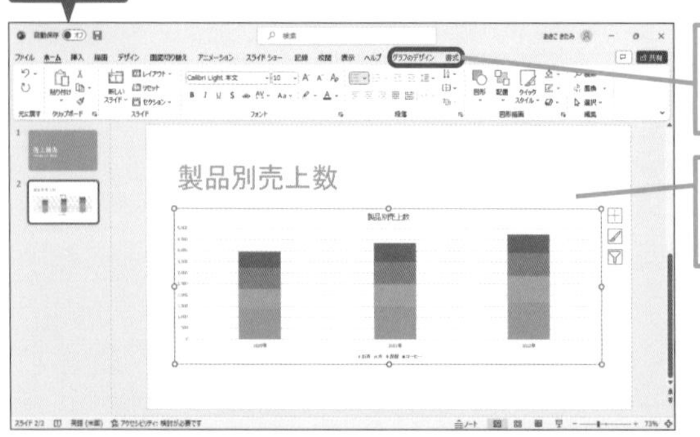

[グラフのデザイン] タブや [書式] タブでグラフを編集できる

Excelで作成したグラフを、PowerPointのスライドに貼り付ける

関連レッスン

レッスン59	伝えたいことはダイレクトに文字にしよう	P.230
レッスン63	見せたいデータにフォーカスを合わせよう	P.242

1 Excelのファイルからグラフをコピーする

Excelで「L08_コピー元.xlsx」を、PowerPointで「L08_貼り付け先.pptx」を開いておく

Excelで「L08_コピー元.xlsx」を表示しておく

1 グラフエリアをクリック

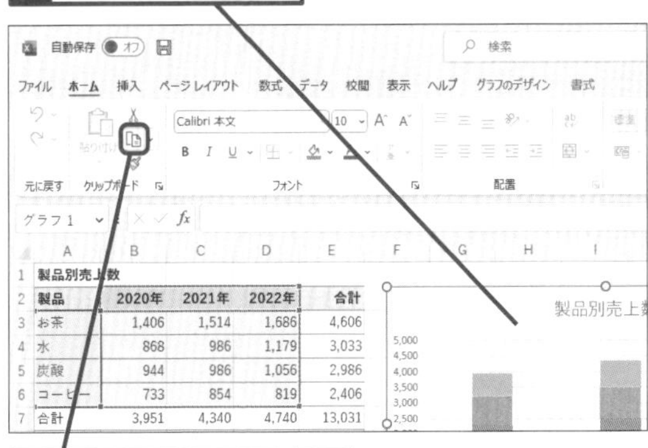

2 ［コピー］をクリック

使いこなしのヒント

「テーマ」って何?

「テーマ」とは、ファイル全体の書式を統括する機能です。テーマにはフォント、配色、図形の効果といった書式がセットになって登録されています。［ページレイアウト］タブの［テーマ］からテーマを変更すると、ファイル全体のフォントや色合いを変更できます。

2 PowerPointの画面に切り替える

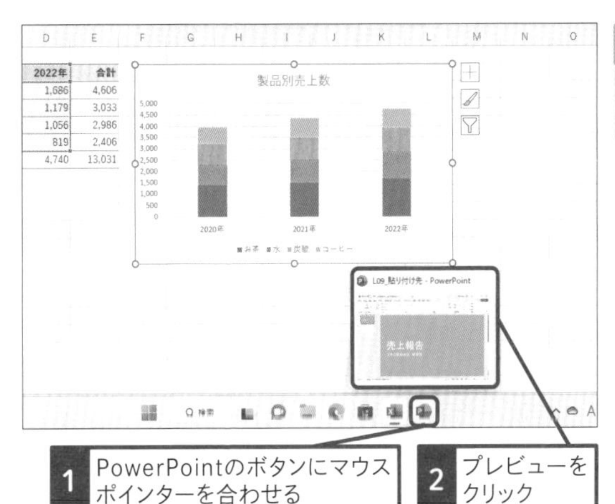

1 PowerPointのボタンにマウスポインターを合わせる

2 プレビューをクリック

使いこなしのヒント

PowerPointやWordでグラフを編集できる

PowerPointのスライドやWordの文書に貼り付けたグラフを選択すると、リボンに［グラフのデザイン］タブと［書式］タブ（Excel 2019/2016の場合は［グラフツール］の［デザイン］タブと［書式］タブ）が表示され、Excelと同様の操作でグラフを編集できます。

次のページに続く ➡

3 スライドにグラフを貼り付ける

ここでは2枚目のスライドにグラフを貼り付ける

1 2枚目のスライドをクリック

2 プレースホルダーをクリック

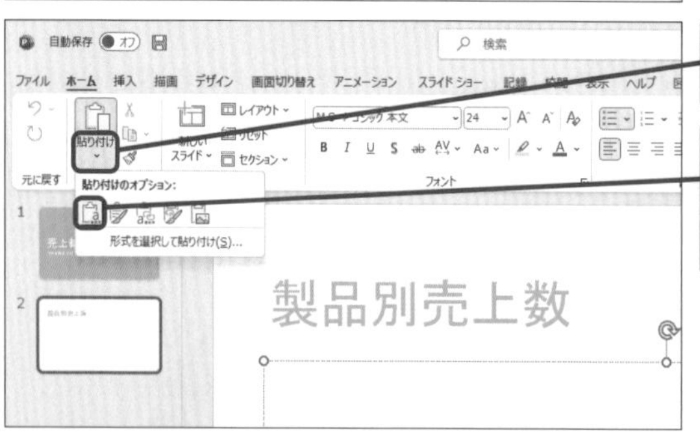

3 ［貼り付け］のここをクリック

4 ［貼り付け先のテーマを使用しブックを埋め込む］をクリック

使いこなしのヒント

プレースホルダーを選択して貼り付ける

手順3のスライドに「テキストを入力」と書かれた枠が表示されています。この枠のことを「プレースホルダー」と呼びます。プレースホルダーを選択して貼り付けると、プレースホルダーの中にグラフが大きく表示されます。

● 貼り付けられたグラフを確認する

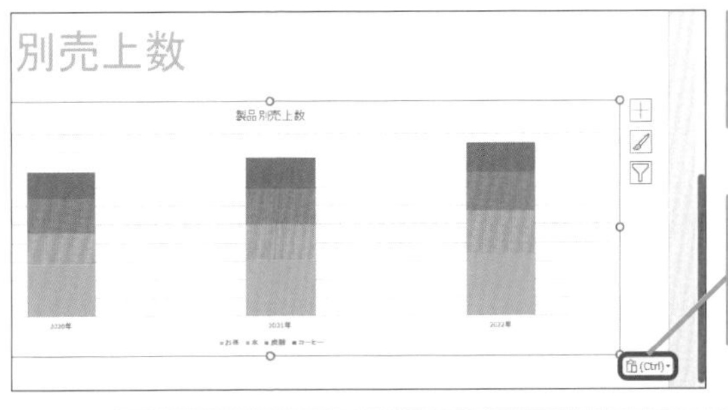

使いこなしのヒント

貼り付け方法を後から変更できる

グラフを貼り付けた直後に右下に表示される［貼り付けのオプション］をクリックすると、貼り付け方法を変更できます。各選択肢の意味は以下の通りです。

貼り付け方法	説明
貼り付け先のテーマを使用しブックを埋め込む	グラフはExcelと切り離される、書式は貼り付け先のテーマに変更される
元の書式を保持しブックを埋め込む	グラフはExcelと切り離される、書式は変更されない
貼り付け先テーマを使用しデータをリンク	グラフはExcelにリンクする、書式は貼り付け先のテーマに変更される
元の書式を保持しデータをリンク	グラフはExcelにリンクする、書式は変更されない
図	グラフを画像として貼り付ける

使いこなしのヒント

グラフを図としてコピーするには

［図としてコピー］を使用すると、グラフを画像としてコピーできます。グラフを画像に変換すると、WordやPowerPoint以外のさまざまなアプリに貼り付けて利用できるので、活用の幅が広がります。Windowsに標準搭載されているペイントなどの画像編集ソフトに貼り付ければ、グラフを画像ファイルとして保存することも可能です。

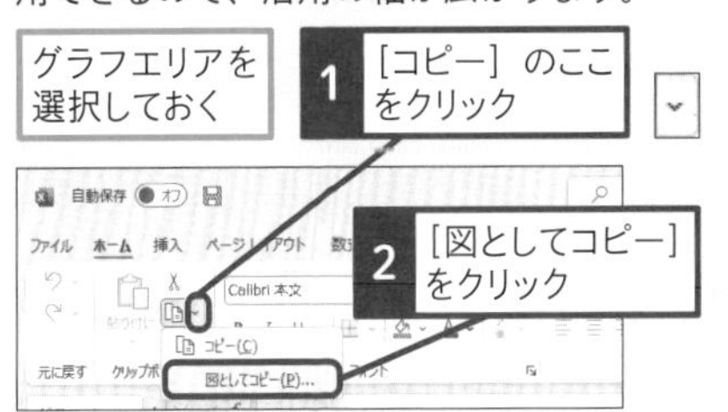

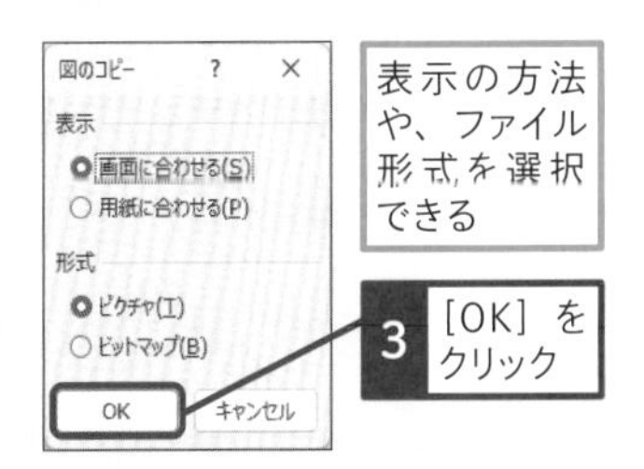

スキルアップ

セルに連動してグラフの位置やサイズが変わらないようにする

既定の設定では、グラフを配置しているセルのサイズに連動して、グラフの位置やサイズが変わります。例えば列幅を広げるとグラフの幅も広がり、列を削除するとグラフの幅は狭くなります。グラフのサイズが勝手に変わると、グラフ内のレイアウトの微調整が必要になり面倒です。グラフの細部を作り込んだ後は、以下の手順のように操作して、グラフの位置やサイズが変わらないようにするといいでしょう。

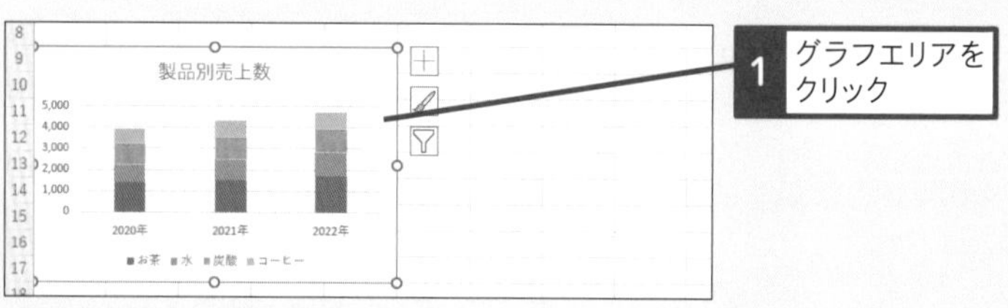

2 ［書式］タブをクリック

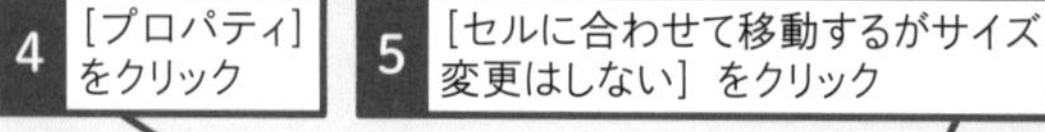

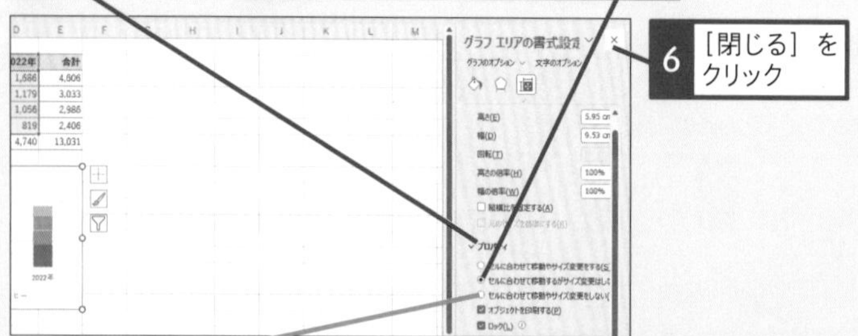

［セルに合わせて移動やサイズ変更をしない］をクリックするとグラフのサイズと位置が固定される

セルのサイズを変更してもグラフのサイズが変わらなくなる

基本編

第2章

グラフをきれいに修飾しよう

グラフは、いろいろなシーンで資料として使われます。「会議用には落ち着いたデザイン」「パンフレット用には人目を引くデザイン」というように、目的と用途に応じて適切なデザインを設定することが大切です。この章で紹介する機能を使って、グラフを思い通りに修飾しましょう。

レッスン 09

グラフのデザインをまとめて設定するには

グラフスタイル　練習用ファイル　L09_グラフスタイル.xlsx

グラフの見た目や印象をガラリと変更できる

作成直後のExcelのグラフは、色合いやデザインが決まっていて、やや単調です。しかし、見栄えを整えたくても手間をかける時間がない、ということもあるでしょう。そんなときにお薦めなのが［グラフスタイル］と［色の変更］の機能です。これらを使うと、一覧から選択するだけで、簡単にグラフ全体のデザインと色合いを変更できます。

下の［Before］のグラフは、リボンのボタンを使用して作成した直後の縦棒グラフで、既定のデザインが適用されています。［After］のグラフは、［グラフスタイル］と［色の変更］を使用して、デザインを変更したグラフです。グラフの印象がガラリと変わることが分かるでしょう。

Before

何も設定を変更しない状態では、［スタイル1］という書式がグラフに設定される

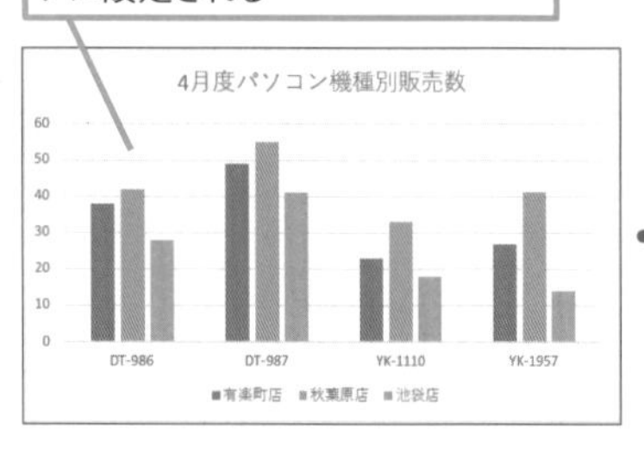

After

［グラフスタイル］と［色の変更］の一覧からスタイルと色を選ぶだけで、デザインをまとめて変更できる

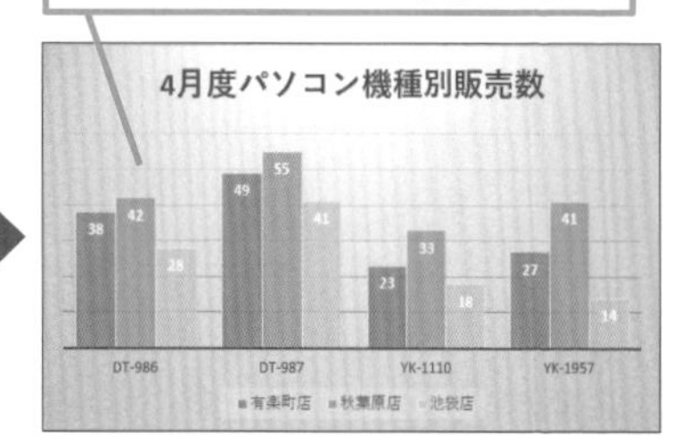

関連レッスン

レッスン12	棒にグラデーションを設定するには	P.56
レッスン16	グラフのレイアウトをまとめて変更するには	P.74

1 グラフのデザインを変更する

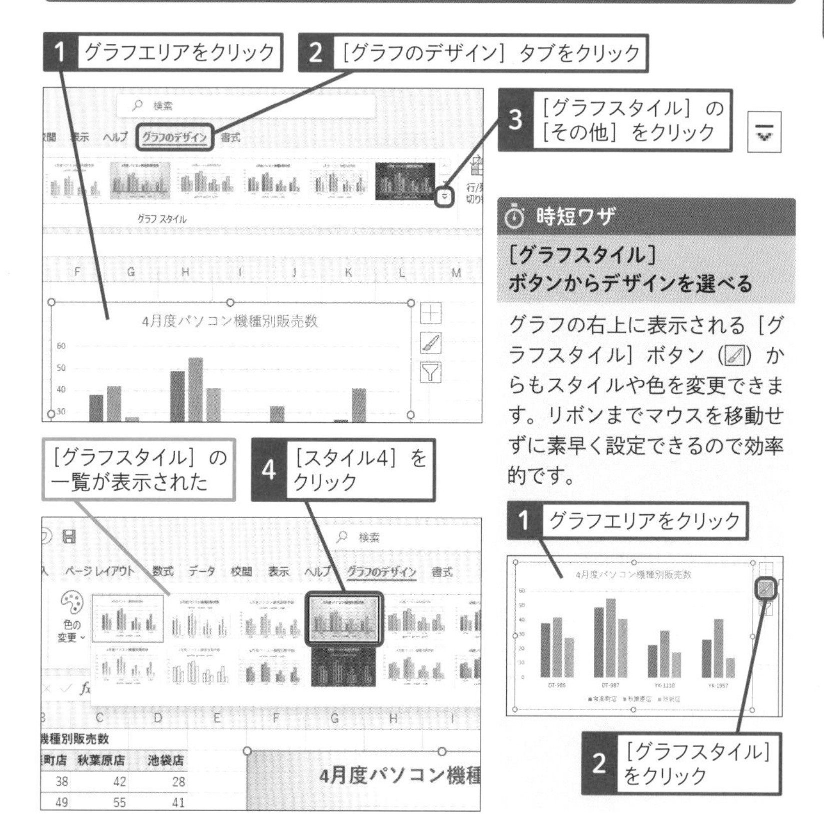

時短ワザ

[グラフスタイル]ボタンからデザインを選べる

グラフの右上に表示される［グラフスタイル］ボタン（ ）からもスタイルや色を変更できます。リボンまでマウスを移動せずに素早く設定できるので効率的です。

2 グラフの色を変更する

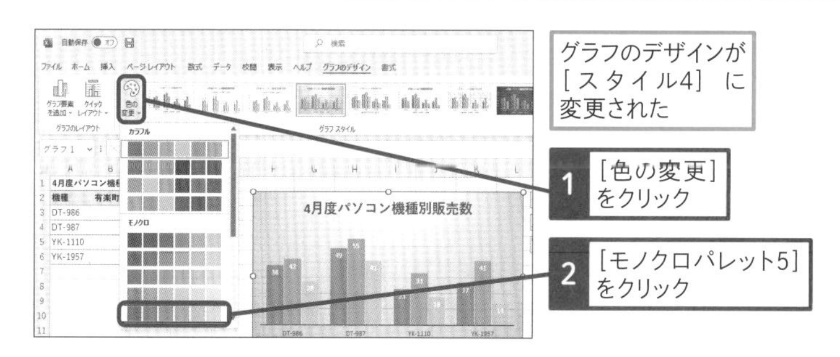

レッスン 10

グラフ内の文字サイズを変更するには

フォントサイズ　練習用ファイル　L10_フォントサイズ.xlsx

文字を大きくしてグラフを見やすくしよう

グラフには、グラフタイトルや凡例など、いろいろな文字が含まれています。それらの文字には既定のフォントサイズが適用されていますが、後から自由に変更できます。グラフ自体の大きさや表とのバランスを考えて、適切に設定しましょう。グラフタイトルだけ大きくして目立たせるなど、役割に応じて文字のサイズに変化を付けることも、グラフを見やすくする重要なポイントです。
グラフ内の文字のサイズを変更するときは、グラフ全体に共通のフォントサイズを設定してから、各グラフ要素のフォントサイズを個別に変更すると効率的です。このレッスンでは、縦（値）軸上の文字と横（項目）軸上の文字、データラベルの文字のサイズを少し大きめに変更して、グラフを見やすくしてみましょう。

Before

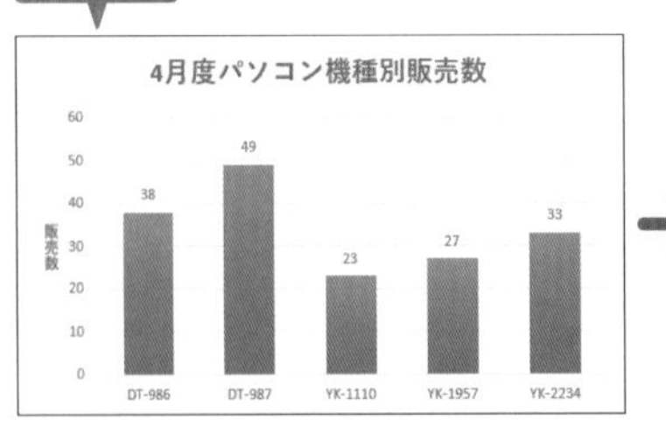

After

文字を大きくしてグラフタイトルを目立たせられる

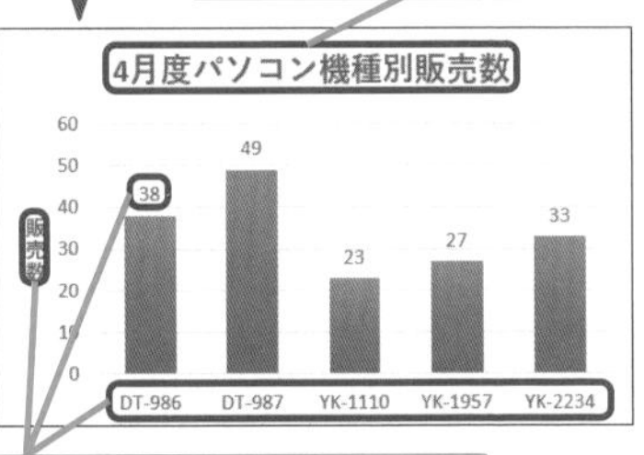

縦（値）軸や横（項目）軸、データラベルの文字サイズをまとめて変更できる

使いこなしのヒント

フォントサイズを段階的に変更するには

［ホーム］タブにある［フォントサイズの拡大］ボタン（A^）や［フォントサイズの縮小］ボタン（A˅）を使用すると、フォントサイズを1段階ずつ拡大／縮小できます。

関連レッスン

レッスン06
グラフの位置やサイズを変更するには
P.34

1 グラフの文字のサイズを変更する

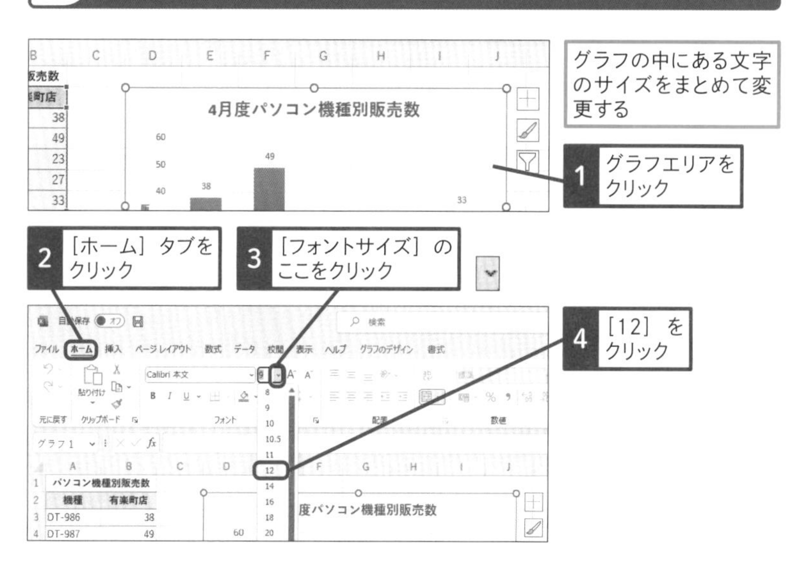

2 グラフタイトルの文字のサイズを変更する

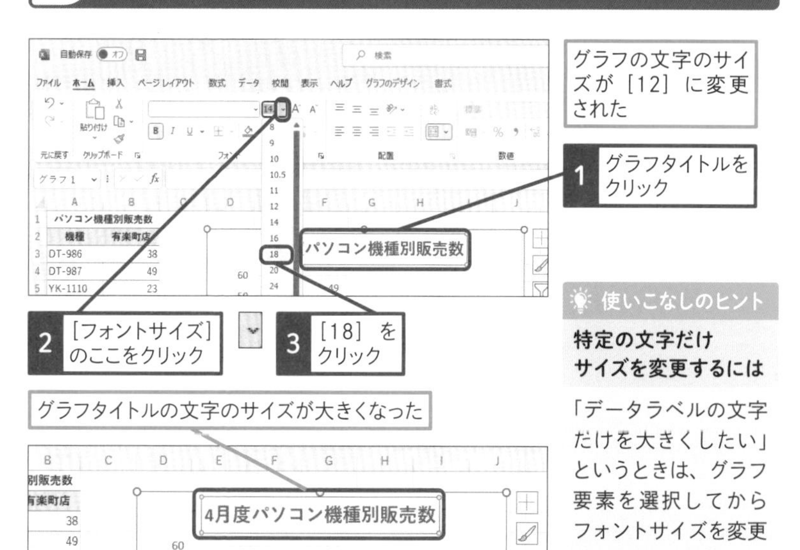

使いこなしのヒント

特定の文字だけサイズを変更するには

「データラベルの文字だけを大きくしたい」というときは、グラフ要素を選択してからフォントサイズを変更しましょう。

レッスン 11

データ系列やデータ要素の色を変更するには

動画で見る

系列とデータ要素の選択 練習用ファイル L11_系列とデータ要素の選択.xlsx

棒の色を個別に変更できる

グラフには、決められた色が自動設定されます。例えば1系列の棒グラフの場合、下の［Before］のグラフのようにすべての棒が［青、アクセント1］という色で表示されます。これらの棒の色は、データ系列（すべての棒）単位、またはデータ要素（1本の棒）単位で変更できます。［After］のグラフでは、「当社」の棒を赤、それ以外をグレーに変更して「当社」の棒を目立たせています。このような色の変更を行うには、すべての棒をグレーに変更してから、「当社」の棒（データ要素）を赤に変更するのが効率的です。データ系列とデータ要素の選択方法の違いに注意しながら操作しましょう。

Before

自社を含め、デジタルカメラのメーカー別に販売数がまとめられている

デジタルカメラメーカー別販売数

14,582 11,573 5,642 5,212 3,178 2,180

サンフィルム 当社 マーキュリー VENUS マース電気 ジュピター

ほかのメーカーに対し、自社のポジションが分かりにくい

After

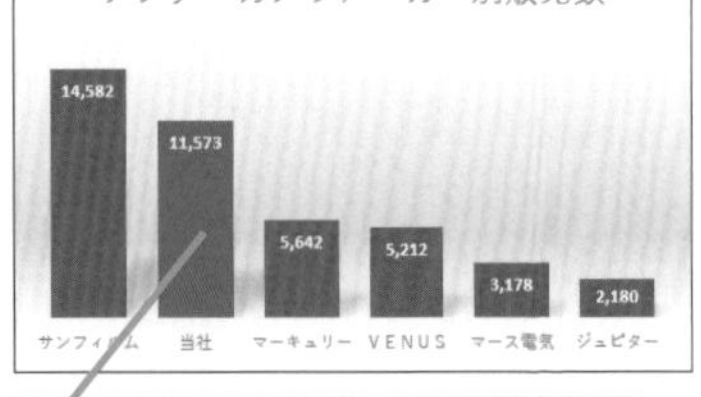

［当社］の棒だけ目立つ色に設定すれば、自社のポジションや販売数の差がひと目で分かる

関連レッスン

レッスン36 棒を太くするには P.138

1 系列の色を変更する

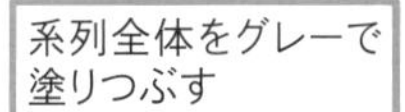

系列全体をグレーで塗りつぶす

1 [販売数] の系列をクリック

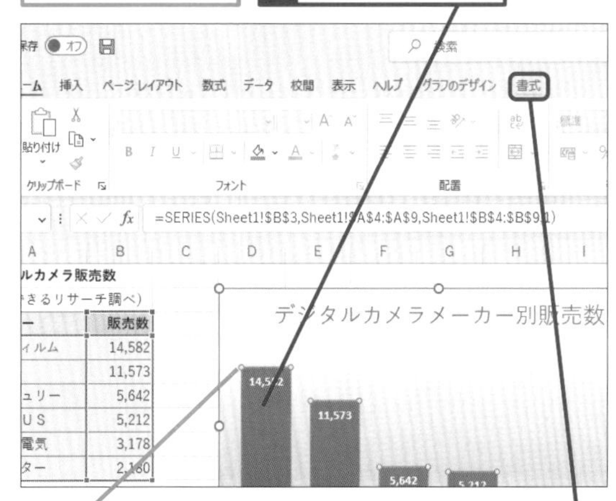

系列が選択され、棒のすべてにハンドルが表示されていることを確認する

2 [書式] タブをクリック

系列が選択されているときは、[系列"販売数"] などと表示される

3 [図形の塗りつぶし] のここをクリック

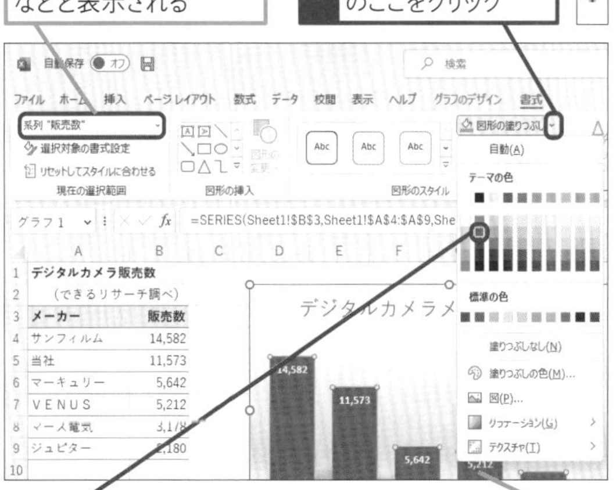

4 [黒、テキスト1、白+基本色35%] をクリック

色にマウスポインターを合わせると、操作結果が一時的に表示される

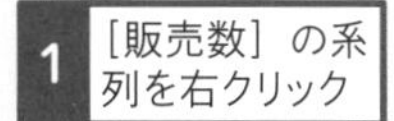

時短ワザ

右クリックでも色を変更できる

グラフ要素を右クリックすると表示されるミニツールバーを使用しても、色の設定を行えます。

1 [販売数] の系列を右クリック

2 [塗りつぶし] をクリック

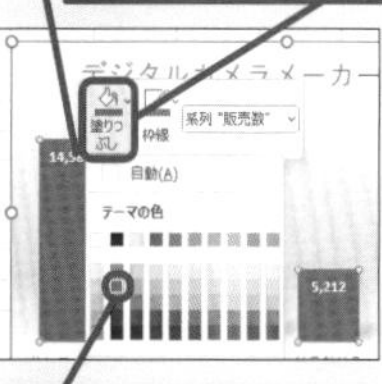

3 [黒、テキスト1、白+基本色35%] をクリック

ここに注意

手順1で「14,582」のデータラベルをクリックしてしまったときは、セルをクリックしてグラフの選択を解除してから操作をやり直します。

次のページに続く ➡

2 データ要素の色を変更する

すべての棒がグレーに変わった

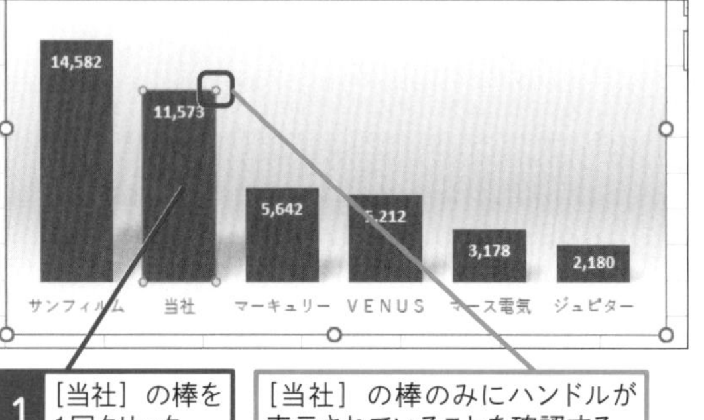

1 [当社] の棒を1回クリック

[当社] の棒のみにハンドルが表示されていることを確認する

[当社] の棒が選択された

2 [図形の塗りつぶし] のここをクリック

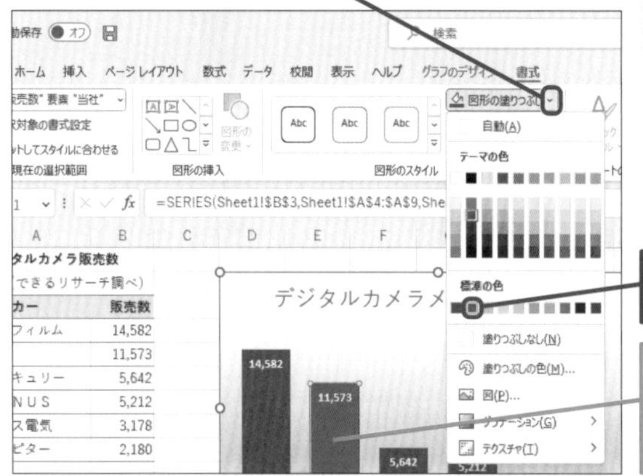

3 [赤] をクリック

色にマウスポインターを合わせると、操作結果が一時的に表示される

デジタルカメラメーカー別販売数

販売数
14,582
11,573
5,642
5,212
3,178
2,180

サンフィルム 14,582 / 当社 11,573 / マーキュリー 5,642 / VENUS 5,212 / マース電気 3,178 / ジュピター 2,180

[当社] の棒が赤い色に変わった

使いこなしのヒント

「ゆっくり2回」が棒1本を選択する秘訣

棒グラフの棒を1回クリックすると、同じ系列の棒がすべて選択されます。その状態でもう1回棒をクリックすると、クリックした棒だけが選択されます。ここでは手順1のクリックで系列の棒がすべて選択され、手順2のクリックで [当社] の棒が選択されました。

使いこなしのヒント

より多くの種類から色を選ぶには

手順2の操作2で［図形の塗りつぶし］ボタンの⌄をクリックし、［塗りつぶしの色］をクリックすると、［色の設定］ダイアログボックスから別の色を設定できます。

［標準］タブでは、より多くの色を選択できる

［ユーザー設定］タブでは、赤、緑、青の割合を0 ～ 255の範囲の数値で指定して、色を設定できる

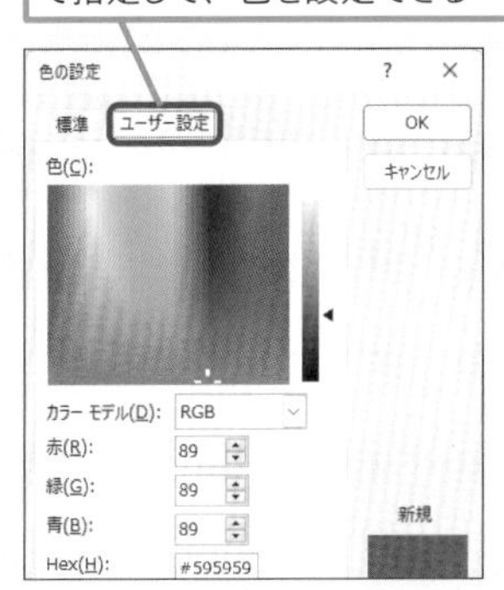

使いこなしのヒント

棒に影を設定するには

［図形の効果］の1つである［影］を利用すると、グラフに立体的な視覚効果を設定できます。例えば［オフセット：右上］を設定すると、棒の上側と右側にグレーの影が表示され、棒が手前に浮き出しているように見せられます。設定した影を解除したいときは、操作4の一覧から［影なし］をクリックします。

影を適用するとグラフに立体感が出る

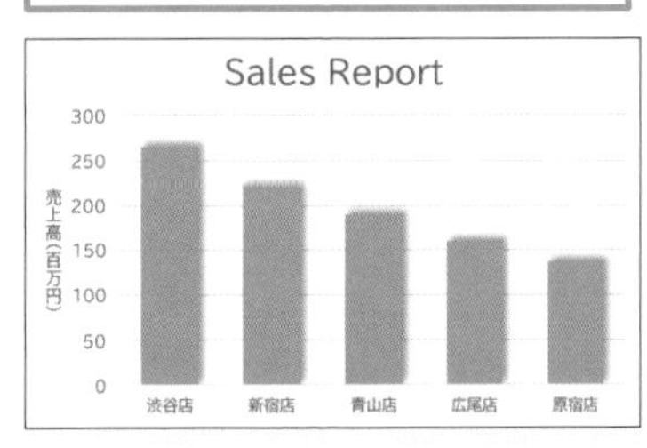

データ系列を選択しておく

1 ［書式］タブをクリック

2 ［図形の効果］をクリック

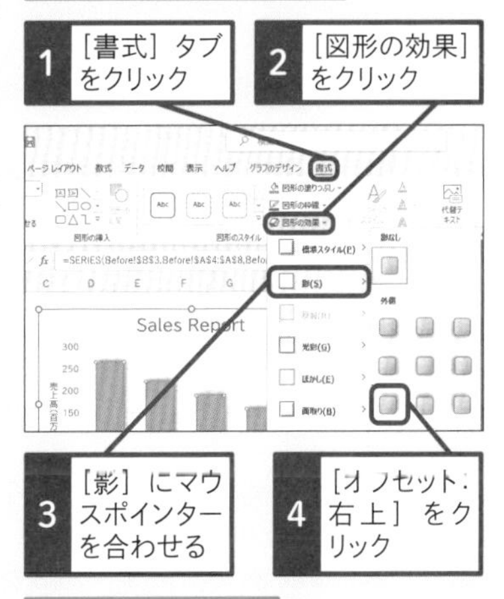

3 ［影］にマウスポインターを合わせる

4 ［オフセット：右上］をクリック

棒に影が設定される

レッスン
12 棒にグラデーションを設定するには

グラデーション　練習用ファイル　L12_グラデーション.xlsx

グラデーションでグラフをスタイリッシュに

棒グラフの棒に縦方向のグラデーションを設定すると、棒の伸びを強調できます。単色で塗りつぶすのに比べると手間はかかりますが、そのひと手間でスタイリッシュなグラフに仕上げられます。
グラデーションは、基本的に2 ～ 3色を使用して作成します。下の［After］のグラフでは、棒の下から上に向かって、青色が徐々に薄くなるように設定しました。グラデーションの方向、および一番下の濃い青と一番上の薄い青の2色を指定するだけで、自動で色の濃淡が変化します。グラデーションの色数や方向の違いでグラフの印象が変わるので、いろいろ試してみると面白いでしょう。

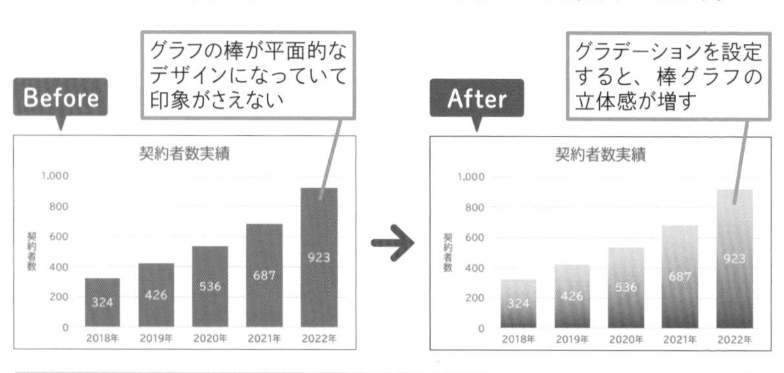

使いこなしのヒント

分岐点の考え方

グラデーションの色の変化は、分岐点の数、位置、色によって決まります。ここでは下端が濃い青、上端が薄い青のグラデーションにしたいので、分岐点を2つにし、それぞれの位置と色を右図のように設定します。なお、位置は棒の高さを100%としたパーセンテージで指定します。

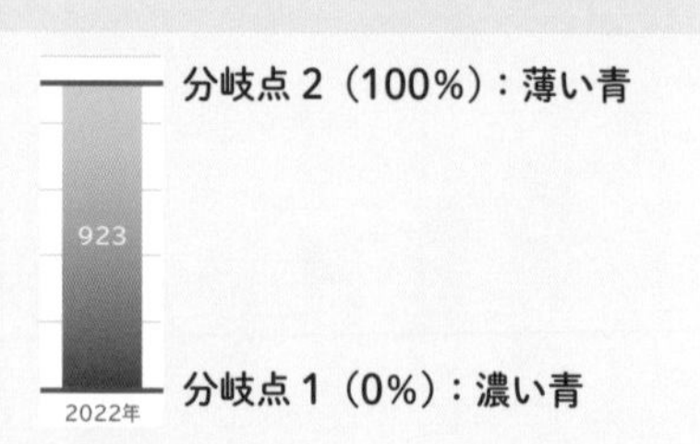

1 グラデーションを設定する

1 [契約者数] の系列を右クリック

2 [データ系列の書式設定] をクリック

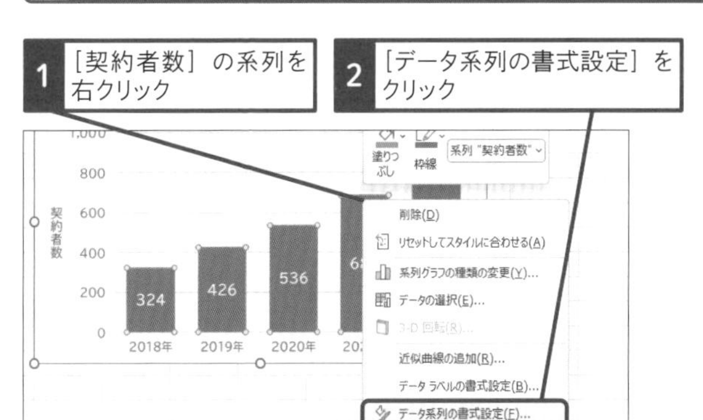

3 [塗りつぶしと線] をクリック

4 [塗りつぶし] をクリック

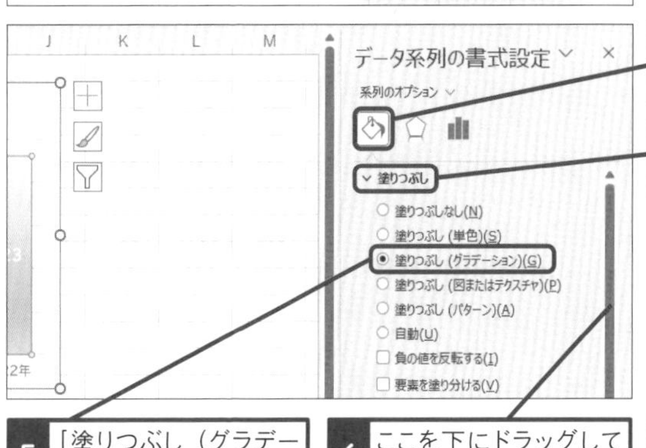

5 [塗りつぶし (グラデーション)] をクリック

6 ここを下にドラッグしてスクロール

グラデーションの方向を[上方向] に変更する

7 [方向] をクリック

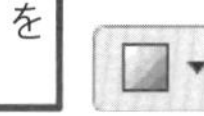

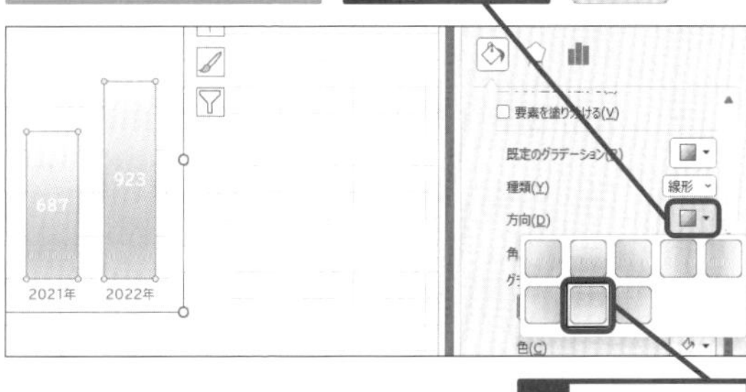

8 [上方向] をクリック

使いこなしのヒント

棒を立体的に見せるには

[方向] から [右方向] を選択し、3つの分岐点の左端 (0%) と右端 (100%) に濃い青、中央 (50%) に薄い青を設定すると、棒が筒状に立体化します。

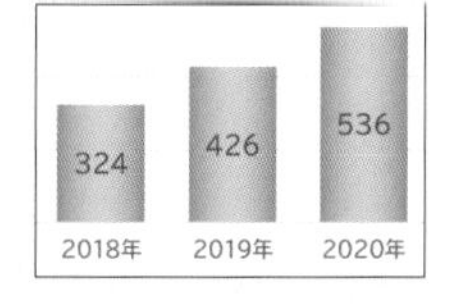

次のページに続く

2 グラデーションの分岐点を削除する

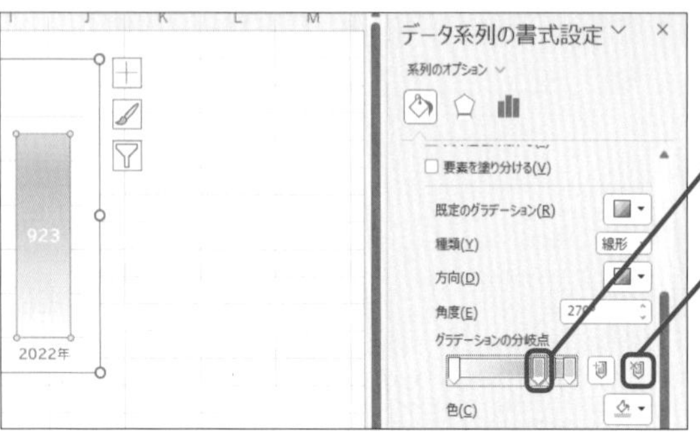

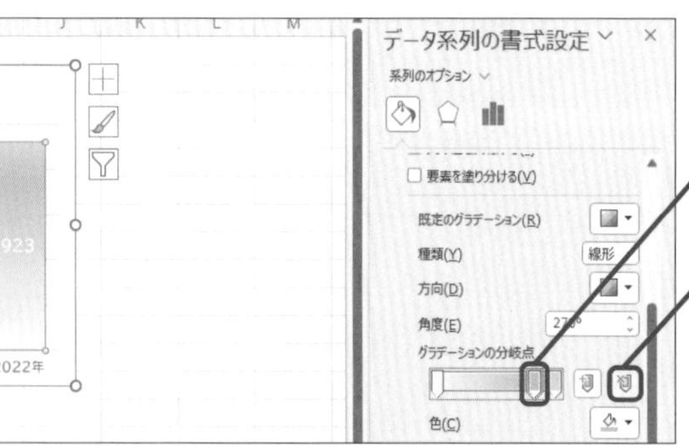

3 グラデーションの色を変更する

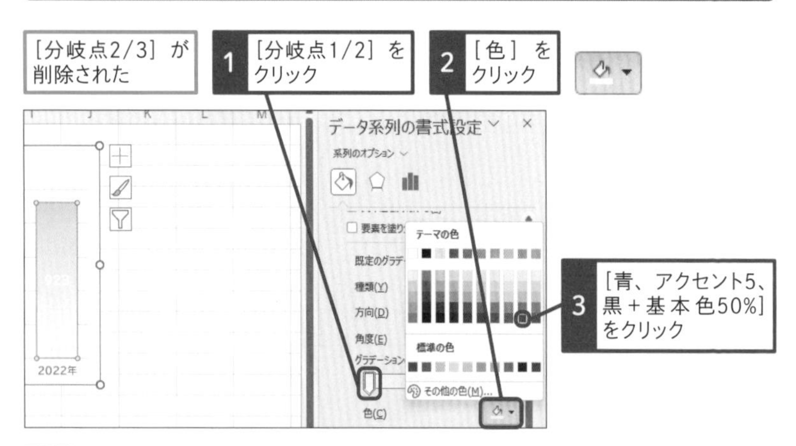

● 2つ目の分岐点の色を変更する

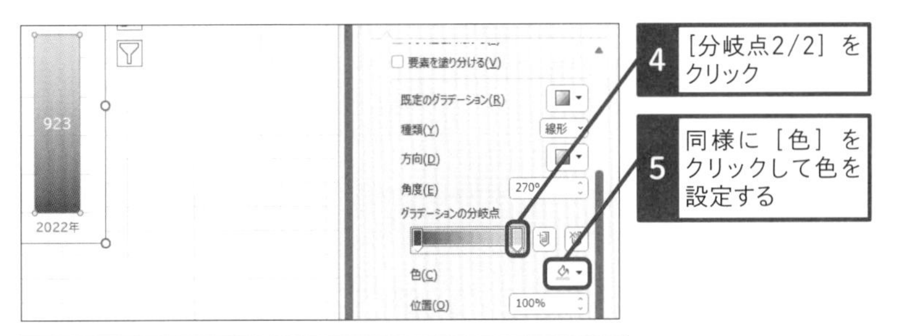

ここでは[青、アクセント5、白+基本色60%]を設定する

グラフの棒にグラデーションが設定された

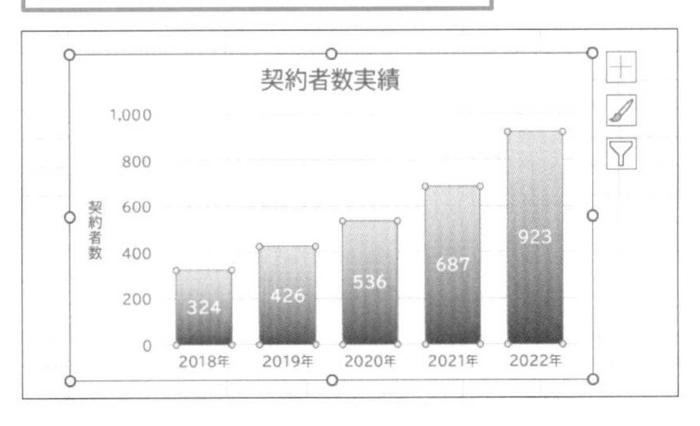

使いこなしのヒント

分岐点の数や位置を変更するには

分岐点を増やすと、虹のような複雑なグラデーションも自在に作成できます。分岐点を追加するには、以下のように操作しましょう。

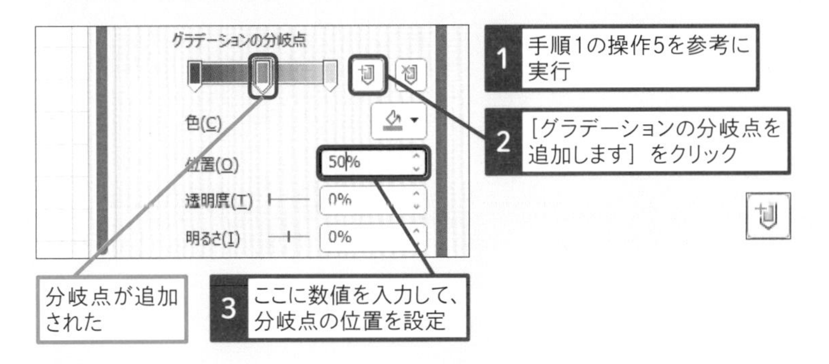

レッスン
13 軸や目盛り線の書式を変更するには

目盛り線の書式設定、図形の枠線　練習用ファイル　L13_目盛り線の書式設定、図形の枠線.xlsx

線の書式設定で細部にこだわったグラフを作ろう

グラフには軸や目盛り線など、さまざまな「線」が含まれています。データ要素やプロットエリアの境界にも「枠線」があります。これらの線の色や太さ、線種などは自由に変更できます。グラフの細部にまでこだわることで、デザインの完成度がグンと上がります。
このレッスンでは、目盛り線に破線と色を設定する操作を例に、[図形の枠線]ボタンで線の書式を設定する方法を説明します。この[図形の枠線]ボタンでは、線の種類と色のほか、太さも変更できるので、いろいろな書式を試してグラフの雰囲気に合う線をデザインしましょう。

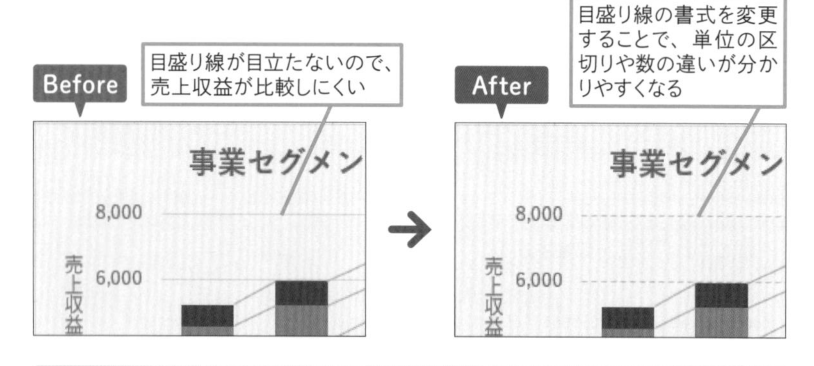

関連レッスン

レッスン24	目盛りの範囲や間隔を指定するには	P.98
レッスン25	目盛りを万単位で表示するには	P.100

ここに注意

間違ってプロットエリアを選択して色を設定すると、プロットエリアの枠に色が付いてしまいます。クイックアクセスツールバーまたは[ホーム]タブの[元に戻す]ボタン（↶）をクリックして操作を取り消し、目盛り線を選択して手順1の操作3から操作をやり直しましょう。

1 目盛りの色を変更する

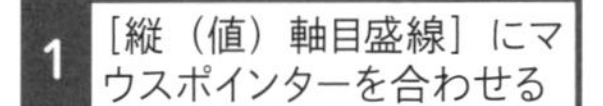

1 ［縦（値）軸目盛線］にマウスポインターを合わせる

マウスポインターの形が変わった

2 そのままクリック

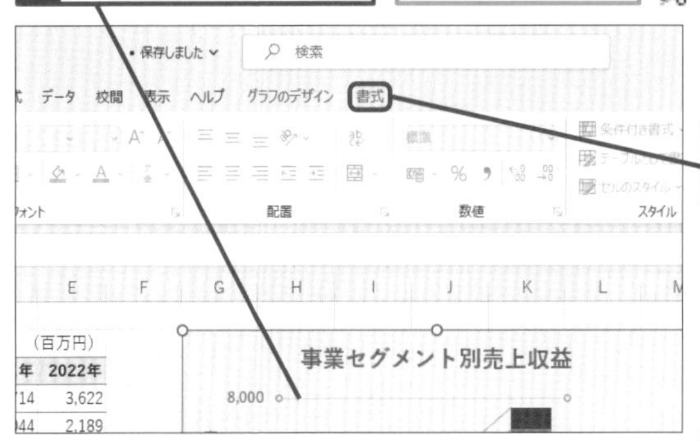

3 ［書式］タブをクリック

目盛り線が選択され、ハンドルが表示されていることを確認する

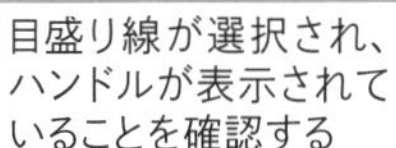

4 ［図形の枠線］のここをクリック

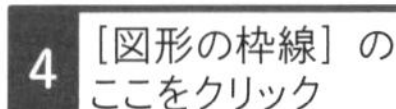

5 ［白、背景1、黒+基本色25%］をクリック

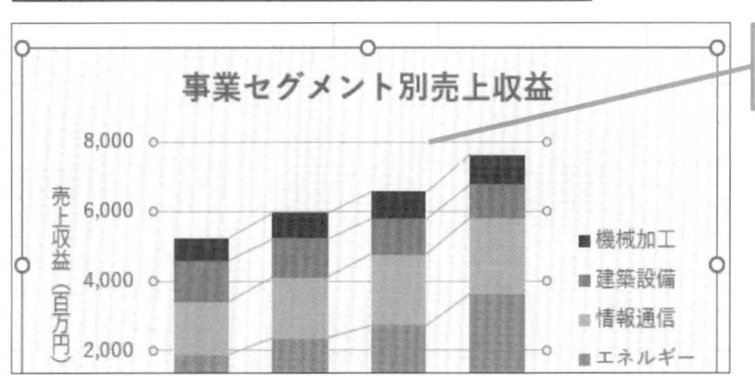

目盛り線の色が変更された

使いこなしのヒント

2、3本目の目盛り線をクリックするとうまく選択できる

目盛り線を選択するコツは、上から2、3本目の線をクリックすることです。上端の線をクリックするとプロットエリア、下端の線をクリックすると横（項目）軸が選択されてしまうことがあるので注意しましょう。

次のページに続く

2 目盛り線の種類を変更する

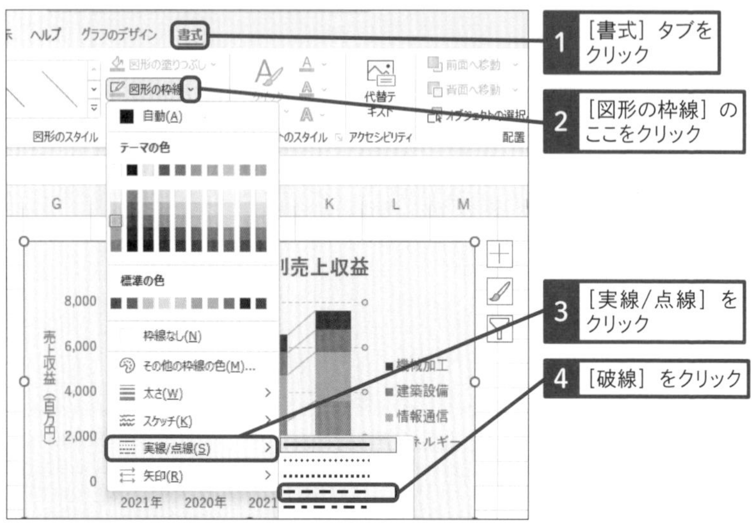

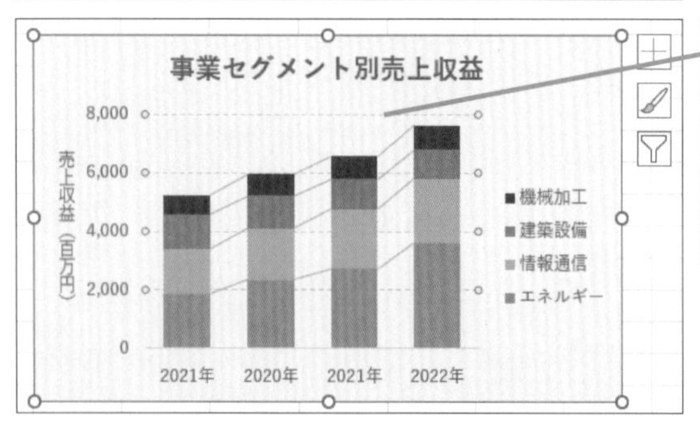

目盛り線の種類を変更できた

セルをクリックして選択し、縦（値）軸目盛線の選択を解除しておく

使いこなしのヒント

軸の色も統一しよう

目盛り線の色を変えると、横（項目）軸とのバランスが悪くなることがあります。そのようなときは横（項目）軸をクリックして、このレッスンで紹介する手順を参考に、目盛り線と同じ色を設定しましょう。ちなみに、縦（値）軸の数値をクリックして同様に操作すれば、縦（値）軸に縦線を表示することもできます。

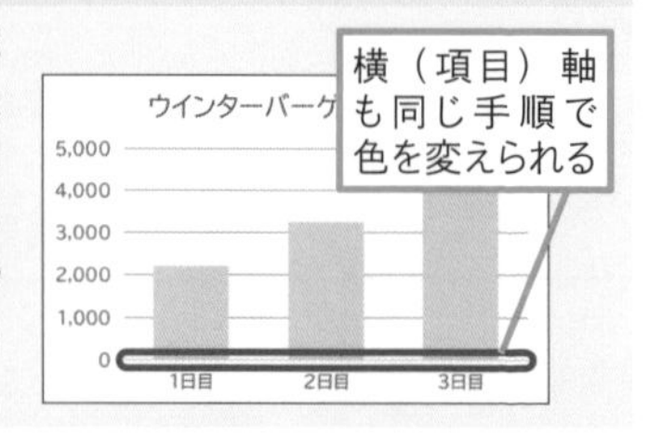

使いこなしのヒント

グラフの背景に色を設定するには

グラフの背景はグラフエリアとプロットエリアに分かれており、それぞれに別の色を設定できます。初期設定ではプロットエリアが自動で透明になるので、グラフエリアを選択して色を設定すると、グラフ全体がその色で塗りつぶされます。プロットエリアだけ別の色にしたい場合は、別途プロットエリアを選択して、色の設定を行いましょう。グラフエリアの色を変えたときに文字が見づらくなる場合は、文字も見やすい色に変えましょう。

1 グラフエリアをクリック

2 ［書式］タブをクリック

3 ［図形の塗りつぶし］のここをクリック

4 ［白、背景1、黒+基本色50%］をクリック

グラフエリアを引き続き選択しておく

5 ［ホーム］タブをクリック

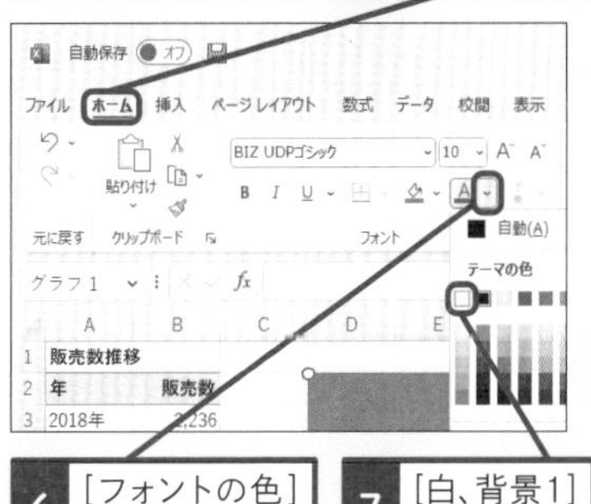

6 ［フォントの色］のここをクリック

7 ［白、背景1］をクリック

8 プロットエリアをクリック

9 ［書式］タブをクリック

10 ［図形の塗りつぶし］のここをクリック

11 ［白、背景1］をクリック

グラフの背景に色が設定された

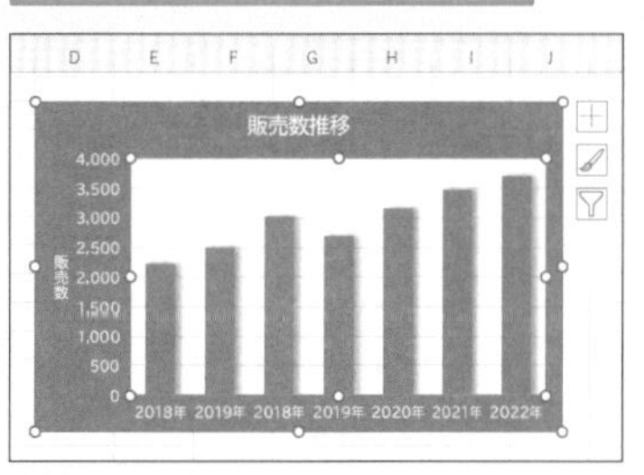

レッスン 14

グラフの中に図形を描画するには

図形の挿入 練習用ファイル L14_図形の挿入.xlsx

グラフに補足説明やキャッチコピーを入れよう

グラフは数値データを視覚的に表す便利な道具ですが、グラフを構成する標準的な要素だけでは、グラフの意味が伝わりづらいことがあります。そのようなときは、図形を利用してみましょう。グラフ上に売り上げ目標の線を引いたり、データの推移を表す矢印を入れたりするなど、グラフの表現力アップに図形が役立ちます。図形内は文字も入力できるので、グラフに補足説明を添えたり、キャッチコピーをアピールしたいときにも重宝します。
下の［Before］のグラフは、今年度の売り上げと3年後の売り上げ予想を縦棒グラフで表したものです。［After］のグラフには、図形を追加して「売上倍増!」という文字を入れました。文字を入れることで、今後の売り上げが飛躍的に伸びるというメッセージを具体的にアピールできます。

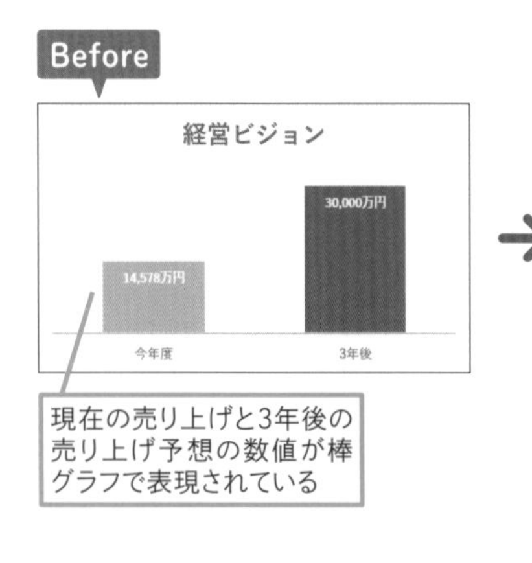

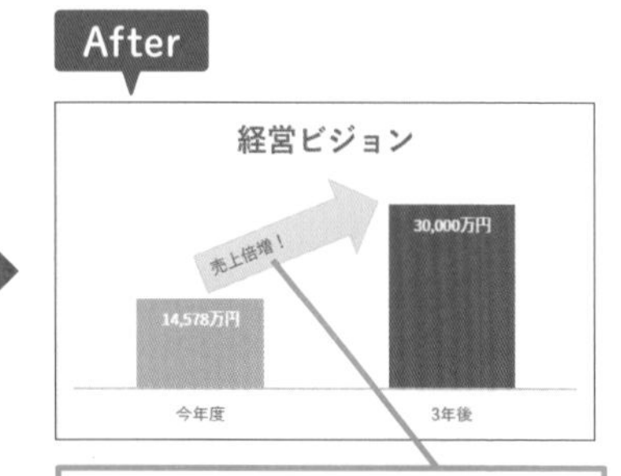

メッセージを入れた図形を使えば、「3年後に売り上げが倍増する」という内容を具体的にアピールできる

1 図形を描画する

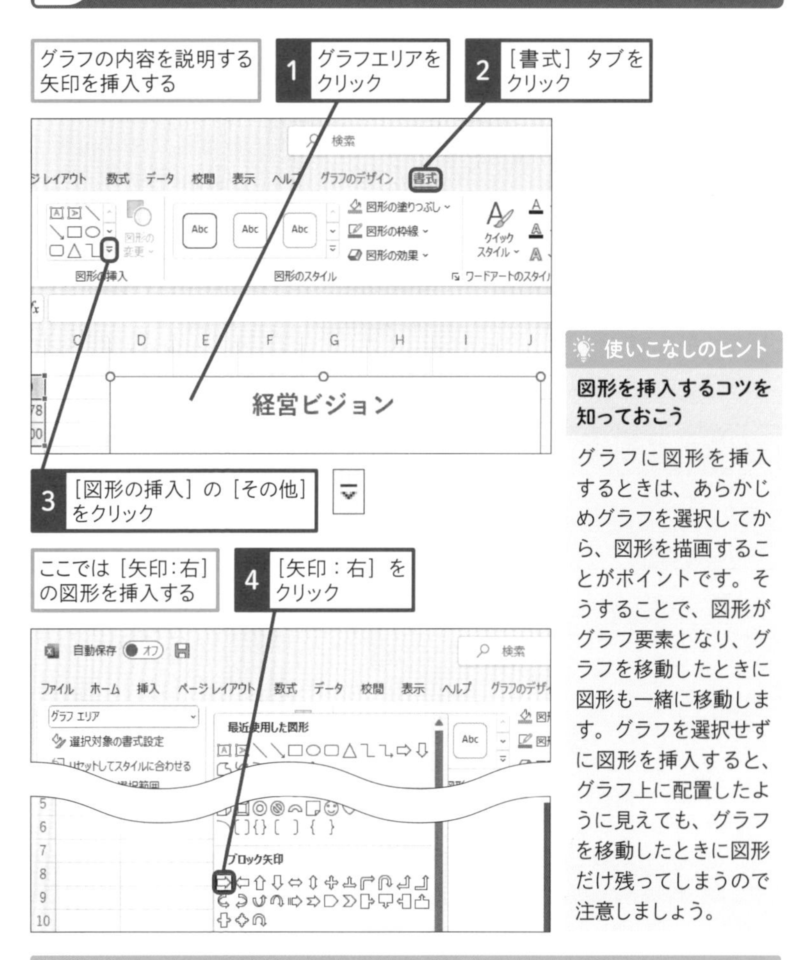

使いこなしのヒント

図形を挿入するコツを知っておこう

グラフに図形を挿入するときは、あらかじめグラフを選択してから、図形を描画することがポイントです。そうすることで、図形がグラフ要素となり、グラフを移動したときに図形も一緒に移動します。グラフを選択せずに図形を挿入すると、グラフ上に配置したように見えても、グラフを移動したときに図形だけ残ってしまうので注意しましょう。

使いこなしのヒント

図形をグラフからはみ出して配置するには

図形をグラフエリアからはみ出して配置したいときは、セルを選択した状態で［挿入］タブにある［図］-［図形］から図形を挿入しましょう。挿入後、Ctrlキーを押しながらグラフと図形をクリックすると、2つ同時に選択できます。その状態で［図形の書式］タブの［グループ化］-［グループ化］をクリックすると、図形とグラフがグループ化され、一緒に移動できるようになります。

次のページに続く

● 図形を挿入する

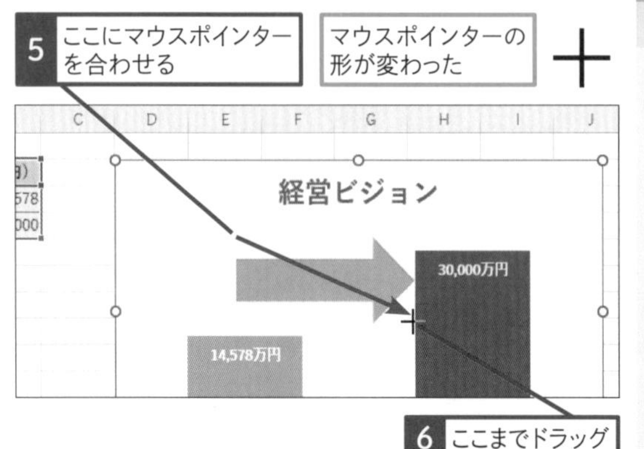

使いこなしのヒント

図形の形状を変えるには

図形の種類によっては、黄色い「調整ハンドル」が表示されることがあります。調整ハンドルは図形の形状の調整に使用します。例えば矢印の矢の部分だけを大きくしたり、角丸四角形の角の丸みを増やしたり、吹き出しの指し位置を変更するなどの調整を行えます。

2 図形に文字を入力する

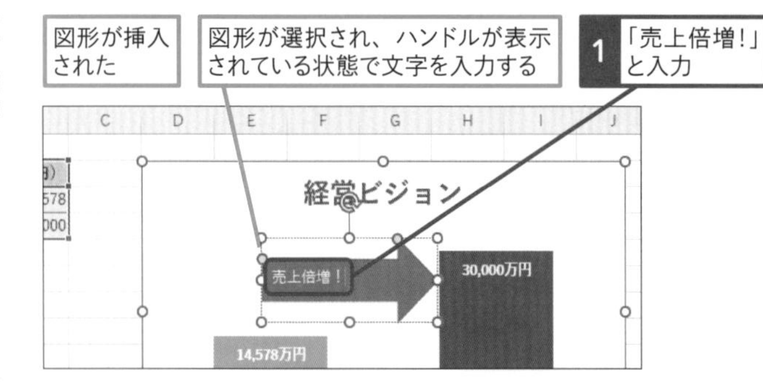

3 図形のスタイルを設定する

続けて図形のスタイルを設定する

1 ［図形の書式］タブをクリック

2 ［図形のスタイル］の［その他］をクリック

● 図形のスタイルを選択する

[図形のスタイル] の一覧が表示された

3 [パステル - ゴールド、アクセント4] をクリック

使いこなしのヒント

文字を図形の中央に配置するには

図形を選択して、[ホーム] タブにある [上下中央揃え] ボタン (☰) と [中央揃え] ボタン (☰) をクリックすると、文字を図形の中央に配置できます。

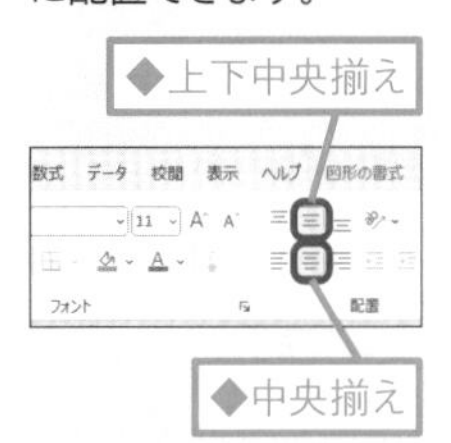

4 図形を回転させる

図形のスタイルを設定できた

1 ここにマウスポインターを合わせる

マウスポインターの形が変わった

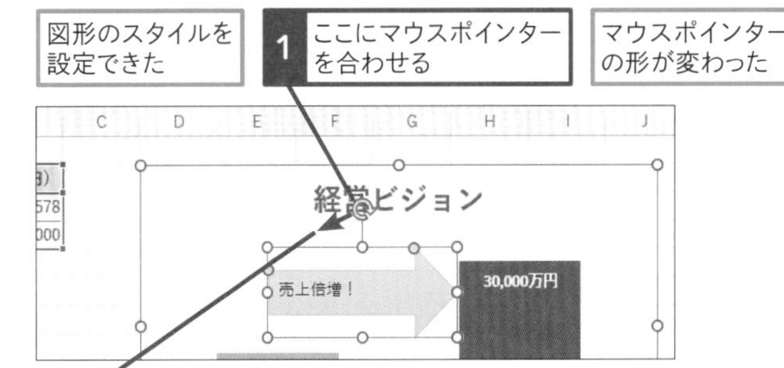

2 ここまでドラッグ

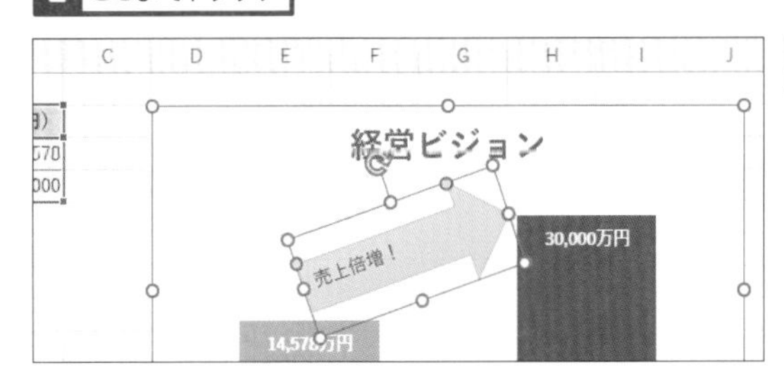

図形が回転した

レッスン
15 いつもとは違う色でグラフを作成するには

配色　練習用ファイル　L15_配色.xlsx

グラフの配色を総入れ替えできる

標準のグラフでは、第1系列に［青、アクセント1］、第2系列に［オレンジ、アクセント2］、第3系列に［グレー、アクセント3］……という具合にカラーパレットの決まった色が設定されるため、ありきたりな印象になります。**レッスン09**で紹介した［色の変更］を使えば色合いを変更できますが、選択肢はカラーパレット内の色の組み合わせなので、既視感のある色合いになります。

いつもとは違う色合いのグラフにしたいときは、ブックの［配色］を変更しましょう。［配色］を変更するとカラーパレットの色が総入れ替えされ、セルやグラフに設定されている色も連動して変わります。下の［After］のブックには青系で統一した配色を設定していますが、さまざまな色相を組み合わせたシックな配色やマットな配色も用意されているので、好みのものを選びましょう。

Before

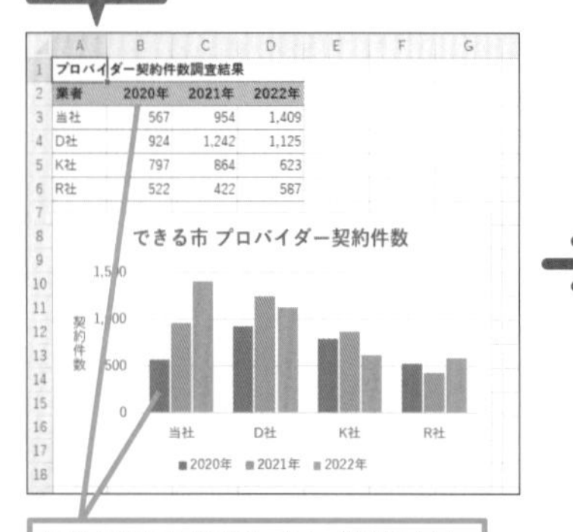

プロバイダー契約件数調査結果

業者	2020年	2021年	2022年
当社	567	954	1,409
D社	924	1,242	1,125
K社	797	864	623
R社	522	422	587

何も設定を変更しない状態では、［Office］の配色となっている

After

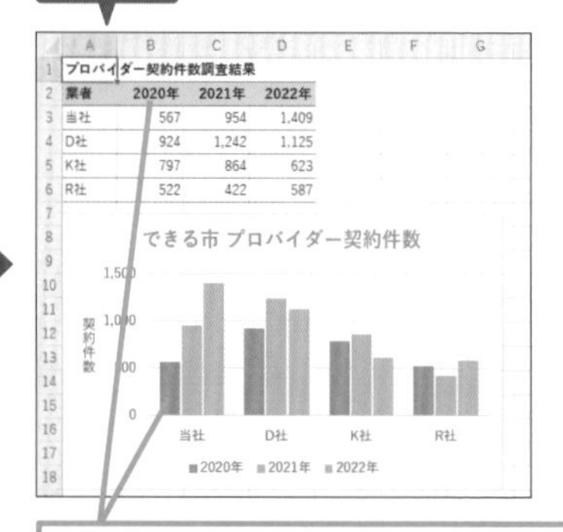

プロバイダー契約件数調査結果

業者	2020年	2021年	2022年
当社	567	954	1,409
D社	924	1,242	1,125
K社	797	864	623
R社	522	422	587

［ページレイアウト］タブの［配色］から選択して、色をまとめて変更できる

関連レッスン

レッスン09	グラフのデザインをまとめて設定するには	P.48
レッスン57	色数を抑えてメリハリを付けよう	P.224

1 配色を変更する

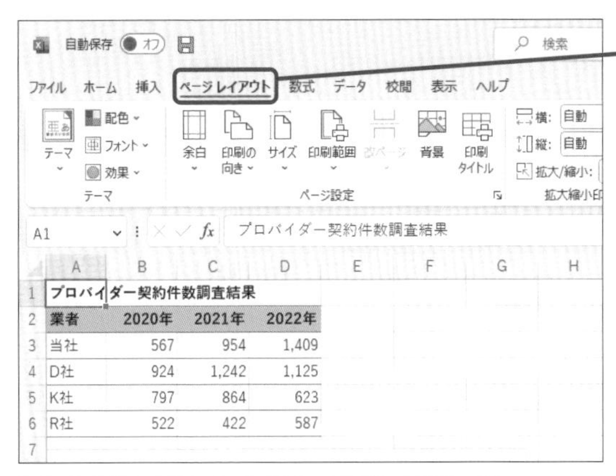

1 [ページレイアウト] タブをクリック

2 [配色] をクリック

3 [青緑] をクリック

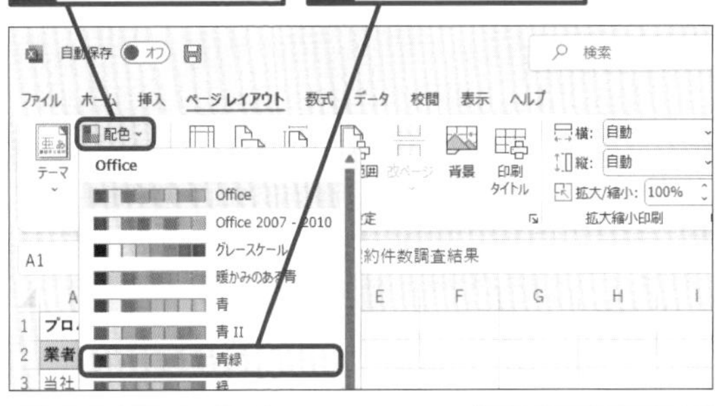

セルの色が変わった

棒の色が変わった

	A	B	C	D
1	プロバイダー契約件数調査結果			
2	業者	2020年	2021年	2022年
3	当社	567	954	1,409
4	D社	924	1,242	1,125
5	K社	797	864	623
6	R社	522	422	587

できる市 プロバイダー契約件数

契約件数

1,500
1,000
500
0

当社 D社 K社 R社

■2020年 ■2021年 ■2022年

用語解説

配色

「配色」とは、カラーパレットの色を変更する機能です。手順1の［配色］の選択肢に表示される8色が、カラーパレットの1行目の3～10列目の色に対応します。

使いこなしのヒント

［色の変更］の選択肢も変わる

［配色］を変更すると、レッスン09で紹介した［色の変更］の選択肢も変わります。［テーマの色］に合わせた色合いに変更され、ブック全体が統一した色合いになります。

次のページに続く➡

2 グラフタイトルの色を変更する

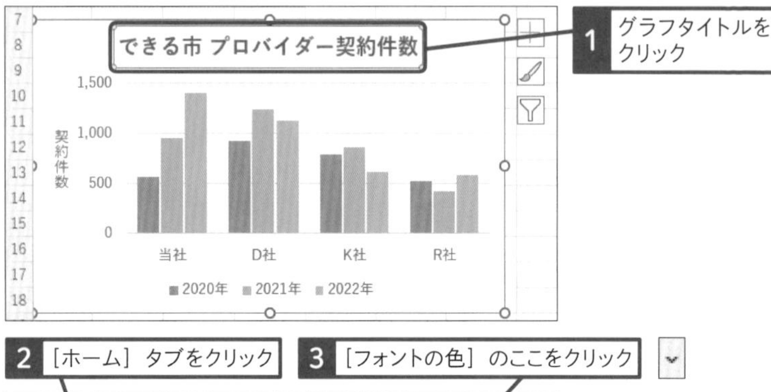

2 ［ホーム］タブをクリック

3 ［フォントの色］のここをクリック

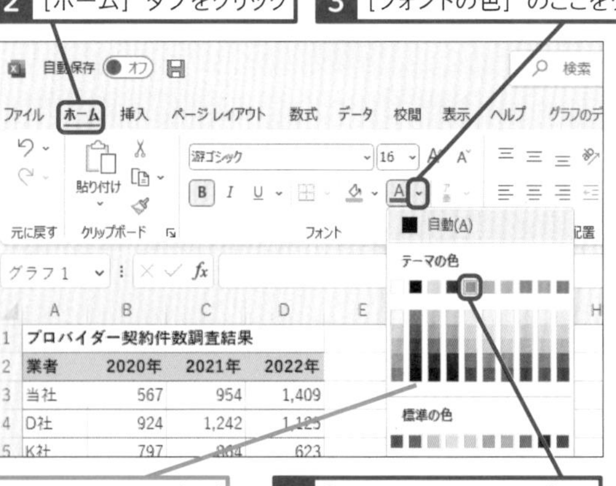

カラーパレットの色が変わっている

4 ［アクア、アクセント1］をクリック

文字の色が変わった

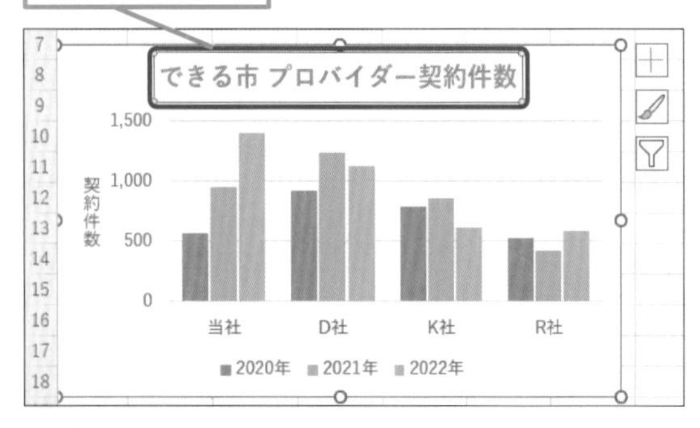

使いこなしのヒント

［配色］を元に戻すには

［配色］の一覧から［Office］を選択すると、カラーパレットを初期設定の配色に戻せます。それに連動して、セルやグラフの色も変わります。

使いこなしのヒント

よく使う色をカラーパレットに登録するには

ブランドカラーやコーポレートカラーなど、よく使う色は［配色］に登録しておきましょう。カラーパレットから簡単に目的の色を設定できるようになります。以下の手順では、Excelの標準の配色である［Office］の［アクセント1］の色を変更し、「グラフ用配色」の名前で登録しています。登録した配色はパソコンに保存されるので、［配色］の一覧から［グラフ用配色］を選択すれば、ほかのブックでも利用できます。なお、画像ファイルから色の赤、緑、青の数値を調べる方法を250ページのスキルアップで紹介しているので、設定したい色の構成を調べる参考にしてください。

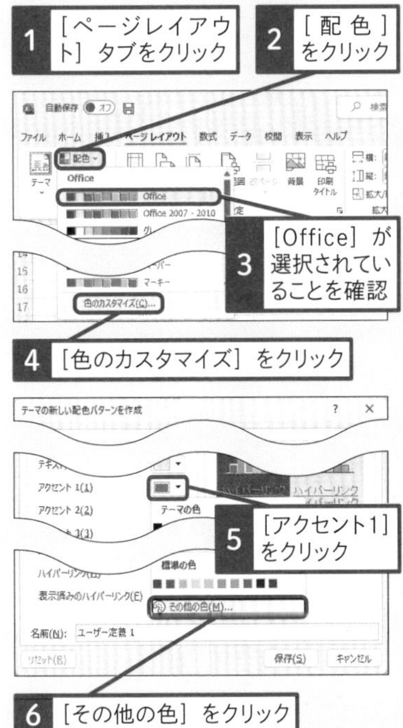

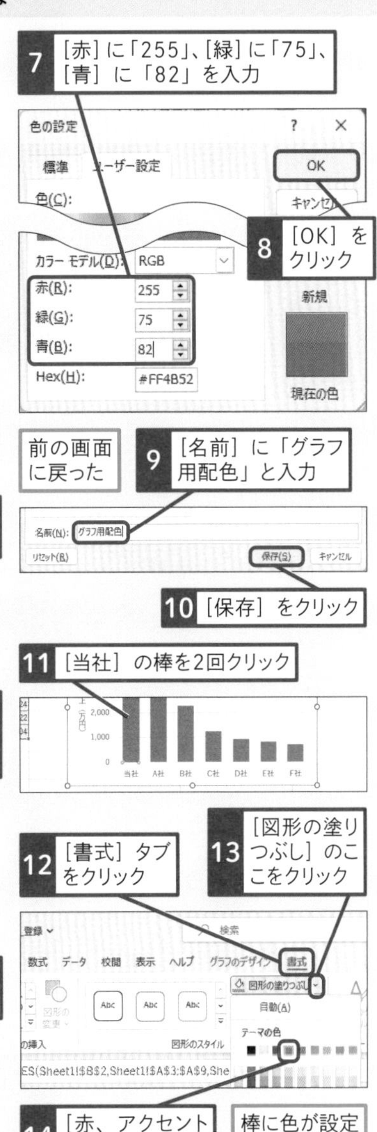

スキルアップ

円グラフのデータ要素の色を変更するには

円グラフのデータ要素（扇形の部分）も、このレッスンと同様の方法で色を変更できます。1回目のクリックでデータ系列（すべての扇形）が選択され、2回目のクリックでクリックした扇形だけが選択されるので、その状態で色を変更します。1回クリックしただけで色を設定すると、すべての扇形が同じ色になってしまうので注意してください。なお、下の操作1の円グラフには、レッスン09で紹介した［色の変更］の一覧から［モノクロパレット3］というグレーのグラデーション色を設定してあります。

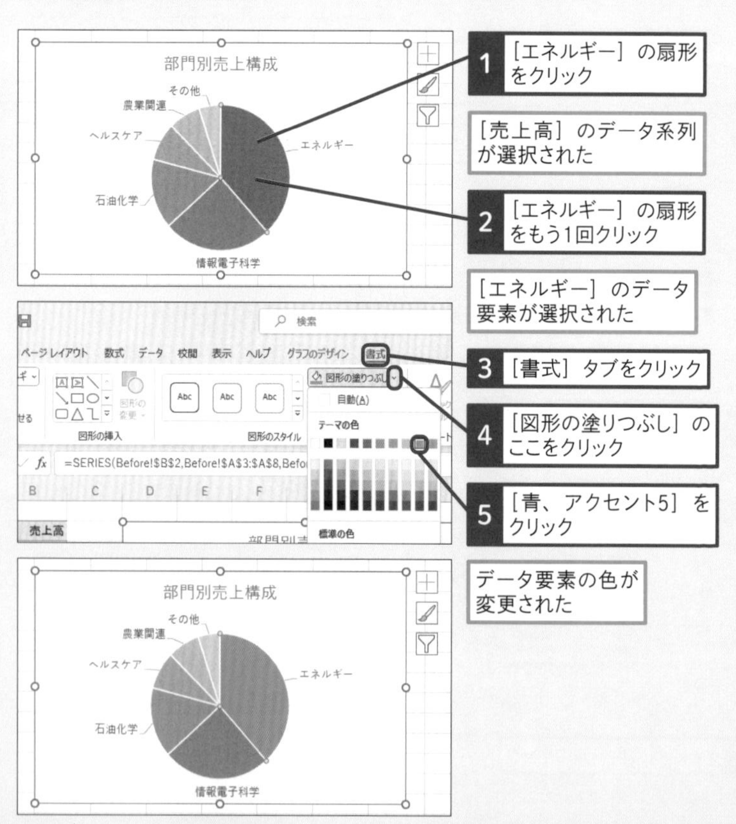

基本編

第3章

グラフの要素を編集しよう

グラフ上には、グラフタイトルや軸ラベルなど、グラフを分かりやすくするためのさまざまなグラフ要素を配置できます。また、数値軸の数値の表示形式を整えたり、目盛りの間隔を調整したりするなど、グラフを見やすくするための工夫を凝らせます。この章では、グラフ要素の編集方法を紹介します。

レッスン

16 グラフのレイアウトをまとめて変更するには

クイックレイアウト　練習用ファイル　L16_クイックレイアウト.xlsx

グラフ要素の表示／非表示を一括設定できる!

グラフを作成すると、グラフエリアにグラフ本体であるプロットエリアと凡例が配置されます。状況によってはグラフタイトルが自動で挿入されることもありますが、そのほかのグラフ要素は必要に応じて後から自分で追加します。このときお薦めなのが、[クイックレイアウト] です。

[クイックレイアウト] ボタンの一覧には、グラフ要素を組み合わせたレイアウトが複数用意されています。例えば次ページの手順で紹介している [レイアウト10] には、「グラフタイトル、系列の重なり、最終系列のデータラベル」という設定が含まれています。[レイアウト10] を選択するだけで、これらの設定が瞬時にグラフに適用されます。1つずつ要素を追加するのに比べて断然効率的なので、ぜひ利用してください。なお、データラベルの詳細については、レッスン20を参照してください。

Before

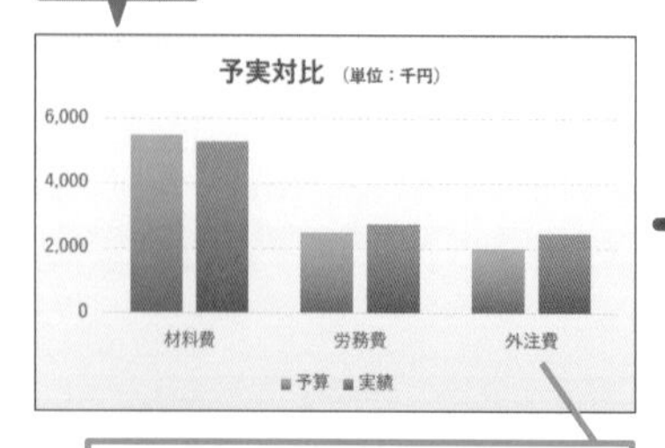

項目別に予算と実績が棒グラフで表示されている

After

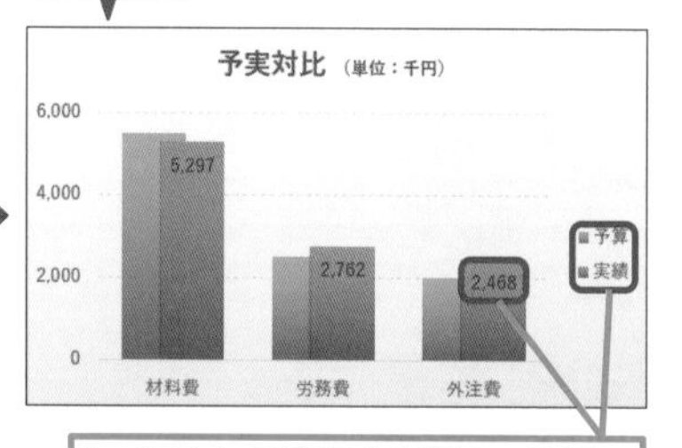

レイアウトを選択するだけで凡例の位置を変更したり、データラベルを追加したりすることができる

関連レッスン

レッスン09	グラフのデザインをまとめて設定するには	P.48
レッスン20	グラフ上に元データの数値を表示するには	P.84

1 グラフのレイアウトを変更する

レイアウトを変更してデータラベルを追加し、凡例を移動する

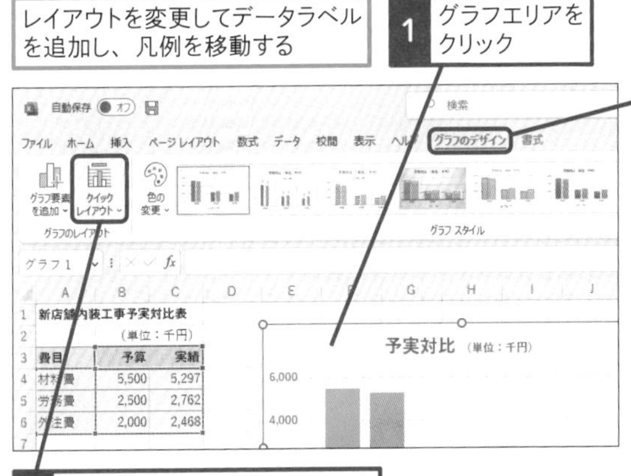

［クイックレイアウト］の一覧が表示された

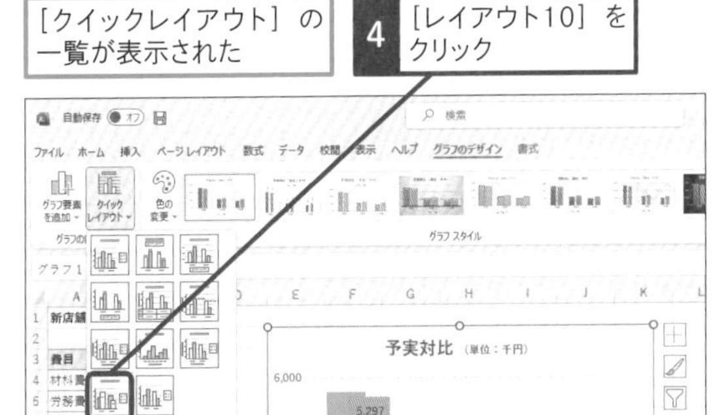

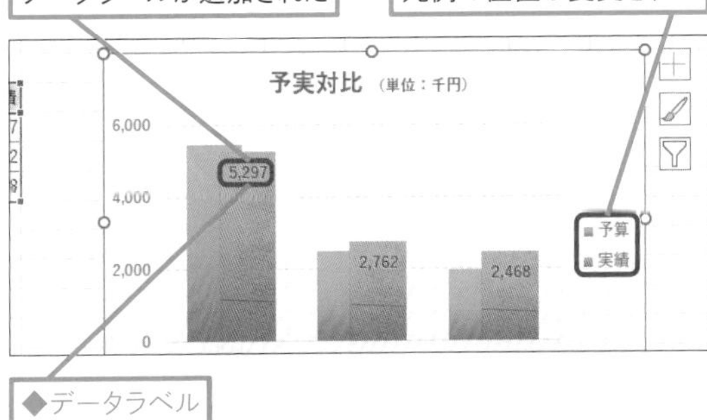

使いこなしのヒント

レイアウトを適用してから個々のグラフ要素を編集する

［クイックレイアウト］を適用すると、事前に配置したグラフ要素が非表示になったり、位置が変わったりする場合があります。先に［クイックレイアウト］を適用してから、足りないグラフ要素を個別に追加したり、配置を変更したりするようにしましょう。

ここに注意

リボンに［グラフのデザイン］タブ（Excel 2019/2016の場合は［グラフツール］の［デザイン］タブ）が表示されない場合は、グラフを選択できていません。操作1からやり直しましょう。

レッスン

17 グラフタイトルにセルの内容を表示するには

セルの参照　練習用ファイル　L17_セルの参照.xlsx

セルに入力した文字をそのままグラフタイトルにできる

グラフの元データの表に付けられたタイトルを、グラフタイトルに使いたいことがありますが、同じ内容をグラフにも入力するのは面倒です。セルに入力されているタイトルを、自動でグラフに表示できないかと考えたことはないでしょうか。
答えは「できる」です。次ページの手順で紹介しているように、セル番号を指定することで、簡単にセルの内容をグラフに表示できます。表のタイトルを入力し直すと、自動的にグラフのタイトルも変わるので効率的です。ここではグラフタイトルにセルの内容を表示しますが、軸ラベルにも同じ要領でセルの内容を表示できます。応用範囲が広い便利なテクニックです。

Before

セルA1に「業績ハイライト<営業利益>」と入力されている

	A	B	C	D	E
1	業績ハイライト<営業利益>				
2				(百万円)	
3		2020年	2021年	2022年	
4	1Q	524	613	814	
5	2Q	1,163	1,324	1,636	
6	3Q	1,864	2,057	2,484	
7	通期	2,605	2,857	3,326	
8					

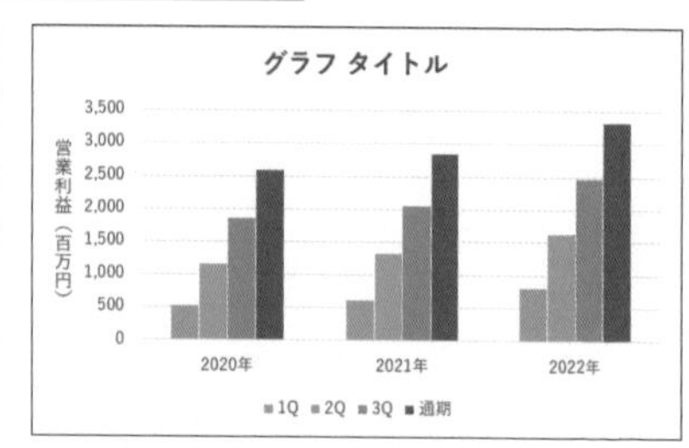

After

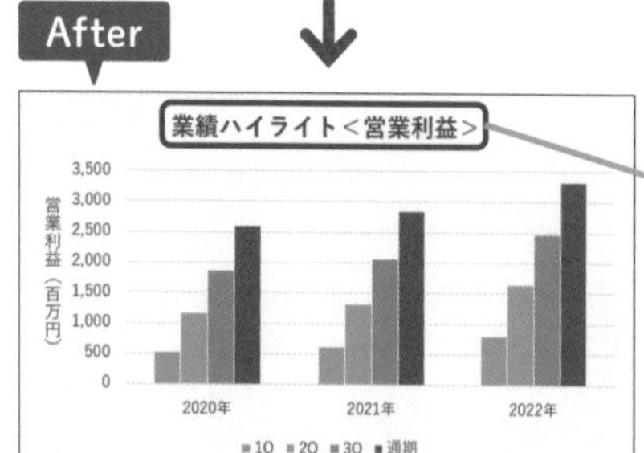

数式を利用してセルA1を参照すれば、グラフタイトルにセルA1の内容を表示できる

1 グラフタイトルに表示するセルを選択する

グラフの内容を表すグラフタイトルに変更する

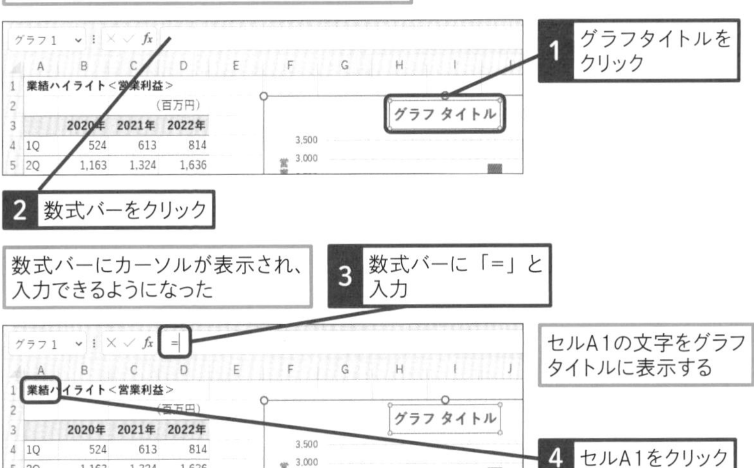

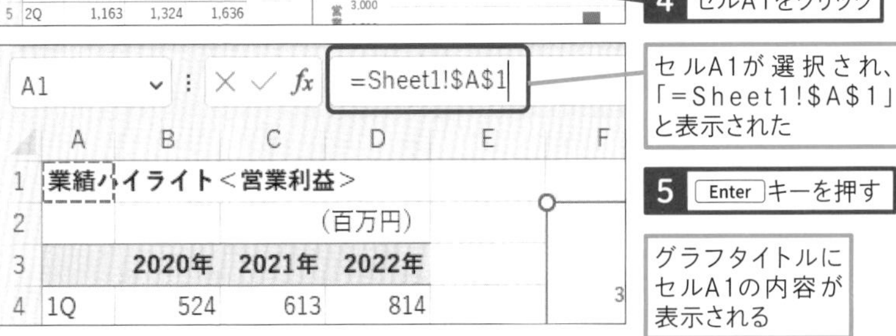

使いこなしのヒント

[グラフ要素] ボタンでグラフタイトルを追加／削除できる

グラフに表示されているグラフタイトルを削除してしまった場合は、手動で追加しましょう。右図のように [グラフ要素] ボタン (⊞) の一覧から [グラフタイトル] にチェックマークを付けると、グラフの上に素早く追加できます。また、右横の ＞ をクリックすれば、グラフタイトルの位置を選んで追加することも可能です。

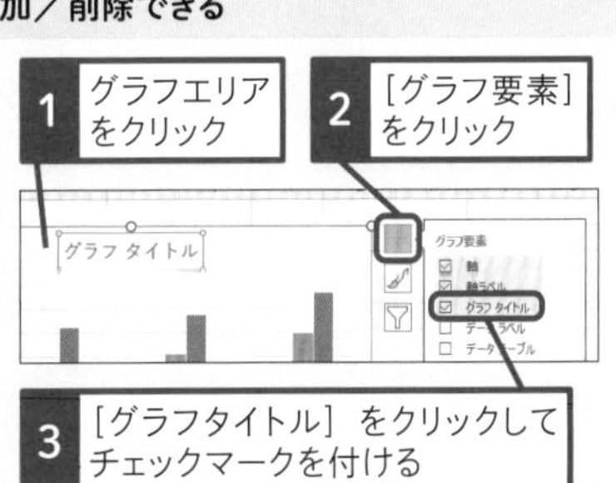

レッスン

18 数値軸や項目軸に説明を表示するには

動画で見る

軸ラベルの挿入　練習用ファイル　L18_軸ラベルの挿入.xlsx

軸ラベルでグラフの理解度がアップする

グラフに軸ラベルを挿入すると、「軸の意味」がひと目で分かります。軸ラベルは、縦（値）軸の左側と横（項目）軸の下側の2個所に配置できます。このレッスンでは縦（値）軸を例に、軸ラベルの挿入方法と文字を縦書きに変更する手順を説明します。
下の「商品別売上実績」を表す［Before］のグラフを見てください。元表の数値が千円単位で入力されているので、グラフの縦（値）軸に並ぶ数値も千円単位になっています。しかし、このグラフでは数値が何を表しているかが伝わりません。［After］のグラフには軸ラベルに「売上高（千円）」と表示があるので、数値の意味や単位がひと目で分かり、誤解を与える心配がなくなります。

Before

元表に千円単位の売上高が入力されている

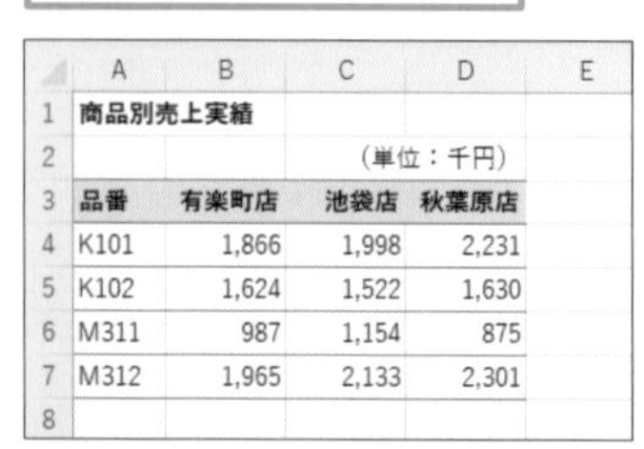

	A	B	C	D	E
1	商品別売上実績				
2			（単位：千円）		
3	品番	有楽町店	池袋店	秋葉原店	
4	K101	1,866	1,998	2,231	
5	K102	1,624	1,522	1,630	
6	M311	987	1,154	875	
7	M312	1,965	2,133	2,301	
8					

縦（値）軸の内容が分からない

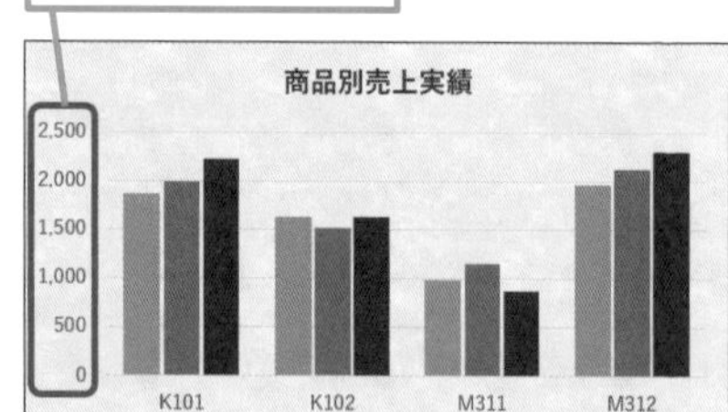

After

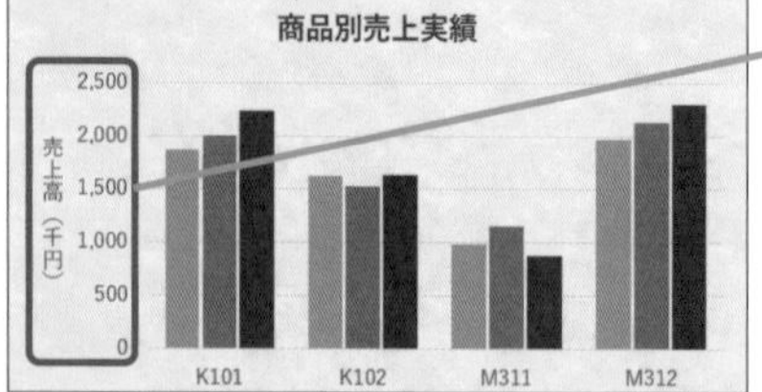

軸ラベルを見れば、数値が千円単位の売上高であることが分かる

1 軸ラベルを挿入する

縦（値）軸の内容を説明するラベルを挿入する

1 グラフエリアをクリック

2 ［グラフのデザイン］タブをクリック

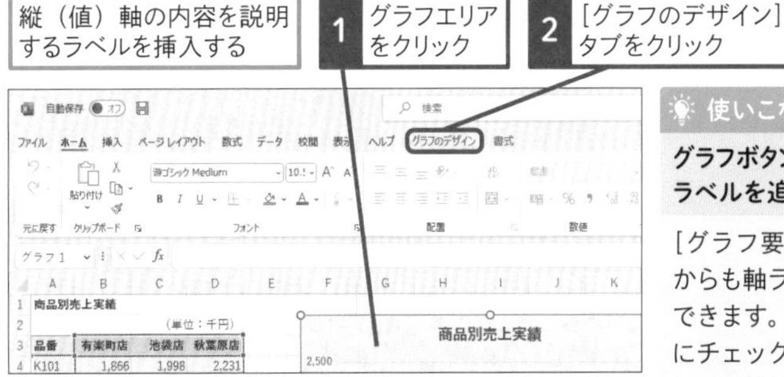

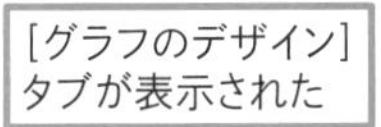

3 ［グラフ要素を追加］をクリック

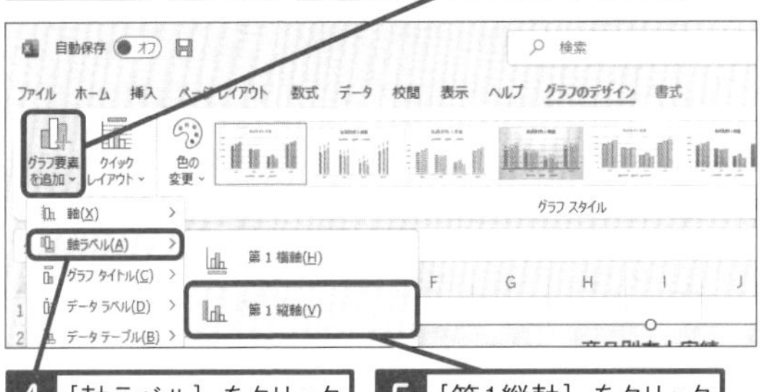

4 ［軸ラベル］をクリック

5 ［第1縦軸］をクリック

使いこなしのヒント

グラフボタンを使って軸ラベルを追加するには

［グラフ要素］ボタンからも軸ラベルを追加できます。［軸ラベル］にチェックマークを付けるとすべての軸ラベルを一括表示できます。また、サブメニューからは、軸ラベルの種類を選択して表示できます。

◆［グラフ要素］ボタン

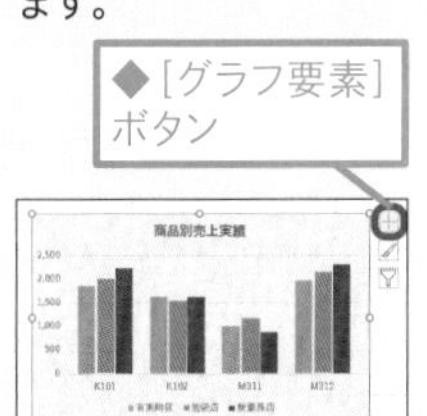

2 軸ラベルの文字を縦書きに変更する

軸ラベルが挿入された

1 軸ラベルを右クリック

2 ［軸ラベルの書式設定］をクリック

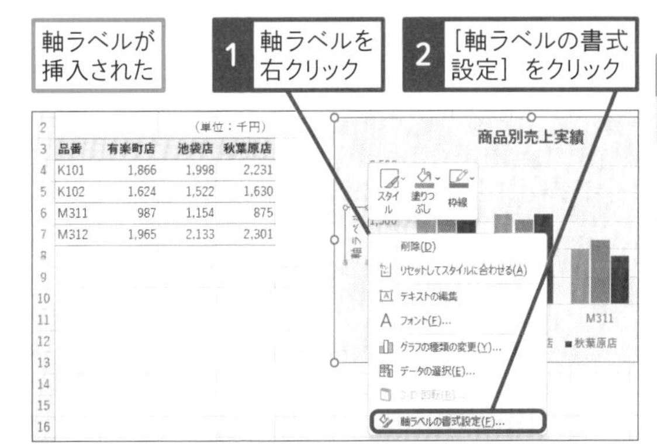

用語解説

軸ラベル

軸の説明を入力するためのグラフ要素を総称して「軸ラベル」といいます。縦棒グラフの場合、「縦（値）軸ラベル」と「横（項目）軸ラベル」の2種類を追加できます。

次のページに続く

● 文字列の方向を変更する

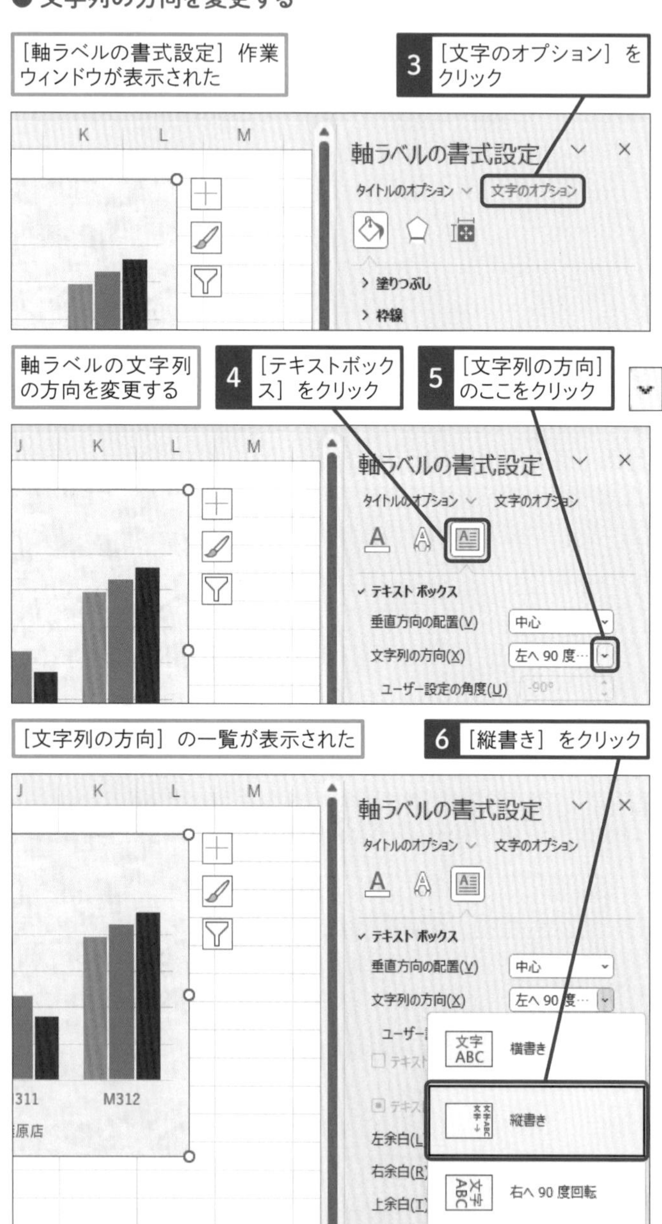

●［軸ラベルの書式設定］作業ウィンドウを閉じる

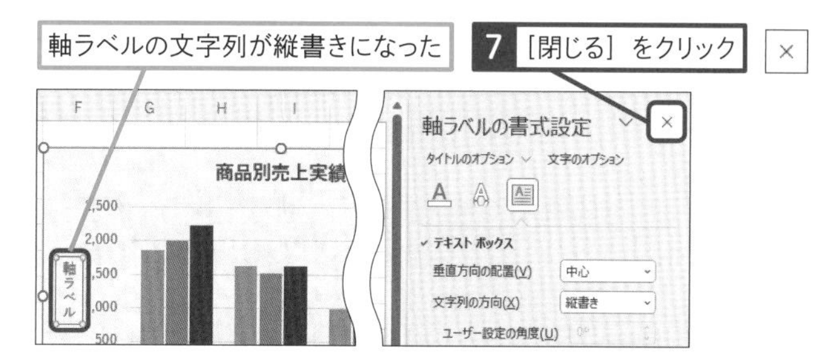

3 軸ラベルの内容を変更する

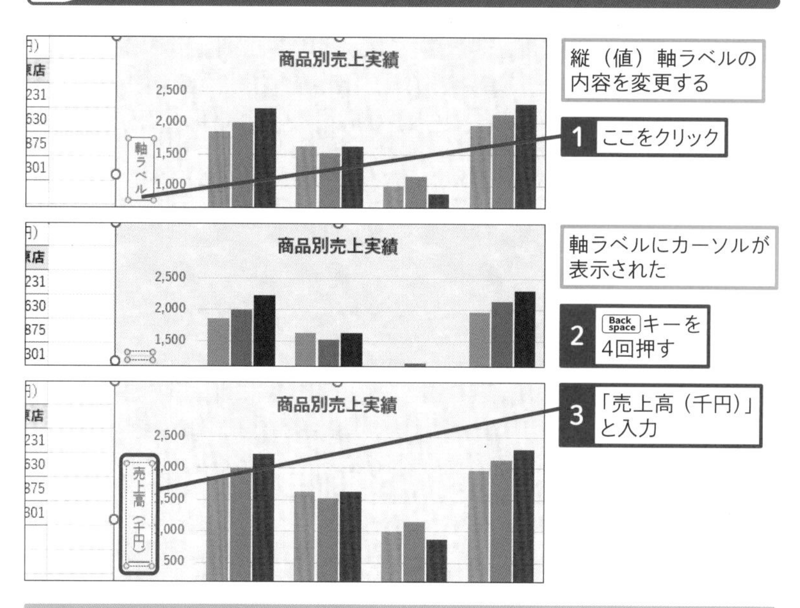

使いこなしのヒント

［方向］ボタンでも縦書きに設定できる

［ホーム］タブの［方向］ボタンの一覧から［縦書き］を選択すると、より簡単に文字列を縦書きにできます。この［縦書き］は、手順2の操作6の一覧にある［縦書き(半角文字含む)］に相当します。

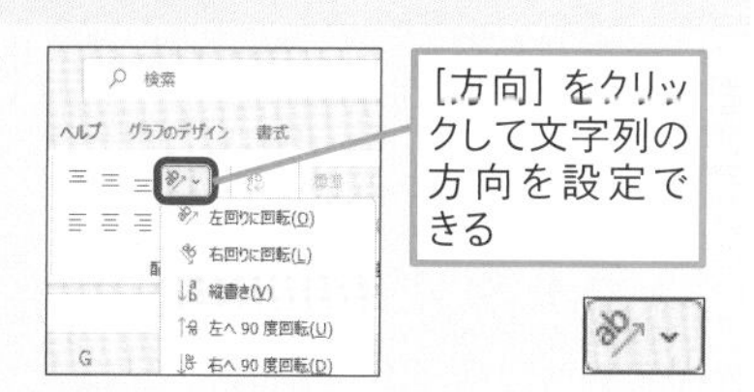

レッスン

19 凡例の位置を変更するには

凡例　練習用ファイル　L19_凡例.xlsx

グラフの種類に応じて凡例の位置を調整しよう

複数の系列があるグラフを作成すると、プロットエリアの下側に凡例が表示されます。凡例は、各系列がどの色の棒に対応するのかを示すグラフ要素です。グラフと凡例を見比べやすい位置に配置することが大切です。
下の［Before］のグラフは積み上げ縦棒グラフです。棒は下から上に向かって赤、緑、黄色の順に積み上げられていますが、凡例は左から右に向かって並んでおり、向きが異なっています。［After］のグラフでは、凡例の位置をグラフの右側に移動しました。グラフと凡例で赤、緑、黄色の並び方がそろうので、対応が断然見やすくなります。集合縦棒グラフは下、積み上げ縦棒グラフは右、積み上げ横棒グラフは下、……というように、グラフの種類に応じて凡例を見やすい位置に変えましょう。

Before

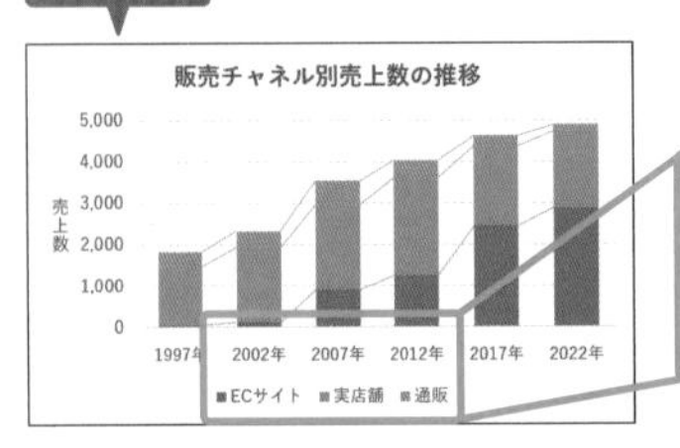

凡例が下に配置されている

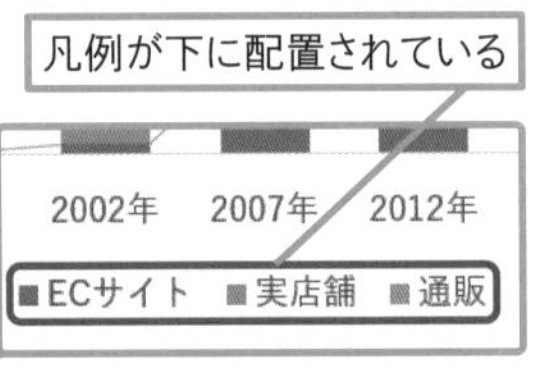

After

販売チャネル別売上数の推移

凡例を右に配置するとプロットエリアの形が変わり、対応が見やすくなる

通販
実店舗
ECサイト

関連レッスン

レッスン04
項目軸と凡例を入れ替えるには　P.30

レッスン29
凡例の文字列を直接入力するには　P.114

1 凡例を右に移動する

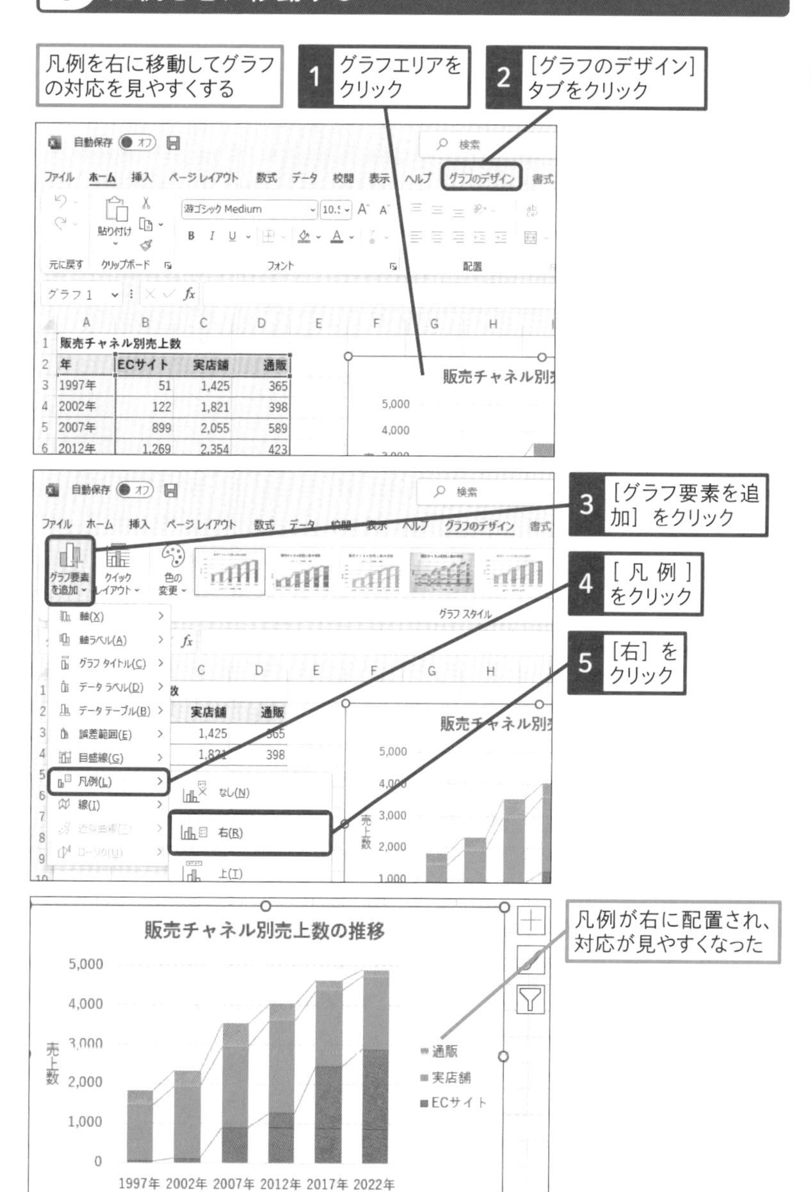

凡例を右に移動してグラフの対応を見やすくする
1 グラフエリアをクリック
2 [グラフのデザイン]タブをクリック
3 [グラフ要素を追加]をクリック
4 [凡例]をクリック
5 [右]をクリック
凡例が右に配置され、対応が見やすくなった
販売チャネル別売上数の推移
売上数
通販
実店舗
ECサイト

レッスン
20 グラフ上に元データの数値を表示するには

データラベル　練習用ファイル　L20_データラベル.xlsx

グラフの数値が瞬時に分かる!

グラフを会議やデータ分析の資料として使うときは、データ全体の傾向はもちろんですが、個々のデータの正確な数値を知りたいものです。元表をグラフと一緒に添付する方法もありますが、グラフと表を照らし合わせて数値を確認するのは面倒です。このようなときは、「データラベル」を使ってみましょう。
データラベルとは、各データ要素に割り当てられる説明欄です。データラベルを使用すると、データ要素の近くにその数値を表示できます。グラフに数値を直接入れることで、グラフと元表を照らし合わせなくても、素早く数値を確認できるメリットがあります。このレッスンでは、データラベルを使用して、縦棒グラフの各棒の上に数値を表示する方法を紹介します。

Before

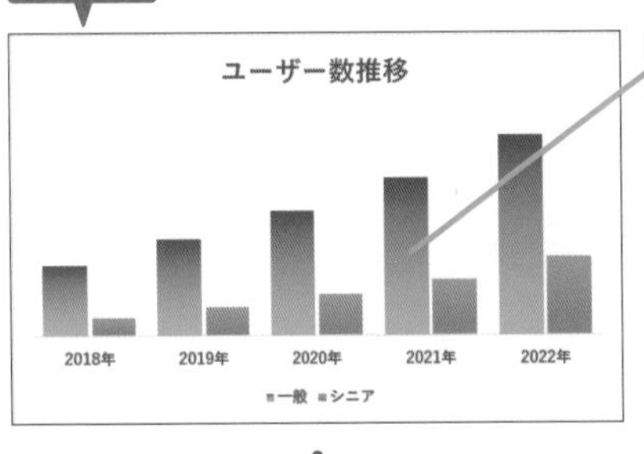

After

ユーザー数推移
データラベルを追加すると、グラフの数値がすぐに分かる
326 85 446 132 574 187 721 256 916 363
2018年 2019年 2020年 2021年 2022年
一般 シニア

関連レッスン
レッスン40
積み上げ縦棒グラフに合計値を表示するには
P.150

1 グラフ上に数値データを表示する

棒グラフの上にデータラベルを追加して数値データを表示する

1 グラフエリアをクリック

2 ［グラフのデザイン］タブをクリック

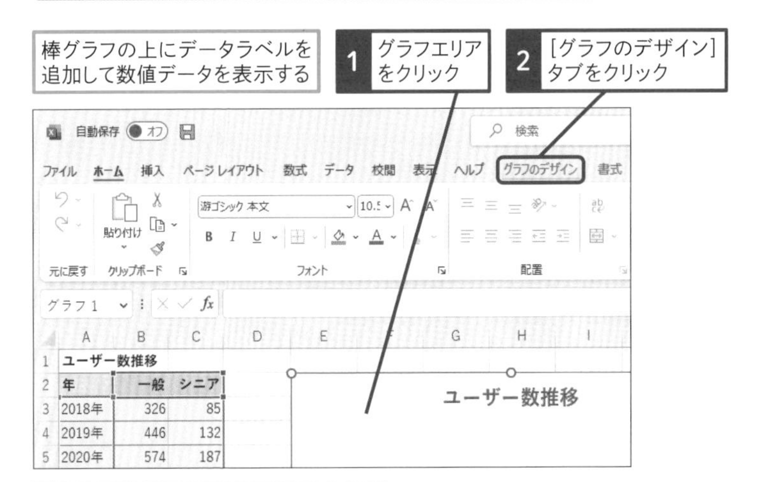

ここでは、［データラベル］の一覧から表示位置を選択する

3 ［グラフ要素を追加］をクリック

4 ［データラベル］をクリック

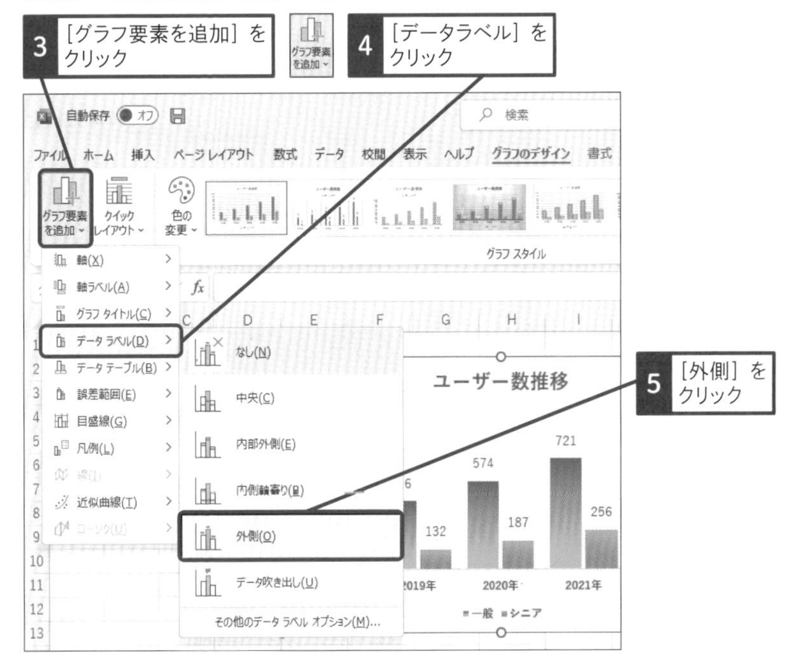

5 ［外側］をクリック

次のページに続く

● グラフ上に数値データが表示されたことを確認する

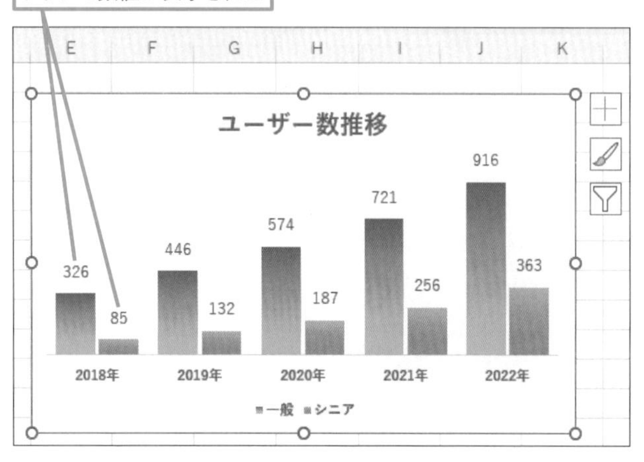

使いこなしのヒント

1つの系列のみにデータラベルを追加できる

棒をクリックして系列を選択した状態でデータラベルを追加すると、選択した系列だけにデータラベルを表示できます。また、棒をゆっくり2回クリックして1本だけを選択してからデータラベルを追加すれば、選択した棒1本だけにデータラベルを表示できます。

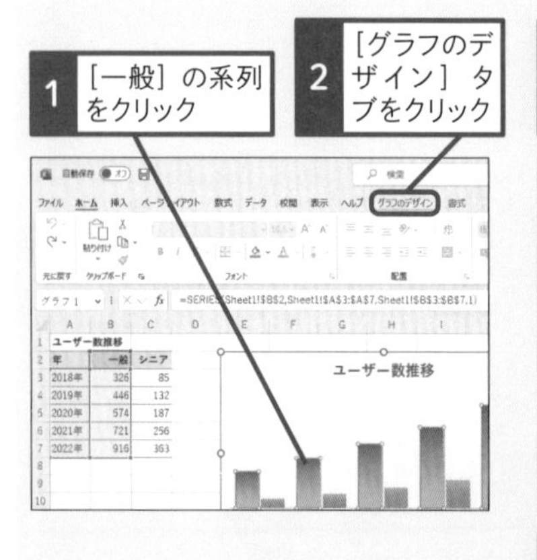

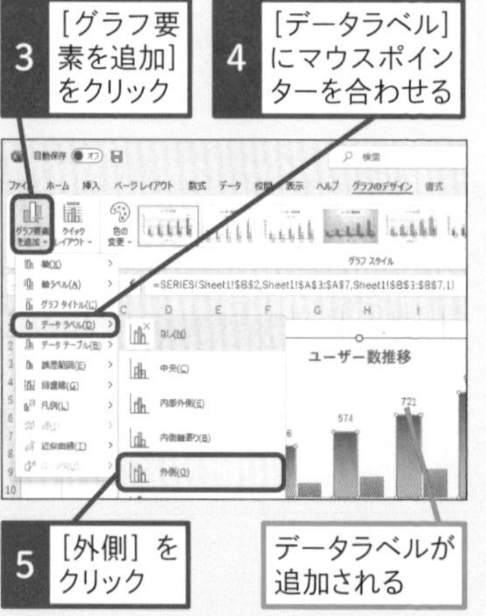

使いこなしのヒント

数値以外の系列名や割合を表示できる

グラフにデータラベルを追加すると元データの数値が表示されますが、以下のように［データラベルの書式設定］の［ラベルの内容］で、系列名や分類名など、ほかの内容を追加できます。複数の内容を表示する場合は、区切り方も指定可能です。積み上げ縦棒グラフには系列名と数値、円グラフには分類名とパーセンテージ、という具合にグラフの種類に応じて分かりやすいデータラベルを用意しましょう。設定は系列、またはデータ要素単位で行います。複数の系列に対してまとめて設定することはできません。

● データラベルの追加

［データラベルの書式設定］作業ウィンドウを表示する

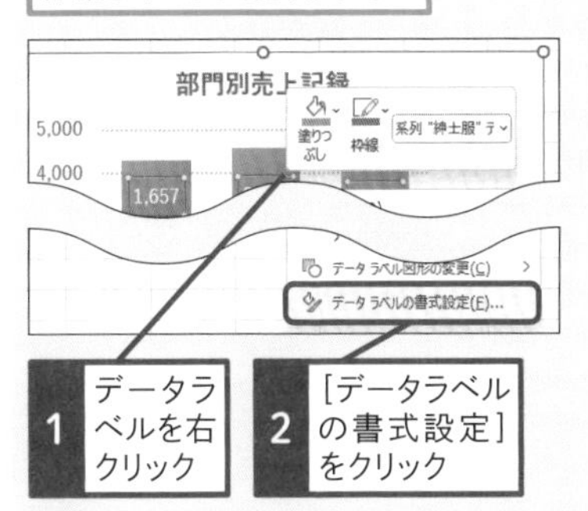

1 データラベルを右クリック

2 ［データラベルの書式設定］をクリック

3 ［系列名］をクリックしてチェックマークを付ける

ここでは、系列名と数値を複数の行で表示する

4 ［区切り文字］のここをクリックして［(改行)］を選択

5 ［閉じる］をクリック

データラベルに系列名と数値が表示された

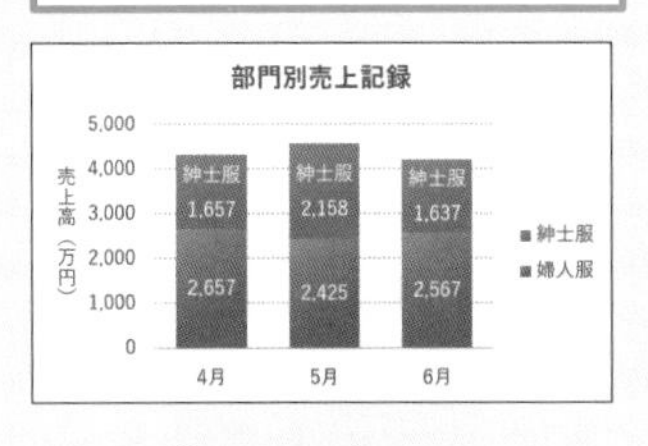

● データラベルの使用例

折れ線グラフや面グラフでは、系列名を入れると分かりやすい

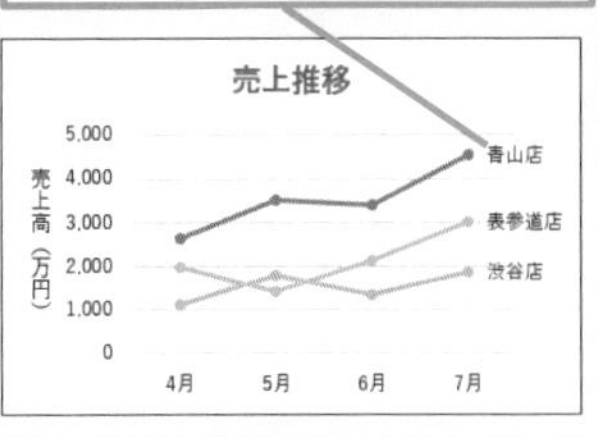

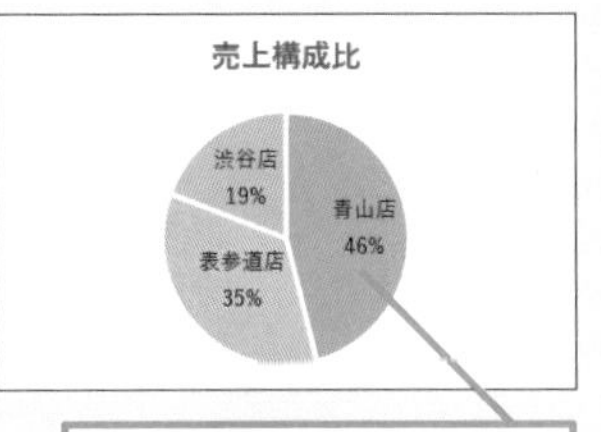

円グラフやドーナツグラフでは、分類名とパーセンテージを入れると分かりやすい

レッスン
21 グラフに表を貼り付けるには

リンク貼り付け　練習用ファイル　L21_リンク貼り付け.xlsx

元表をそのままグラフ上に表示する裏ワザ

セルの内容をそのままグラフ上に表示したいことがあります。そんなときは、「図としてコピー」を利用して、セルを画像に変換してからグラフに貼り付けましょう。画像は位置やサイズをドラッグで簡単に調整できるので、グラフエリアのスペースに合わせてレイアウトすることが可能です。
ここでは、円グラフに元表を貼り付けます。画像として貼り付けるので、セルの値はもちろん、罫線や色などの書式も見た目のまま貼り付けられます。さらに、貼り付けた画像に基のセルとのリンクを設定します。そうすることで、セルのデータや書式を変更したときに、その変更をグラフ上の画像に自動的に反映させられます。

Before

グラフと表が別々に配置されている

	A	B
1	ユーザー年齢層	
2	年代	ユーザー数
3	20代	1,236
4	30代	615
5	40代	455
6	50代~	328
7	合計	2,634

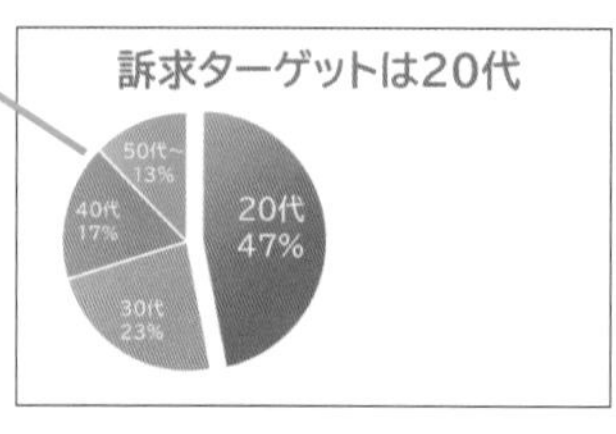

表を画像にして配置すれば、グラフと並べて表示できる

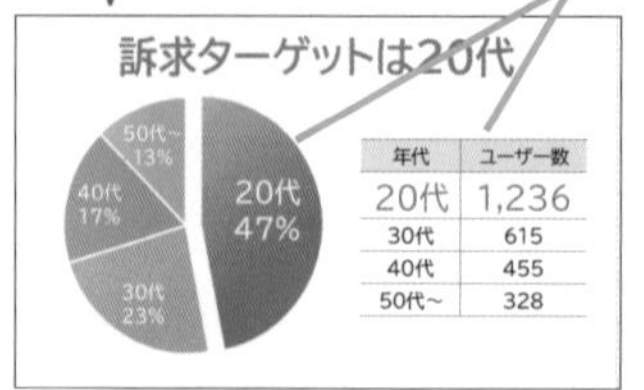

表のデータ修正が画像に反映されるようにすれば、コピーや貼り付けの手間を省ける

ショートカットキー

コピー	Ctrl + C
貼り付け	Ctrl + V

関連レッスン

レッスン17
グラフタイトルにセルの内容を表示するには
P.76

1 表を図としてコピーする

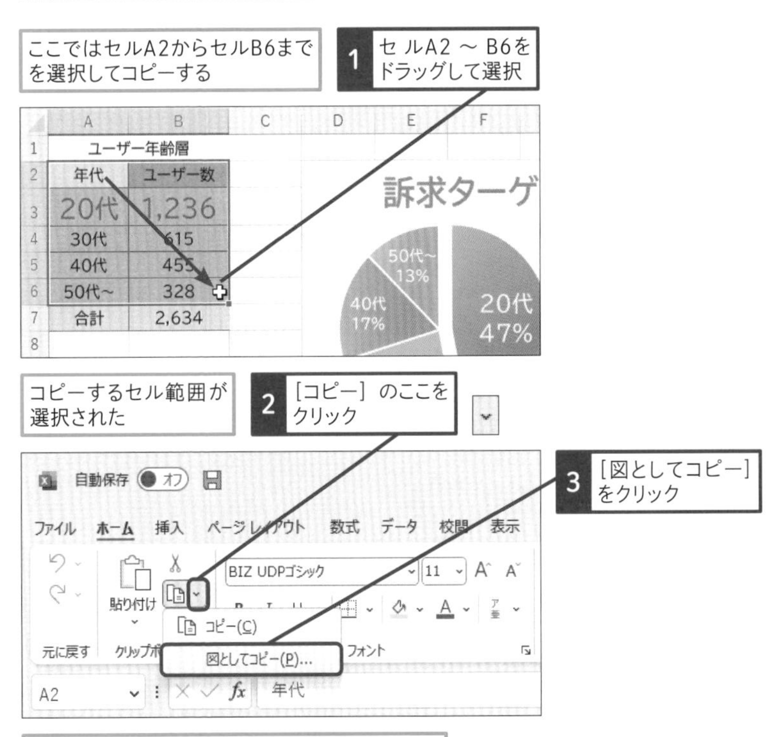

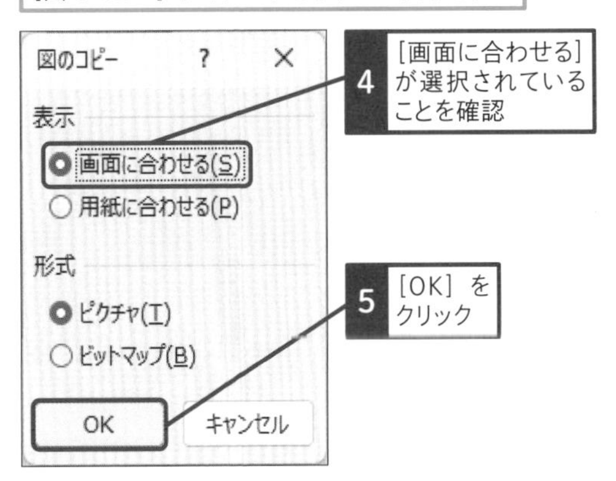

使いこなしのヒント

[図としてコピー] って何?

操作3で [図としてコピー] を実行すると、セルが画像に変換されてコピーされます。続けて [貼り付け] を実行すると、セルそのものではなく、セルが画像になって貼り付けられます。

次のページに続く

● 画像を貼り付ける

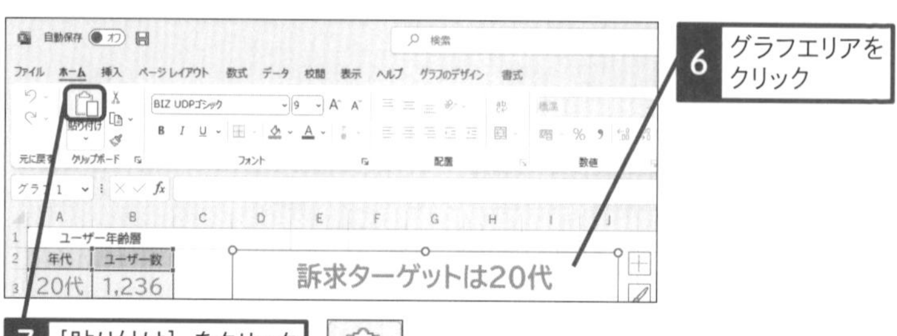

使いこなしのヒント

セルを塗りつぶしておくと表が見やすくなる

塗りつぶしの色を設定していないセルを画像に変換すると、セルの背景が透明になります。グラフエリアに色が付いている場合、背面の色が透けてセルの数値が読みづらくなることがあります。そのようなときは、セルを白などの色で塗りつぶしておくといいでしょう。

2 画像にセル範囲のリンクを設定する

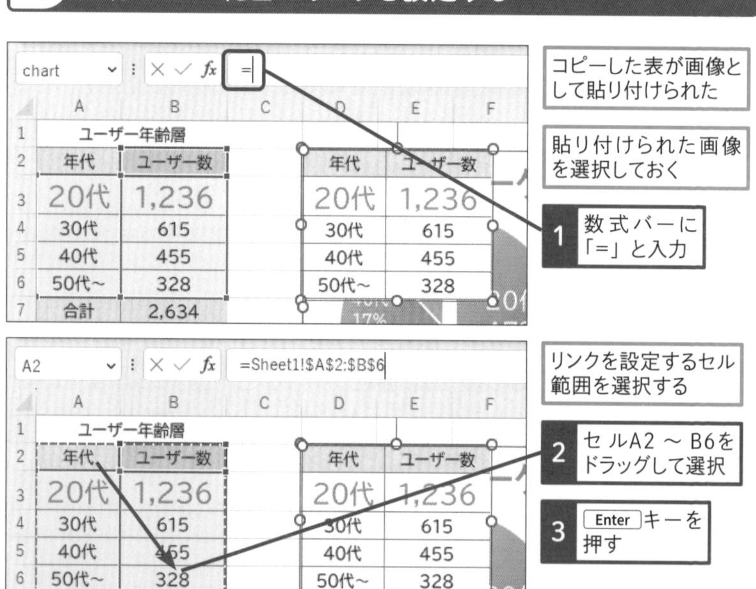

3 画像を移動する

画像と元の表にリンクが設定された

画像をグラフの横に移動する

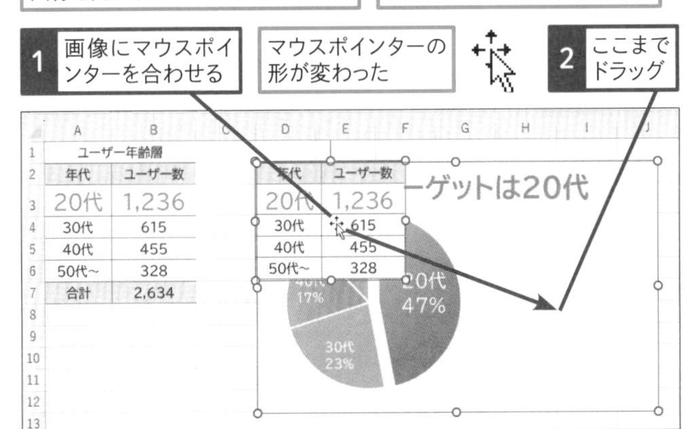

表がグラフの横に移動した

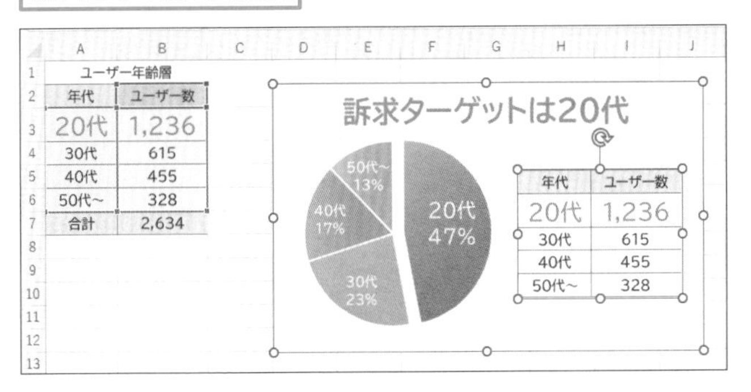

使いこなしのヒント

リンクの設定で表の修正が画像に反映される

手順2の操作を行うと、グラフ上の画像がセルA2 ～ B6とリンクします。セルのデータや色を変更すると、貼り付けた画像のデータや色も即座に変わります。

ここに注意

セルを選択した状態で手順2の操作を行うと、選択したセルに数式が入力されてしまいます。その場合、セルの数式を削除し、グラフに貼り付けた画像をクリックしてから、手順2の操作をやり直しましょう。

レッスン

22 項目名を縦書きで表示するには

縦書き　練習用ファイル　L22_縦書き.xlsx

見やすさを考えて、項目名の向きを変えよう

元表に入力されている項目名が長いと、グラフの横（項目）軸に表示される文字列が自動的に斜めの向きになります。縦棒グラフの場合、項目名を棒の真下に縦書きで表示した方が、斜めで表示するより見やすくなることがあります。文字列の方向は簡単に変更できるので、両方試して見やすい向きを選ぶようにしましょう。

下の［Before］のグラフは、項目名が斜めに表示されています。［After］のグラフでは、文字列の方向を縦書きに変更しました。棒と項目名が直線上に並んでいるため、斜めに表示されている場合と比べて、どの人物の棒グラフなのかがよく分かります。

Before

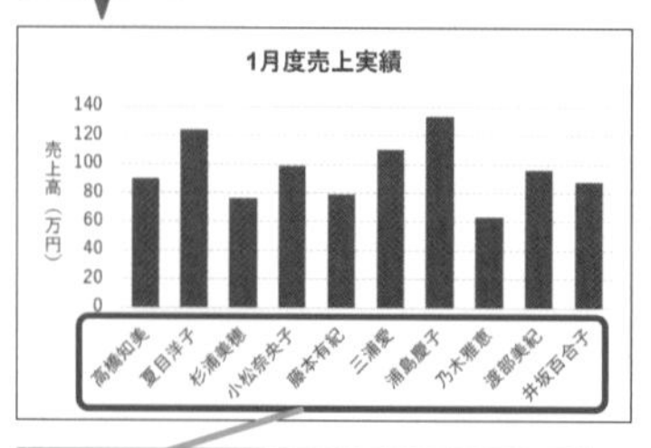

横（項目）軸が斜めに表示されていて、どの人物の棒グラフなのかが分かりにくい

After

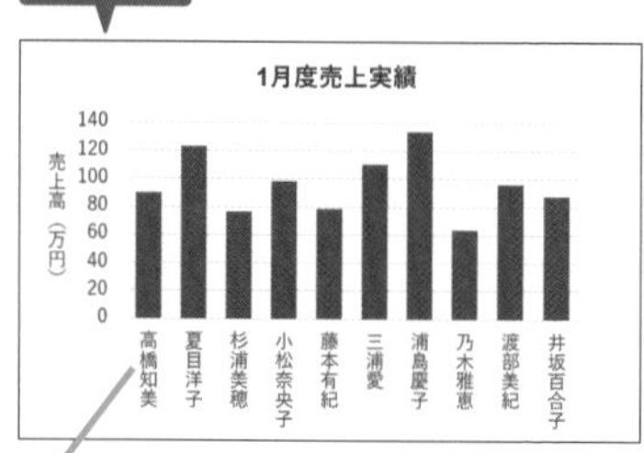

横（項目）軸を縦書きに設定すれば、どの人物の棒グラフかがすぐに分かる

関連レッスン

レッスン18	数値軸や項目軸に説明を表示するには	P.78
レッスン28	長い項目名を改行して表示するには	P.112
レッスン33	項目軸に「月」を縦書きで表示するには	P.126

1 横（項目）軸を縦書きに設定する

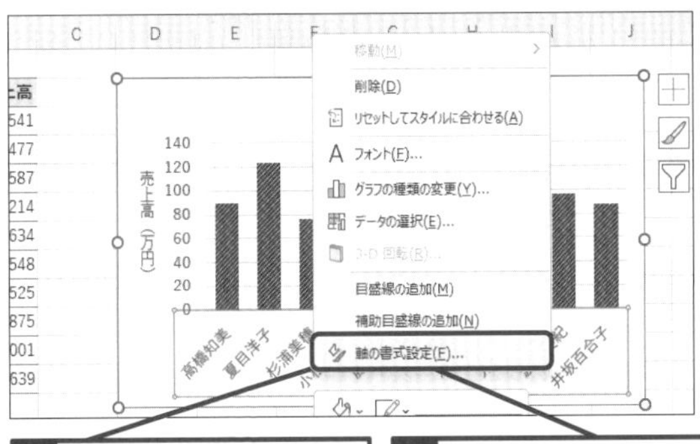

斜めに表示されている横（項目）軸を縦書きに設定する

1 横（項目）軸を右クリック

2 ［軸の書式設定］をクリック

［軸の書式設定］作業ウィンドウが表示された

3 ［文字のオプション］をクリック

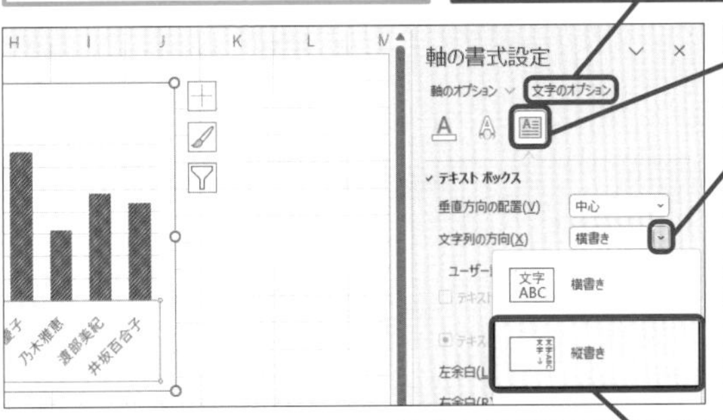

4 ［テキストボックス］をクリック

5 ［文字列の方向］のここをクリック

6 ［縦書き］をクリック

横（項目）軸が縦書きに変更された

7 ［閉じる］をクリック

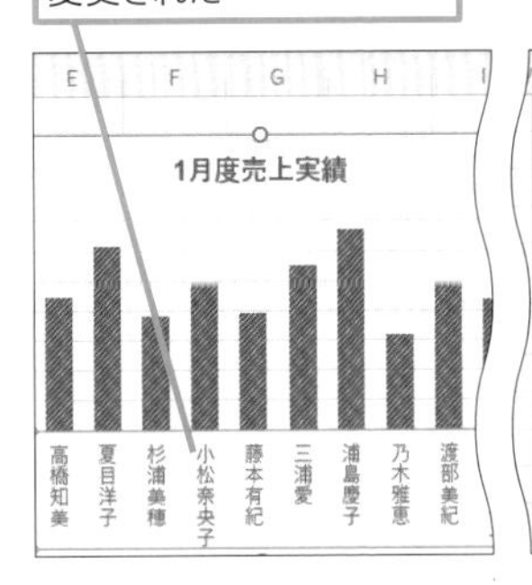

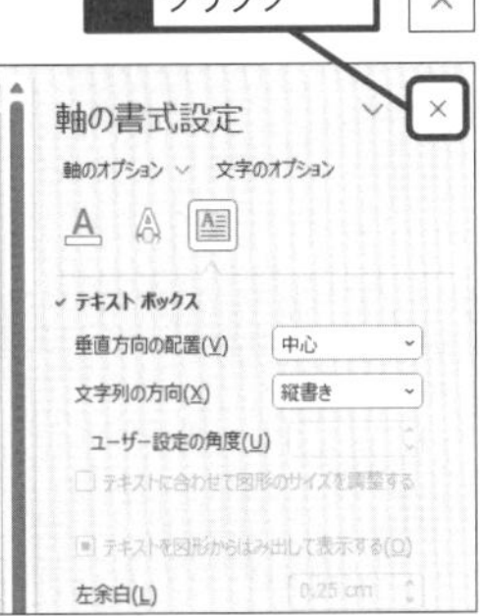

使いこなしのヒント

アルファベットが含まれているとどうなるの？

横（項目）軸に半角のアルファベットや半角数字が含まれていた場合、［縦書き］の設定をしても文字が90度回転した状態で表示されます。［縦書き（半角文字含む）］を選択すると、半角文字が縦書きになりますが、少し間延びして見えます。実際に試してみて、どちらがいいかを決めましょう。

レッスン

23 項目名を負の目盛りの下端位置に表示するには

ラベルの位置　練習用ファイル　L23_ラベルの位置.xlsx

マイナスの棒があるときは項目名の位置を変えよう

プラスの数値とマイナスの数値が存在する表から縦棒グラフを作成すると、プラスの棒は上方向に、マイナスの棒は下方向に表示されます。自動的に正負が反対方向に表示され、分かりやすいグラフになりますが、困ったことも起こります。下の［Before］のグラフを見てください。マイナスの棒に「2017年」「2019年」などの項目名が重なり、読みづらくなっています。こんなときは、［After］のグラフのように、項目名をグラフの下端に移動しましょう。棒との重なりが解消され、すっきりときれいにまとまります。
横棒グラフの場合も、マイナスの棒が左に表示されるため項目名と重なりますが、ここで紹介するテクニックを使えば、重なりを解消できます。

Before

マイナスのグラフが「2017年」「2019年」などの項目名と重なってしまい、見にくい

After

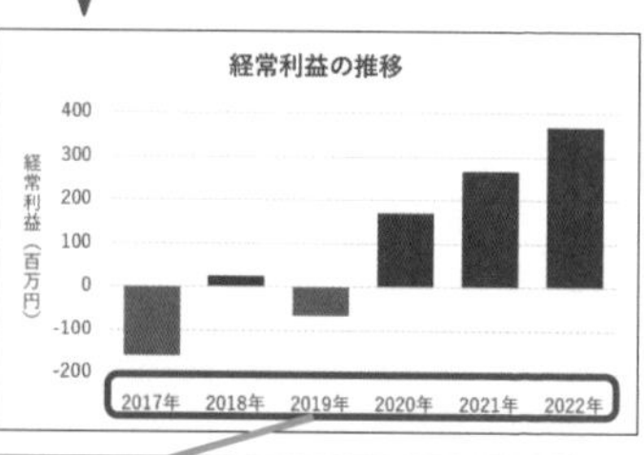

ラベルを移動すれば、マイナスのグラフと項目名が重ならなくなる

関連レッスン

レッスン22	項目名を縦書きで表示するには	P.92
レッスン28	長い項目名を改行して表示するには	P.112
レッスン33	項目軸に「月」を縦書きで表示するには	P.126

1 項目名を下端に移動する

項目名をグラフの下端に移動する

1 横（項目）軸を右クリック

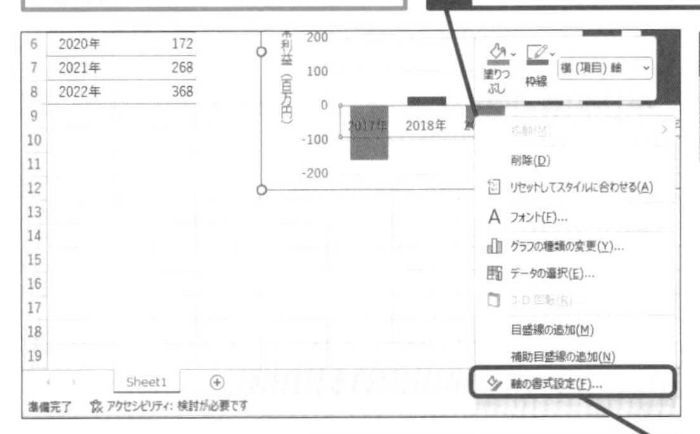

2 ［軸の書式設定］をクリック

［軸の書式設定］作業ウィンドウが表示された

3 ［ラベル］をクリック

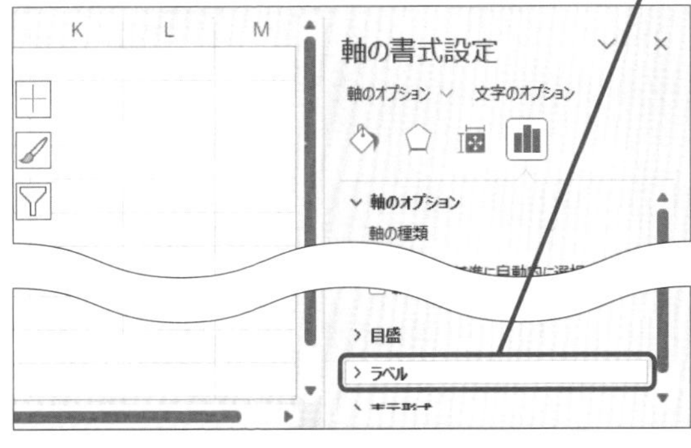

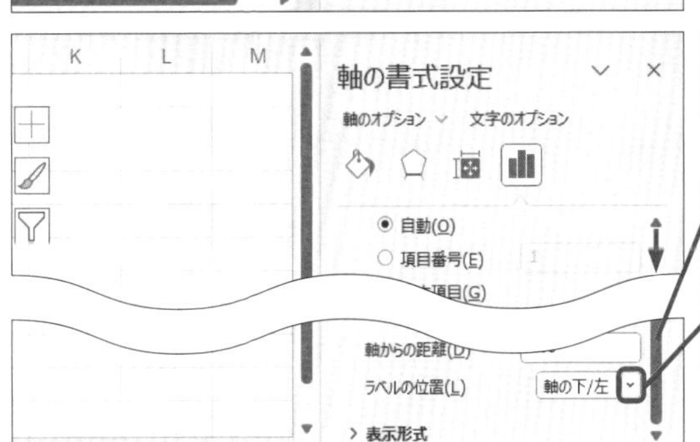

［ラベル］の設定項目が表示された

4 ここを下にドラッグしてスクロール

5 ［ラベルの位置］のここをクリック

時短ワザ

ダブルクリックでも設定画面を表示できる

グラフ要素を右クリックして［(グラフ要素)の書式設定］を選択する代わりに、グラフ要素をダブルクリックすると［(グラフ要素)の書式設定］作業ウィンドウを素早く表示できます。このレッスンの場合は、横（項目）軸の文字の上をダブルクリックすると、［軸の書式設定］作業ウィンドウが表示されます。

次のページに続く

● 項目名の位置を選択する

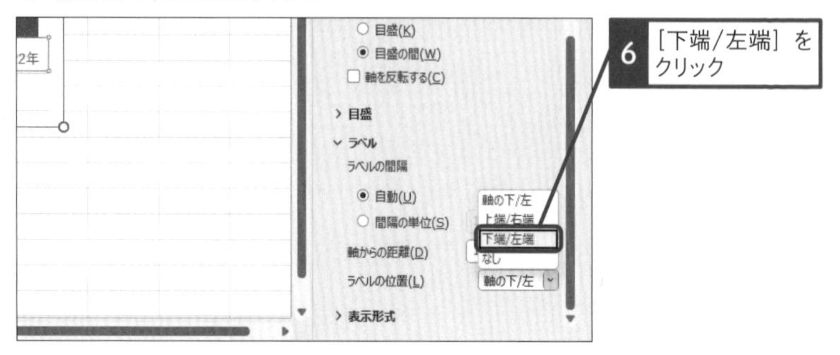

項目名がグラフの下端に移動した

使いこなしのヒント

作業ウィンドウを切り離して表示できる

作業ウィンドウは画面の右側に固定表示されるため、表やグラフに重なって作業しづらいことがあります。自由な位置に移動して設定を行いたい場合は、以下の手順で作業ウィンドウを切り離しましょう。Excelの画面の外に切り離すこともできます。なお、切り離した作業ウィンドウは、右のスクロールバー上端にドラッグすれば元の位置に戻せます。

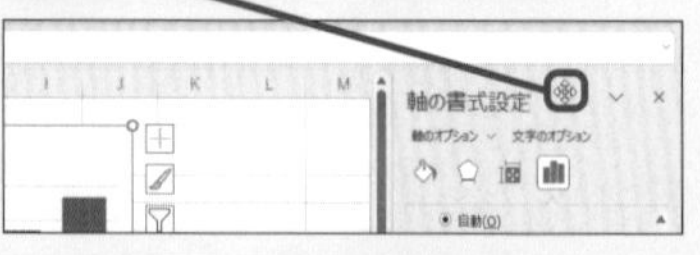

マウスポインターの形が変わった

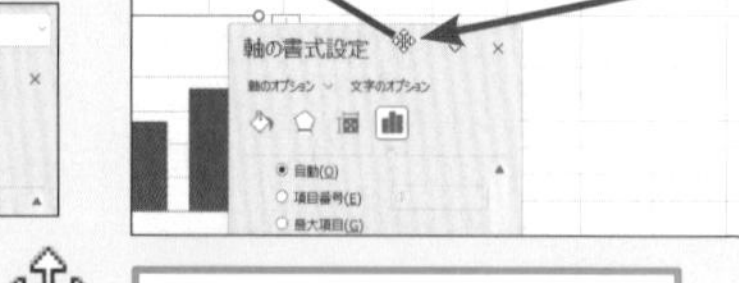

作業ウィンドウが切り離された

使いこなしのヒント

プラスとマイナスで棒の色を変えるには

このレッスンの練習用ファイルでは、プラスの数値とマイナスの数値で棒の色を変え、数値の正負の違いをより強調しています。グラフの作成直後は同系列のすべての棒が同じ色になりますが、以下の手順で［負の値を反転する］にチェックマークを付けると、プラスとマイナスのそれぞれで棒の色を指定できます。

マイナスの数値で棒の色を変更したい

［データ系列の書式設定］作業ウィンドウを表示する

1 いずれかの系列を右クリック

2 ［データ系列の書式設定］をクリック

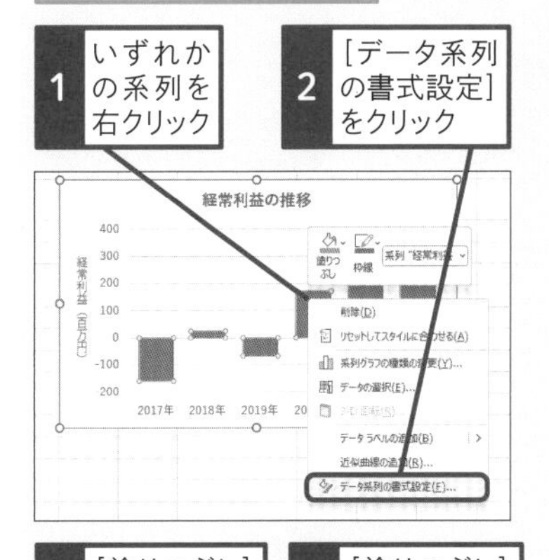

3 ［塗りつぶし］をクリック

4 ［塗りつぶし］をクリック

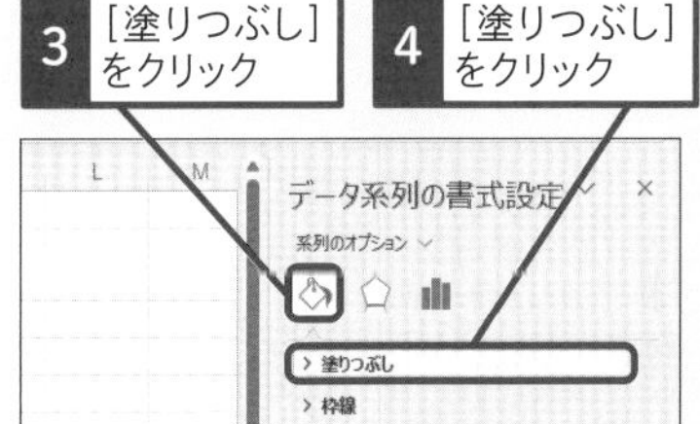

5 ［塗りつぶし（単色）］をクリック

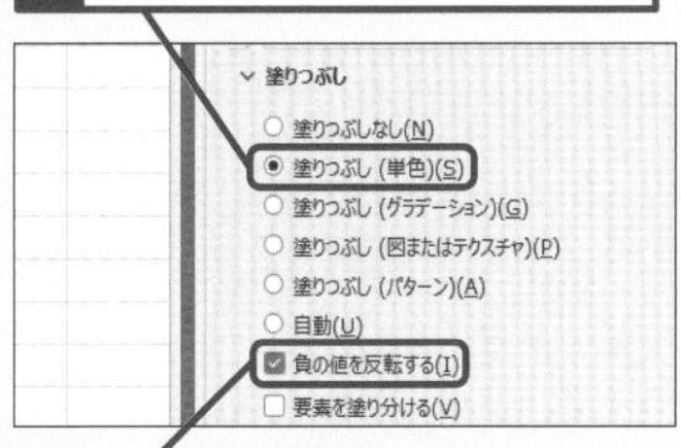

6 ［負の値を反転する］をクリックしてチェックマークを付ける

マイナスの棒の色を設定する

7 ［塗りつぶしの色の反転］をクリック

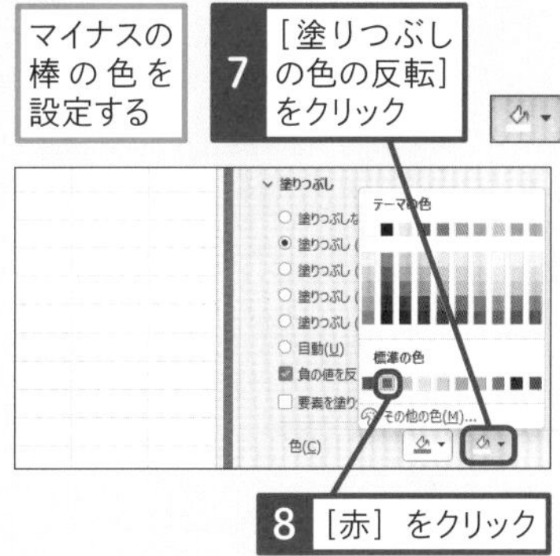

8 ［赤］をクリック

マイナスの数値の棒の色だけ赤に指定された

レッスン
24 目盛りの範囲や間隔を指定するには

軸の書式設定　練習用ファイル　L24_軸の書式設定.xlsx

目盛りの設定のポイントは、最小値、最大値、目盛間隔

「縦（値）軸の最大値を調整して棒を大きく見せたい」「目盛りの間隔を広げてグラフをすっきりさせたい」、そんなときは［軸の書式設定］の機能を使いましょう。グラフの縦（値）軸に振られる数値や目盛りの間隔は、［軸の書式設定］作業ウィンドウで自由に変更できます。
設定するのは、主に［最小値］［最大値］［主］（目盛間隔のこと）の3項目です。通常は［自動］に設定されていて、グラフのサイズ変更によって軸の範囲や目盛り間隔が変わります。それぞれの設定欄に数値を入力すれば、軸の数値の範囲や目盛り間隔を指定した値に固定できます。ただし、固定してしまうと元データの数値が変わったときに、グラフにデータ全体を表示できなくなる可能性もあります。その可能性も考慮して、目盛りの最大値と最小値を決めましょう。

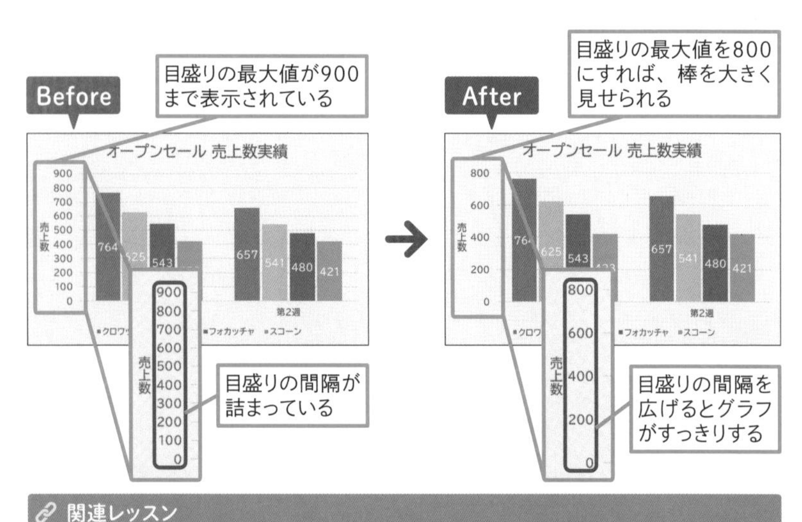

関連レッスン

レッスン13	軸や目盛り線の書式を変更するには	P.60
レッスン25	目盛りを万単位で表示するには	P.100

1 縦（値）軸の目盛りの範囲や間隔を変更する

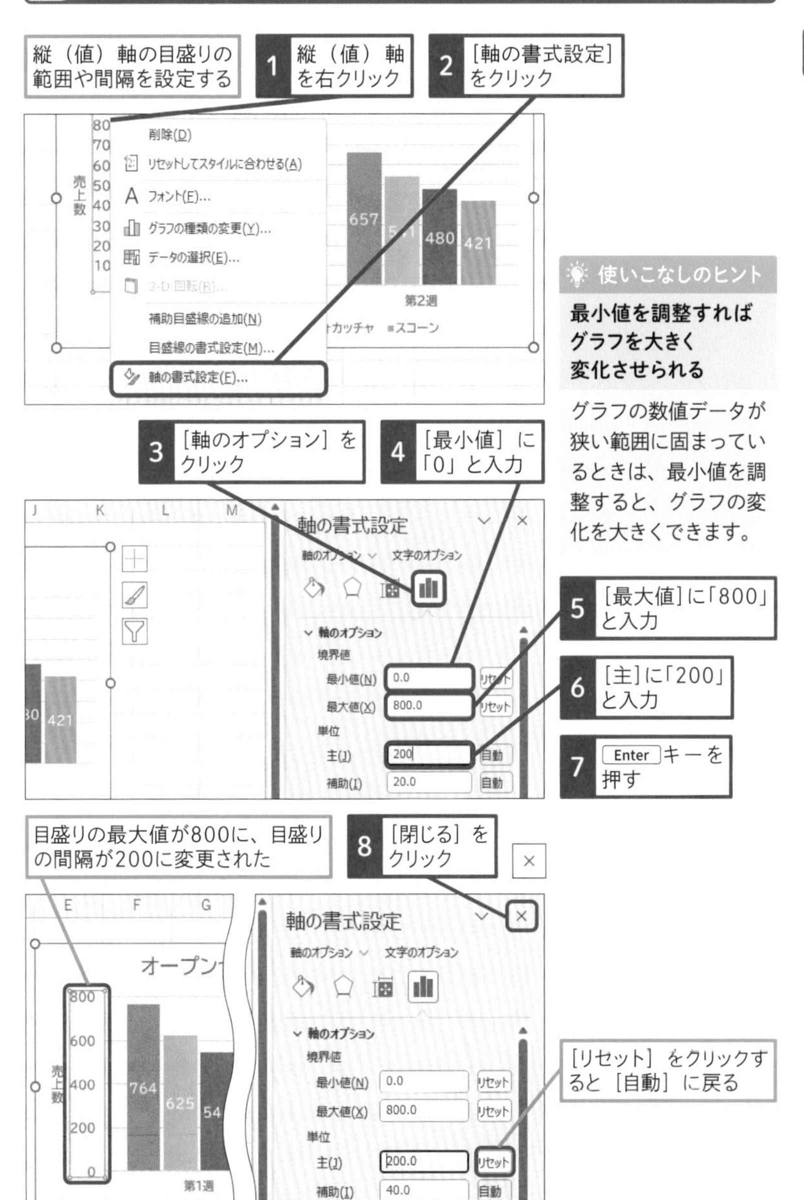

使いこなしのヒント

最小値を調整すればグラフを大きく変化させられる

グラフの数値データが狭い範囲に固まっているときは、最小値を調整すると、グラフの変化を大きくできます。

レッスン
25 目盛りを万単位で表示するには

軸の表示単位　練習用ファイル　L25_軸の表示単位.xlsx

単位を変えれば数値が見やすい

売り上げや予算などの金額を表すデータでは、百万、千万というように大きな数値を扱うことがあります。そのようなデータをグラフにすると、縦（値）軸に振られる数値のけた数が多くなり、数値を読み取るのが大変です。「万単位」や「百万単位」など、けた数に応じた表示単位を設定するようにしましょう。
下の［Before］のグラフは、縦（値）軸に億単位の数値が表示されています。「0」の数が多いので、数値を読むのが厄介です。［After］のグラフでは、表示単位を「万単位」に変更し、縦（値）軸の隣に単位の「万円」を表示しました。これなら、ぱっと見ただけで、数値のけたを把握できます。情報を視覚化するグラフの特性を生かすためにも、このレッスンで紹介する表示単位の設定を大いに活用してください。

Before

	A	B	C
1	支店別売上目標と実績		
2	支店	目標	実績
3	札幌	100,000,000	147,237,254
4	東京	250,000,000	235,053,678
5	名古屋	180,000,000	221,692,104
6	福岡	140,000,000	159,443,658
7			
8			

売上実績と目標
300,000,000
250,000,000
200,000,000
150,000,000
100,000,000
50,000,000
0
札幌　東京　名古屋　福岡
目標　実績

表をそのままグラフにするとけた数が多すぎて、データが分かりづらい

After

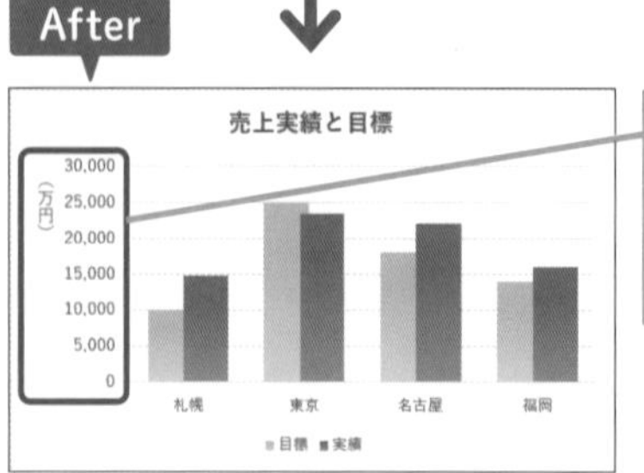

数値の単位を「万円」に設定すれば、データが読み取りやすくなる

関連レッスン

レッスン13
軸や目盛り線の書式を変更するには　P.60

レッスン24
目盛りの範囲や間隔を指定するには　P.98

1 縦（値）軸の表示単位を設定する

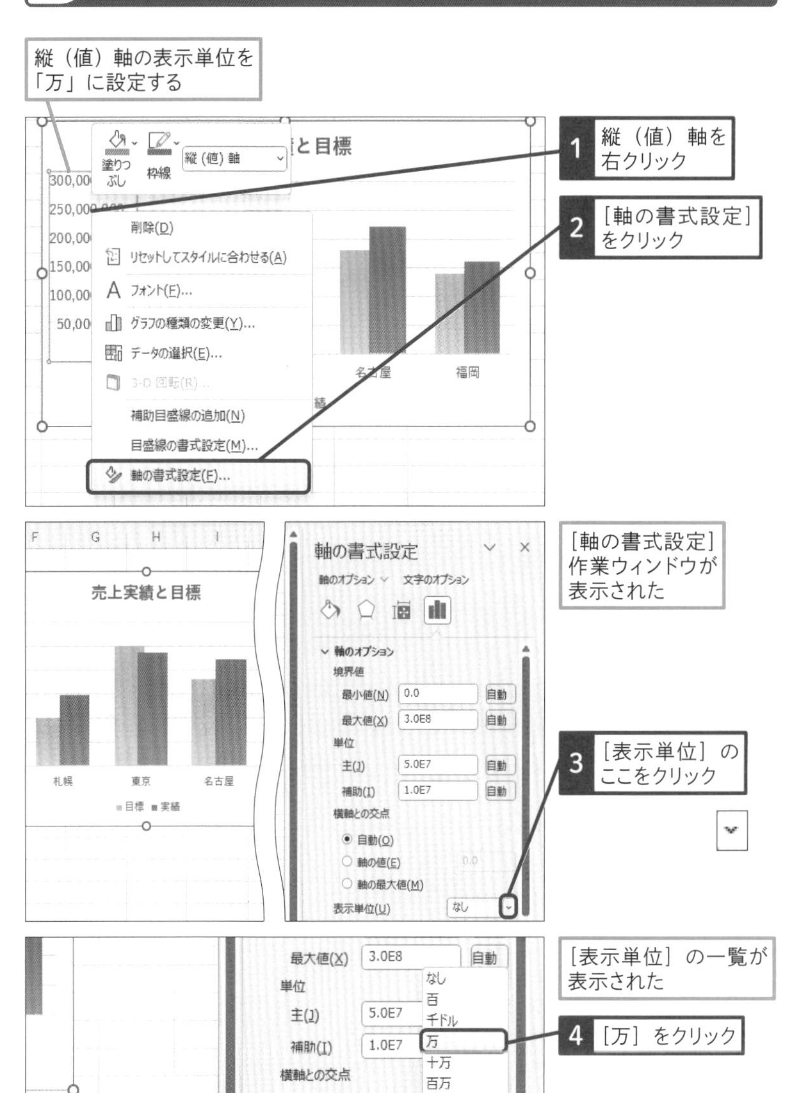

次のページに続く

2 表示単位ラベルを縦書きに変更する

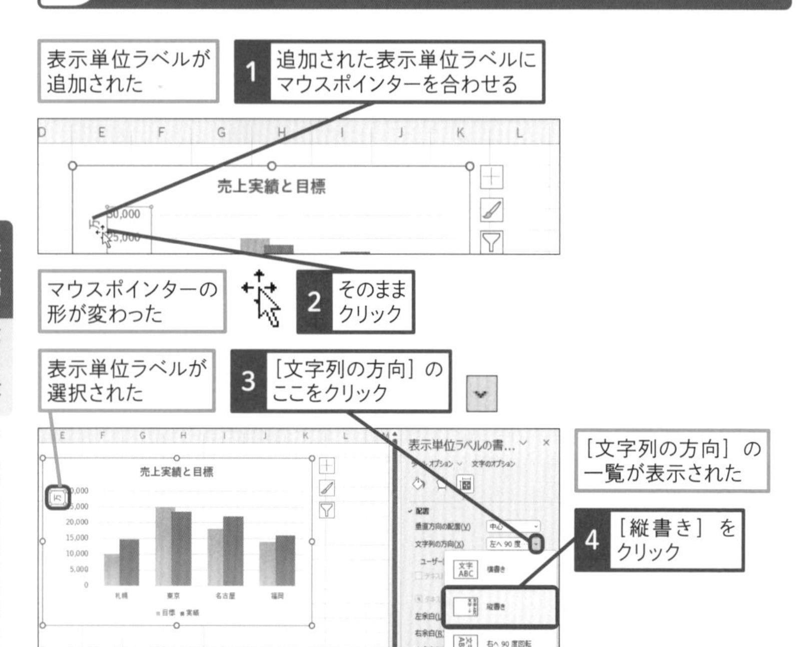

3 表示単位ラベルの内容を変更する

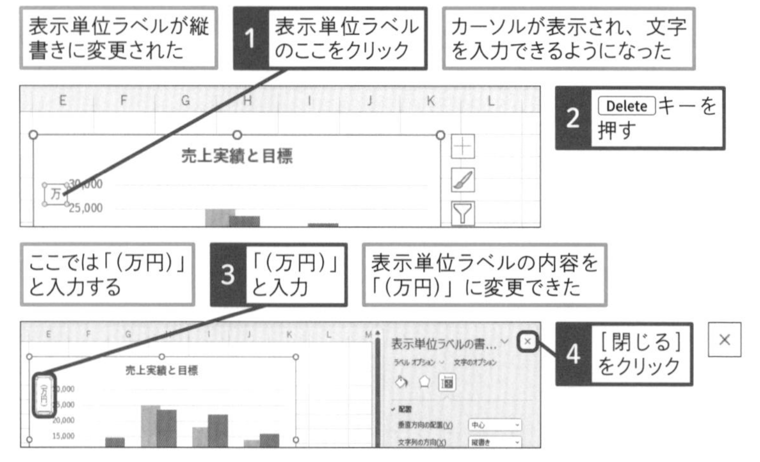

使いこなしのヒント

目盛りの数値の色を1つだけ変えて目立たせる

最高売上高や目標契約数など、目盛り上の数値のうち1つだけ色を変えて目立たせるには、［表示形式］を利用します。例えば、目盛りの数値のうち「200,000」だけを赤にするには、［表示形式］の［カテゴリ］から［ユーザー設定］を選択し、［表示形式コード］欄に「[赤][=200000]#,##0;#,##0」と入力します。色は赤のほか、黒、青、水、緑、紫、白、黄を指定できます。

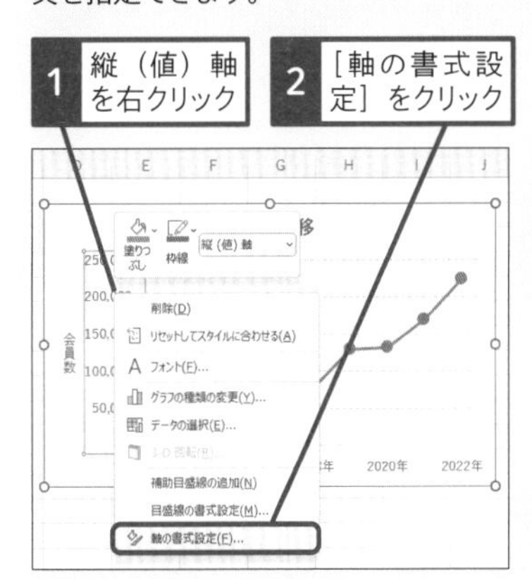

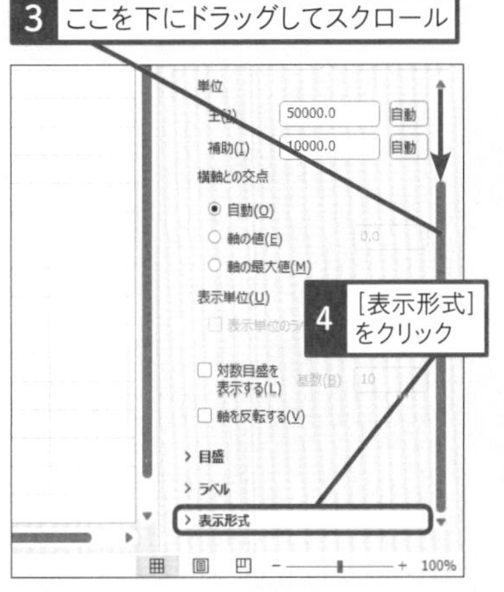

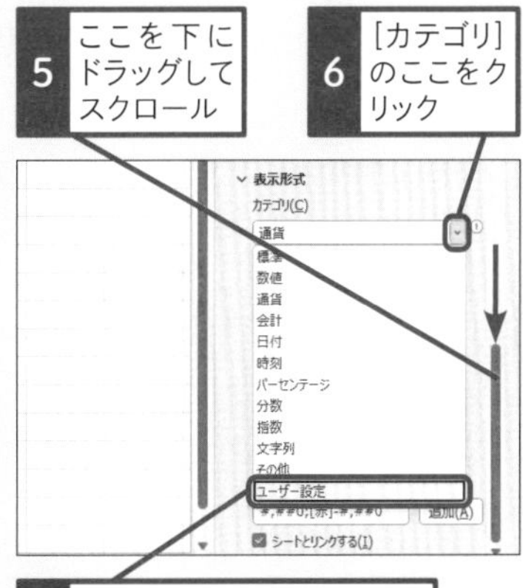

スキルアップ

表を工夫して凡例のように見せる

レッスン21では、円グラフに元表を画像として貼り付ける方法を紹介しました。複数の系列を含む棒グラフで貼り付ける場合は、表の項目名を凡例のような見た目にすると、グラフとの対応が分かりやすくなります。以下のグラフの場合、元表のセルに「■渋谷」「■青山」などと入力しています。セルをダブルクリックしてカーソルを表示し、「■」の部分をドラッグして、[ホーム] タブの [フォントの色] からデータ系列と同じ色を設定します。「■」は「しかく」と入力して変換できます。

項目名の前に「■」を入力してデータ系列と同じ色を設定する

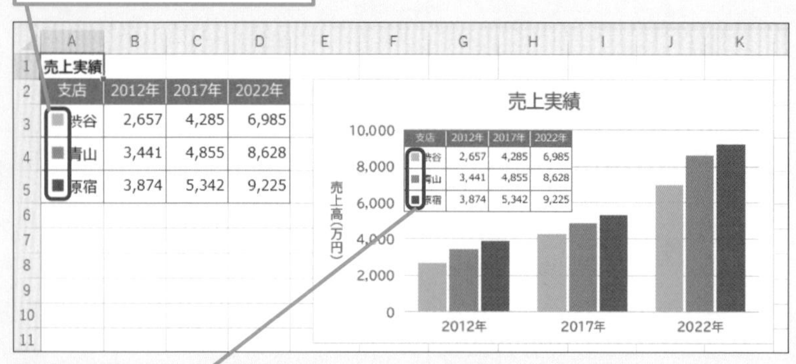

表をグラフエリアに貼り付けると見た目が凡例のようになる

基本編

第4章

元データを編集して思い通りにグラフ化しよう

ここまでは、分かりやすいグラフを作成するためのグラフの編集方法について解説してきました。この章では、元データに手を加えたり、グラフのデータ範囲を編集したりすることによって、思い通りのグラフを作成する方法を紹介します。棒グラフや折れ線グラフなど、いろいろなグラフに共通する便利なワザばかりです。

レッスン
26 グラフのデータ範囲を変更するには

カラーリファレンス　練習用ファイル　L26_カラーリファレンス.xlsx

グラフの元表の色枠に注目!

グラフの元表の一番下の行や一番右の列に新しいデータを追加しても、追加したデータはグラフに自動で反映されません。追加したデータをグラフに反映させるには、グラフのデータ範囲を手動で変更する必要があります。
元表と同じワークシートにあるグラフの場合、グラフエリアを選択すると、グラフの元表のセル範囲が色の枠で囲まれます。項目名や系列名を囲む枠が紫または赤、数値を囲む枠が青です。この枠を「カラーリファレンス」と呼びます。グラフのデータ範囲は、このカラーリファレンスを操作することで簡単に変更できます。このレッスンでは、カラーリファレンスを使ったデータ範囲の変更方法を説明します。

Before

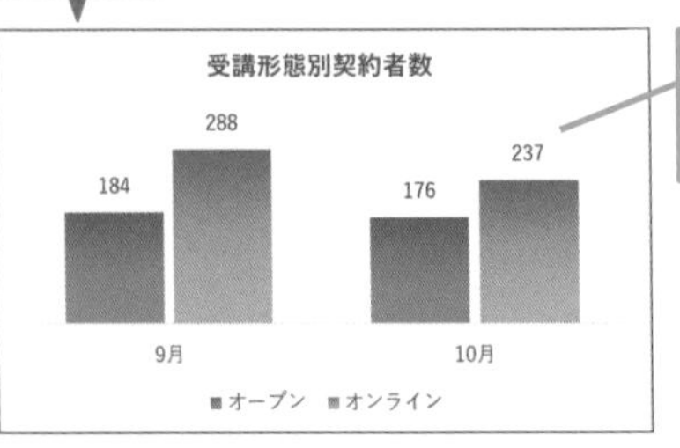

9、10月の受講形態別契約者数がグラフで表示されている

After

グラフに11月の契約者数が追加された

受講形態別契約者数
184
288
176
237
204
277
9月
10月
11月
オープン
オンライン

関連レッスン
レッスン27
ほかのワークシートにあるデータ範囲を変更するには　P.108

1 グラフのデータ範囲を変更する

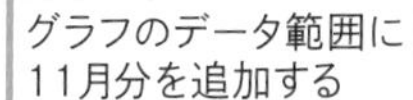

1 グラフエリアをクリック

2 ここにマウスポインターを合わせる

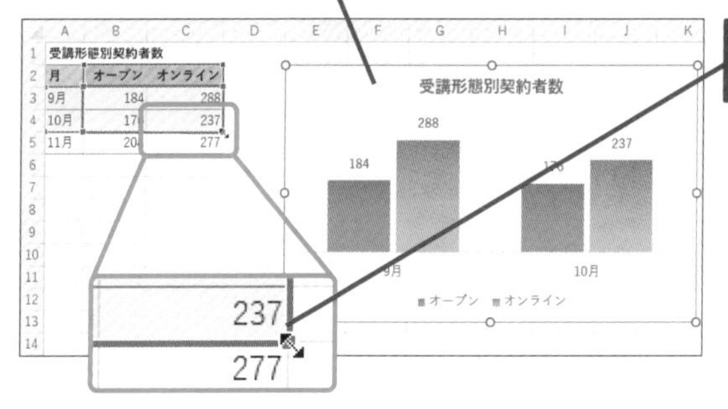

マウスポインターの形が変わった

3 ここまでドラッグ

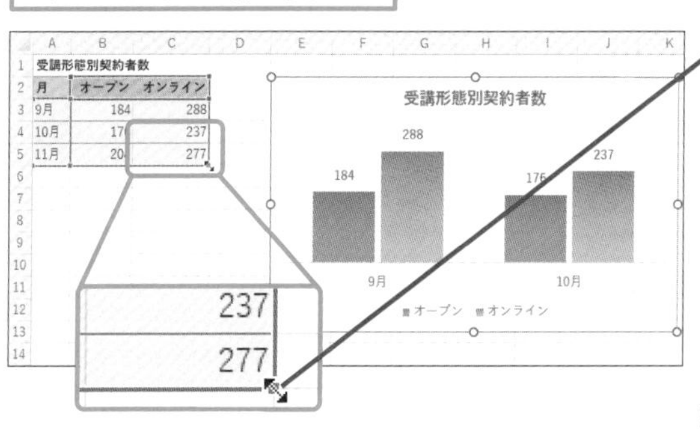

グラフのデータ範囲に
11月分が追加された

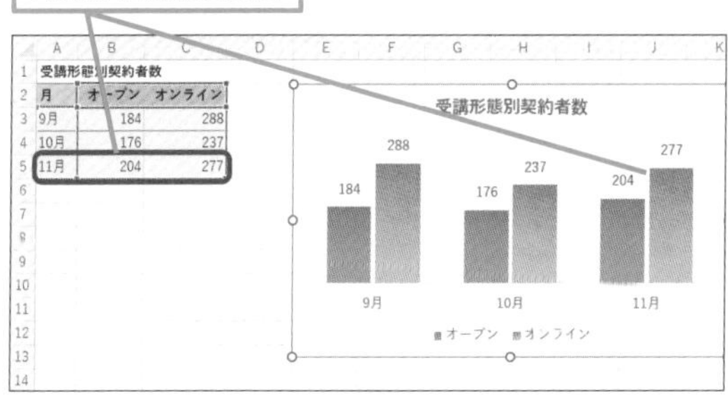

使いこなしのヒント

カラーリファレンスが表示されないこともある

離れたセル範囲からグラフを作成した場合、グラフを選択しても、元表にカラーリファレンスが表示されないことがあります。そのような場合は、**レッスン27**で紹介する方法で、データ範囲を変更してください。

レッスン
27 ほかのワークシートにあるデータ範囲を変更するには

動画で見る

データソースの選択　練習用ファイル　L27_データソースの選択.xlsx

専用の設定画面を使えば必ずデータ範囲を変更できる

レッスン26では、カラーリファレンスによるグラフのデータ範囲の変更方法を紹介しました。しかしこの方法は、元表がグラフと同じワークシートにない場合や、離れたセル範囲の数値からグラフを作成した場合には使えません。そのような場合は、［データソースの選択］ダイアログボックスを使用して、グラフのデータ範囲の設定を最初からやり直しましょう。このレッスンでは、グラフは［グラフ1］シート、元表のデータ範囲は［Sheet1］シートというように、ほかのワークシートにあるデータ範囲から作成したグラフを例に、ダイアログボックスでデータ範囲を変更する方法を説明します。

Before

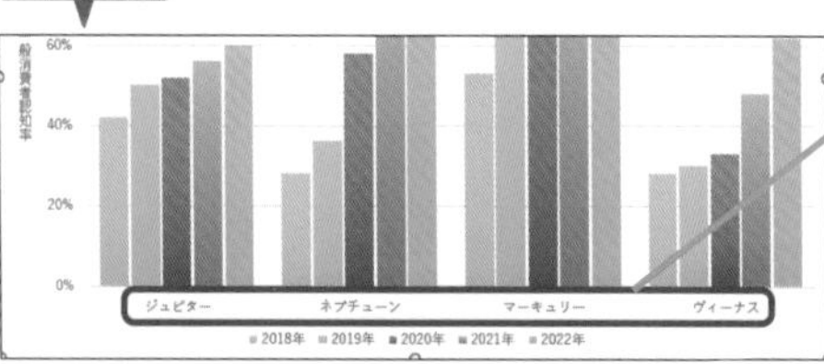

「ジュピター」～「ヴィーナス」というブランドの年度別認知率がグラフ化されている

After

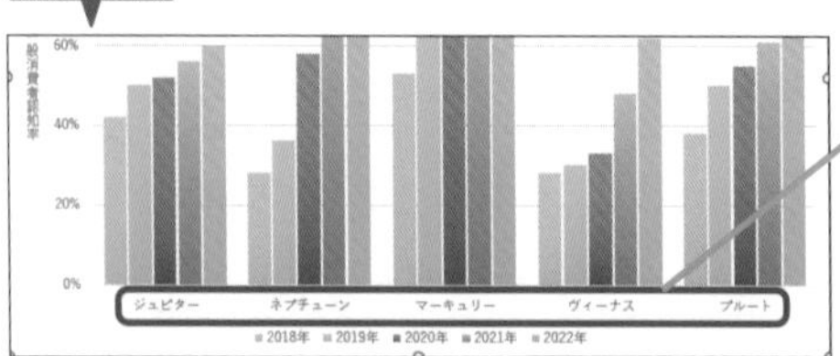

ほかのワークシートにあるデータ範囲を変更して、「ジュピター」～「プルート」の年度別認知率をグラフ化できた

関連レッスン

レッスン26　グラフのデータ範囲を変更するには　P.106

1 ほかのワークシートにあるデータ範囲を変更する

1 プロットエリアを右クリック

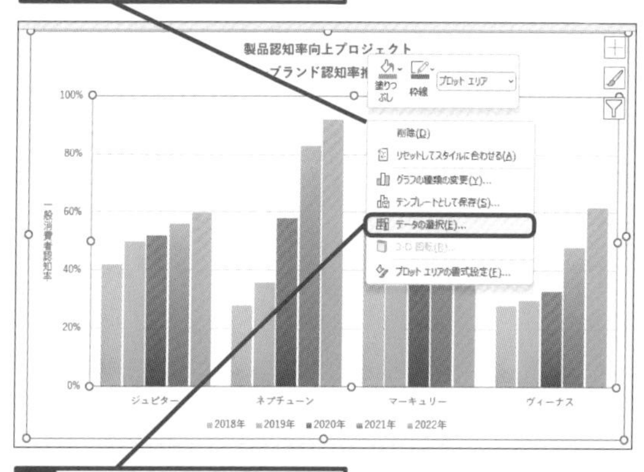

2 ［データの選択］をクリック

［データソースの選択］ダイアログボックスが表示された

セルA2 ～ F6の「ジュピター」～「ヴィーナス」がデータ範囲として選択されている

セルをドラッグしにくいときは、ダイアログボックスを表の下に移動しておく

3 セルA2 ～ F7をドラッグして選択

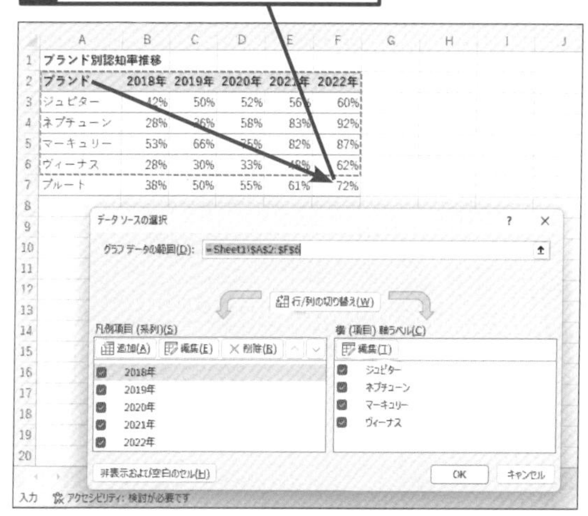

⚠ ここに注意

手順1の操作3でドラッグするセル範囲を間違えてしまったときは、もう一度正しいセル範囲をドラッグして選択し直します。

次のページに続く ➡

2 変更したデータ範囲を確認する

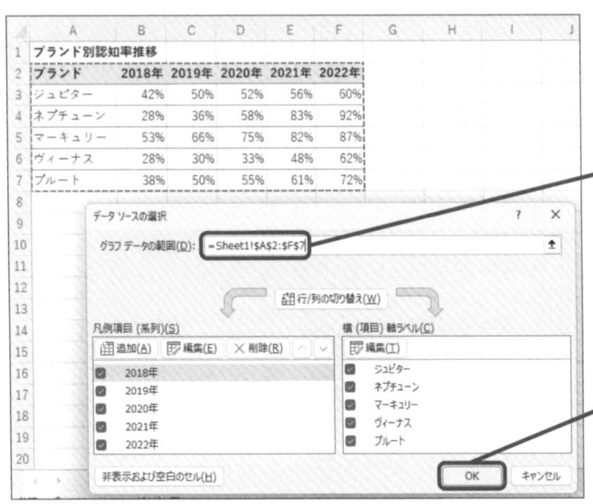

「ジュピター」～「プルート」までのデータ範囲が選択された

1 セルA2 ～ F7が選択されていることを確認

2 [OK] をクリック

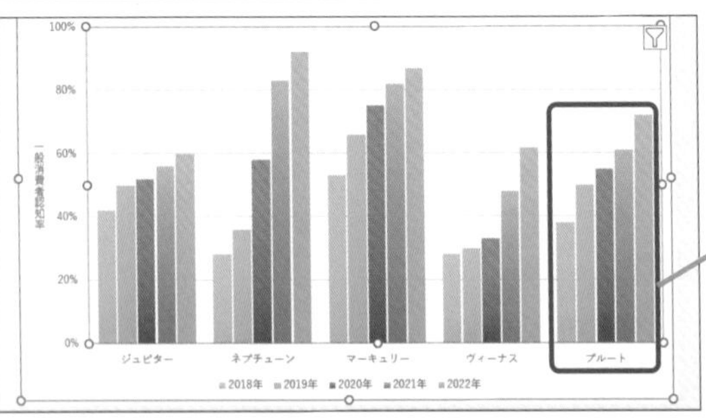

グラフのデータ範囲は、絶対参照の「$」が付いた書式で表示される

ほかのワークシートにあるグラフのデータ範囲が変更された

使いこなしのヒント

離れたセル範囲を指定するには

[データソースの選択] ダイアログボックスの [グラフデータの範囲] には、離れたセル範囲も指定できます。離れたセル範囲を指定するには、1つ目のセル範囲をドラッグした後、Ctrlキーを押しながら2つ目のセル範囲をドラッグしましょう。

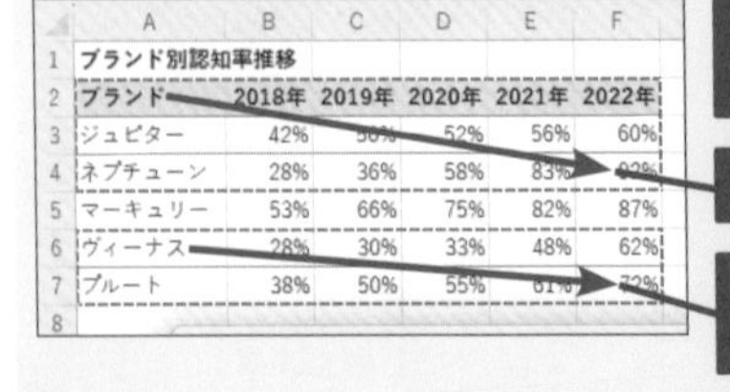

1 手順1の操作1 ～ 2と同様の操作を実行

2 セルA2 ～ F4をドラッグして選択

3 Ctrlキーを押しながらセルA6 ～ F7をドラッグして選択

使いこなしのヒント

コピーを利用してグラフにデータを手早く追加する

コピーと貼り付けの機能を使用して、新しいデータをグラフに追加できます。グラフの現在のデータ範囲とは離れたセル範囲にあるデータでも、手早く追加できるので便利です。なお、以下の手順では［ホーム］タブの［コピー］ボタンと［貼り付け］ボタンを使用していますが、ショートカットキーを使用してもかまいません。その場合、［コピー］ボタンの代わりにCtrl＋Cキー、［貼り付け］ボタンの代わりにCtrl＋Vキーを押します。

グラフに「市川」と「今村」のデータを追加する

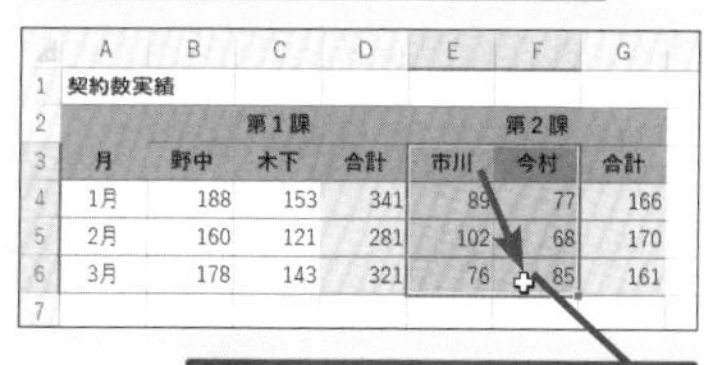

1 セルE3～F6をドラッグして選択

2 ［ホーム］タブをクリック

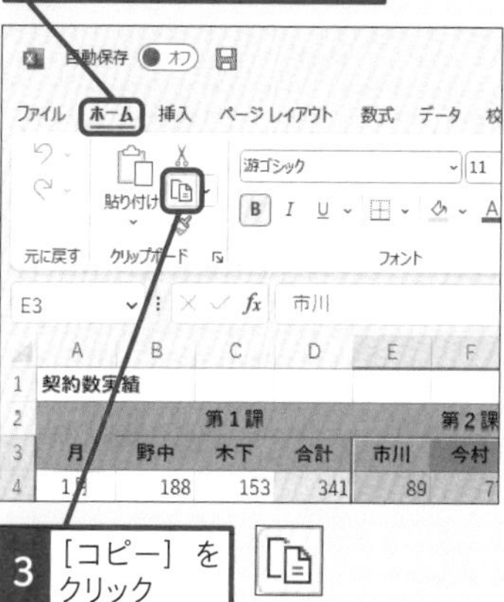

3 ［コピー］をクリック

セルE3～F6がコピーされた

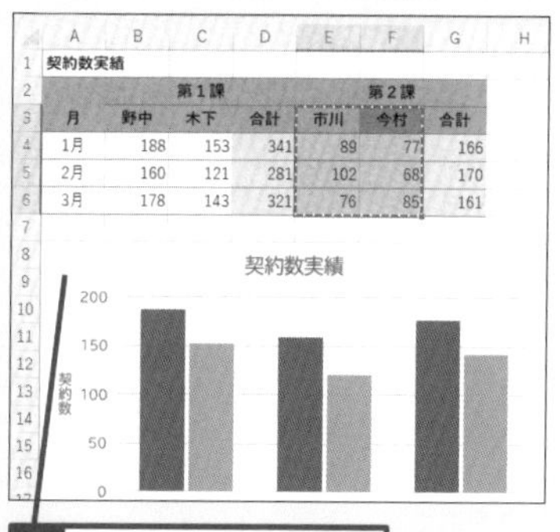

4 グラフエリアをクリック

5 ［貼り付け］をクリック

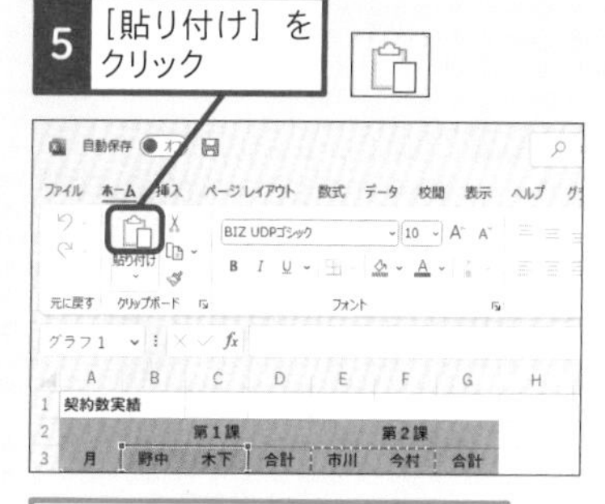

グラフに「市川」と「今村」のデータが追加された

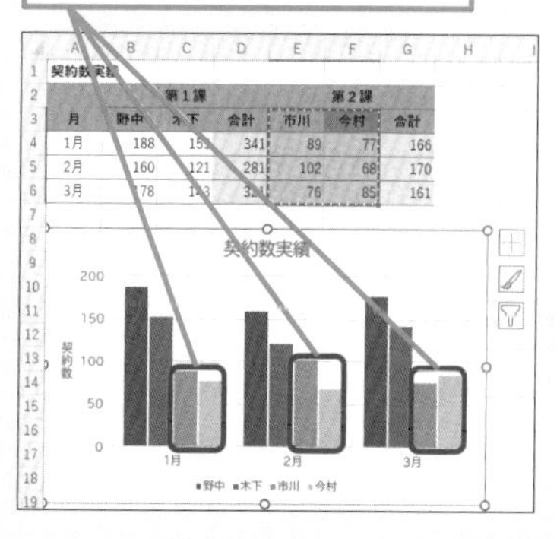

レッスン
28 長い項目名を改行して表示するには

セル内改行　練習用ファイル　L28_セル内改行.xlsx

項目名もグラフも見やすくなるテクニック

長い項目名を持つ表からグラフを作成すると、項目名が斜めに表示されることがあります。これでは項目名が読みづらい上、肝心のグラフのスペースも小さくなってしまいます。項目名は見やすくコンパクトに収めたいものです。
項目名を見やすく配置する方法はいくつか考えられますが、このレッスンでは切りがいい位置で改行して、2行の横書きに収めます。ただし、グラフ上では項目行を直接改行できないので、元表の項目名に改行を入れることにします。元表に入れた改行は、改行前と同じ1行で表示されるように設定するので、表の体裁が崩れる心配はありません。

Before

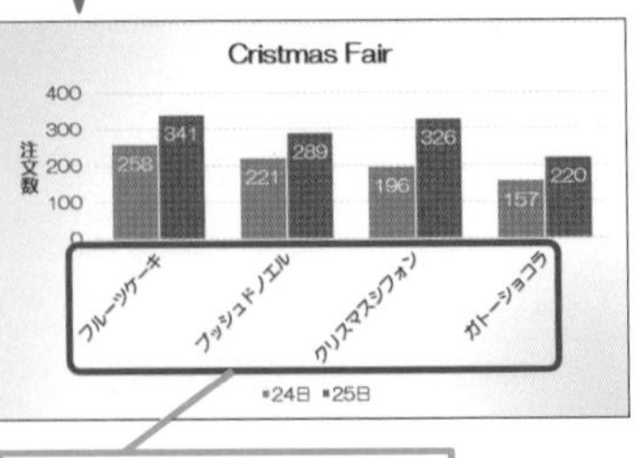

グラフの項目名が斜めに表示されていて見にくい

After

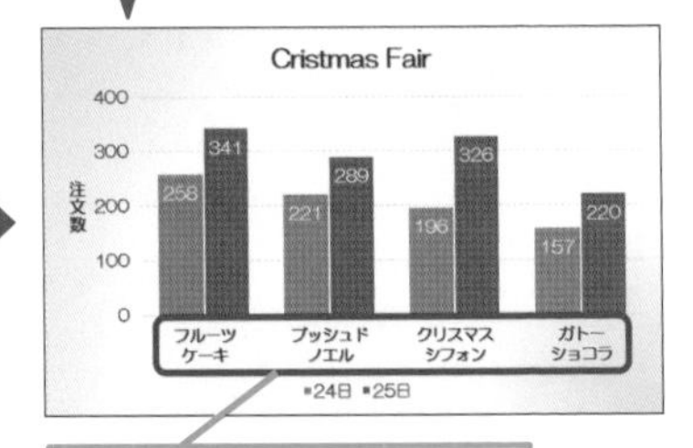

項目名が改行されて項目名とグラフが見やすくなった

関連レッスン

レッスン22	項目名を縦書きで表示するには	P.92
レッスン32	項目軸の日付を半年ごとに表示するには	P.122
レッスン33	項目軸に「月」を縦書きで表示するには	P.126

1 データ範囲の項目名を改行する

元データの項目名を改行して横（項目）軸の項目名が2行で表示されるようにする

1 セルA3をダブルクリック

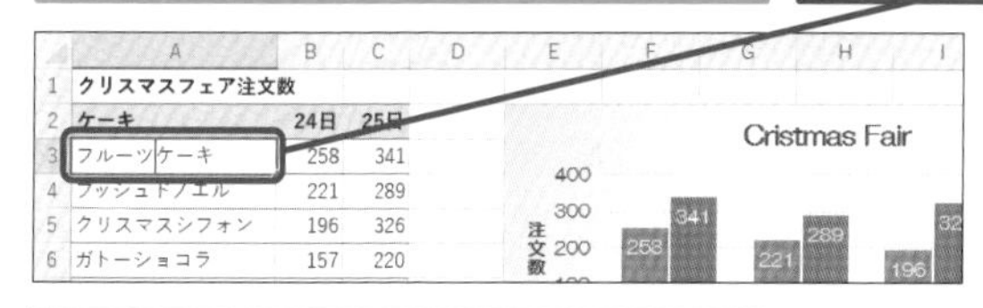

2 ←キーを押して「フルーツ」と「ケーキ」の間にカーソルを移動

3 Alt ＋ Enter キーを押す

同様にセルA4 ～ A6の項目名も改行しておく

2 折り返しの書式を解除する

項目名を選択して［折り返して全体を表示する］の書式を解除する

1 セルA3 ～ A6をドラッグして選択

2 ［ホーム］タブをクリック

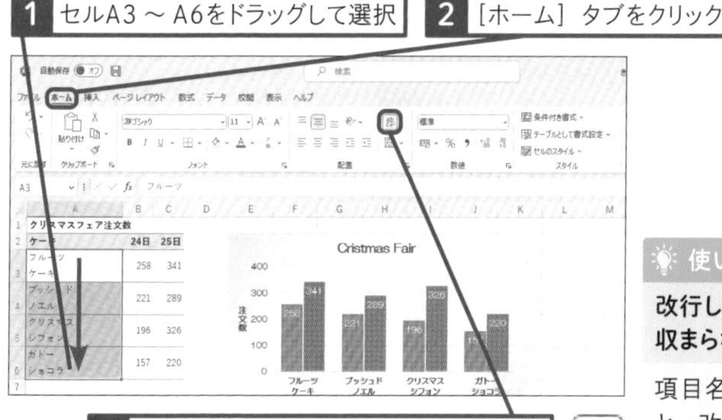

3 ［折り返して全体を表示する］をクリック

元表の項目名が改行前の状態に戻った

グラフの横（項目）軸が改行されて見やすくなった

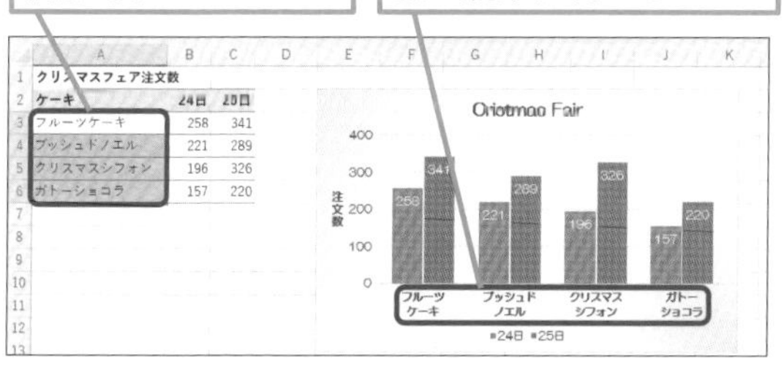

使いこなしのヒント

改行してもうまく収まらないときは

項目名が極端に長いと、改行を入れても斜めに表示されたままになることがあります。その場合は、グラフのサイズを大きくしたり、文字のサイズを小さくしたりするなどして対処しましょう。また、117ページのヒントを参考に、グラフ上で項目名を短い名前に変更してもいいでしょう。

レッスン
29 凡例の文字列を直接入力するには

凡例項目の編集　練習用ファイル　L29_凡例項目の編集.xlsx

元データとは別に、凡例を直接編集できる

元表のデータをグラフ用のデータとして流用する場合、系列名が必ずしもグラフにちょうどよく収まるとは限りません。長い系列名は凡例の中で2行に折り返して表示されるので、グラフの体裁が悪くなります。

このようなときは、次ページの手順のように［データソースの選択］ダイアログボックスを使用して、凡例の系列名を直接編集しましょう。簡潔な系列名に変えれば、元表に手を加えなくても、凡例がコンパクトになり、グラフ全体の見栄えもアップします。ただし、あまり簡略化し過ぎると、グラフの意味が分からなくなります。分かりやすい系列名を付けるように心がけましょう。

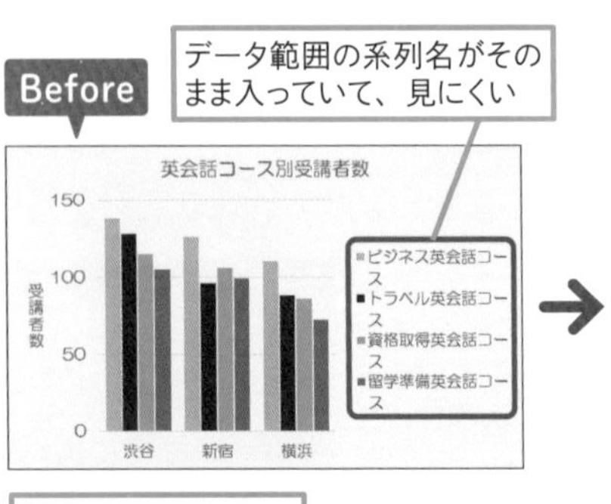

After

凡例の文字列を編集して系列名を短くできる

英会話コース別受講者数

150 / 100 / 50 / 0　受講者数　渋谷　新宿　横浜

ビジネス　トラベル　資格取得　留学準備

凡例となる系列名が長い

	A	B	C	D	E
1	英会話コース別受講者数				
2	コース	渋谷	新宿	横浜	
3	ビジネス英会話コース	138	126	110	
4	トラベル英会話コース	128	96	88	
5	資格取得英会話コース	115	106	86	
6	留学準備英会話コース	105	99	72	
7					

元表（データ範囲）の系列名は変更されない

	A	B	C	D	E
1	英会話コース別受講者数				
2	コース	渋谷	新宿	横浜	
3	ビジネス英会話コース	138	126	110	
4	トラベル英会話コース	128	96	88	
5	資格取得英会話コース	115	106	86	
6	留学準備英会話コース	105	99	72	
7					

関連レッスン

レッスン19　凡例の位置を変更するには　P.82

1 凡例の系列名を編集する

［データソースの選択］ダイアログボックスを表示して、凡例の文字列を直接編集できるようにする

1 グラフエリアを右クリック

2 ［データの選択］をクリック

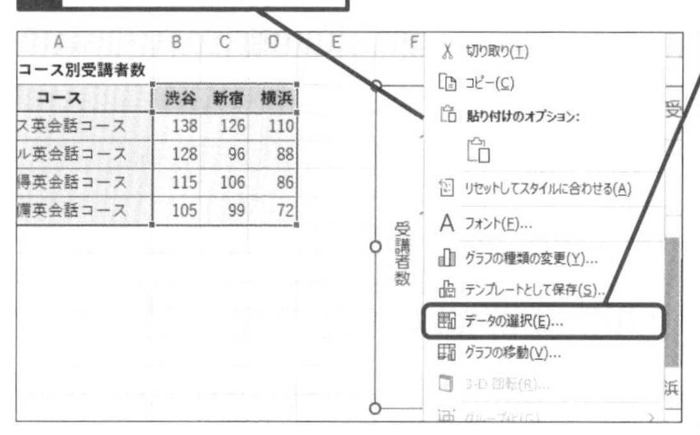

［データソースの選択］ダイアログボックスが表示された

「ビジネス英会話コース」を「ビジネス」に変更する

3 ［ビジネス英会話コース］をクリック

4 ［凡例項目（系列）］の［編集］をクリック

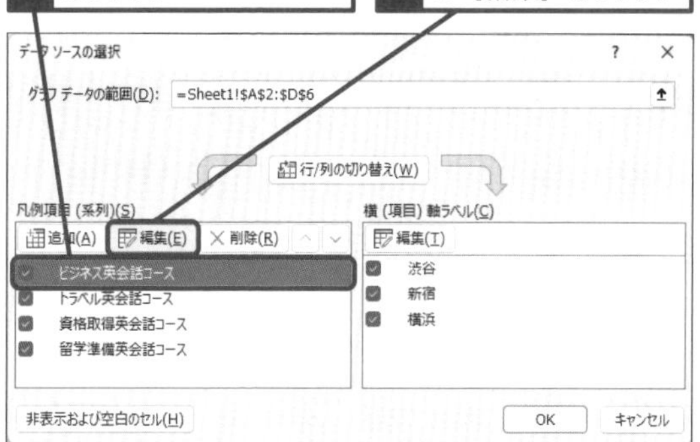

使いこなしのヒント

正式には「="系列名"」の形式で入力する

［系列の編集］ダイアログボックスの［系列名］は、正式には「="系列名"」の形式で入力します。しかし、系列名だけを「ビジネス」のように入力して、［OK］ボタンをクリックすると、自動的に「=」と「"」が補われて「="ビジネス"」と設定されます。

［系列の編集］ダイアログボックスが表示された

5 ［系列名］に「ビジネス」と入力

6 ［OK］をクリック

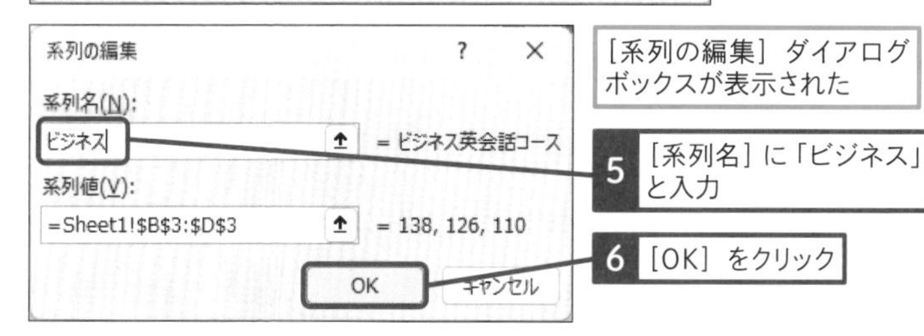

次のページに続く

● ほかの凡例の系列名を変更する

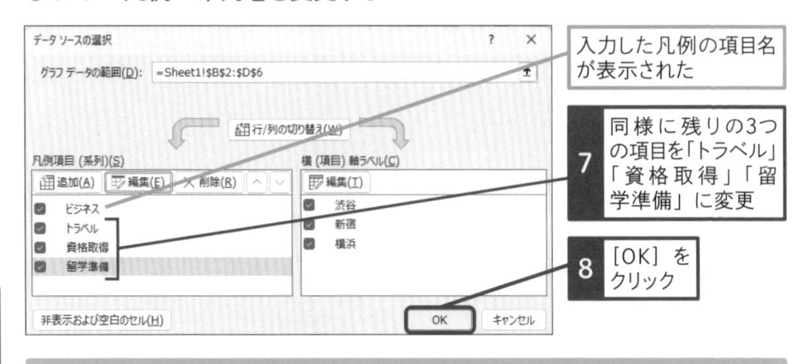

使いこなしのヒント

[系列名] の引数を書き換えてもいい

グラフ上で系列を選択すると、数式バーにSERIES関数の数式が表示されます。この関数は系列を定義する関数で、書式は以下の通りです。引数［系列名］は凡例に表示される文字列、［項目名］は横（項目）軸に表示される文字列、［系列値］はグラフの元になる数値です。また、［順序］は系列の表示順です。数式バーで引数［系列名］の部分を書き換えると、グラフの凡例に表示される系列名も変わります。

● SERIES関数の書式

=SERIES(系列名,項目名,系列値,順序)

［ビジネス英会話コース］の凡例に表示される文字列を変更する

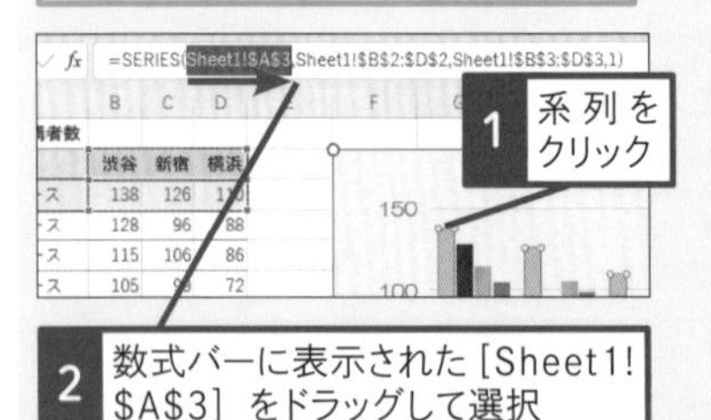

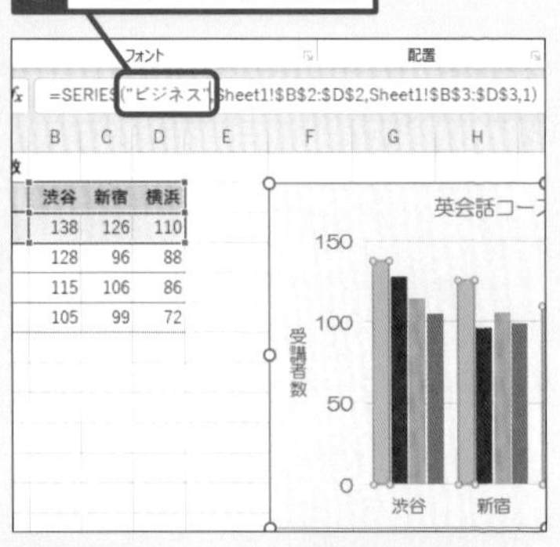

4 Enter キーを押す

凡例の文字列が変更された

同様の手順でほかの系列の引数を変更する

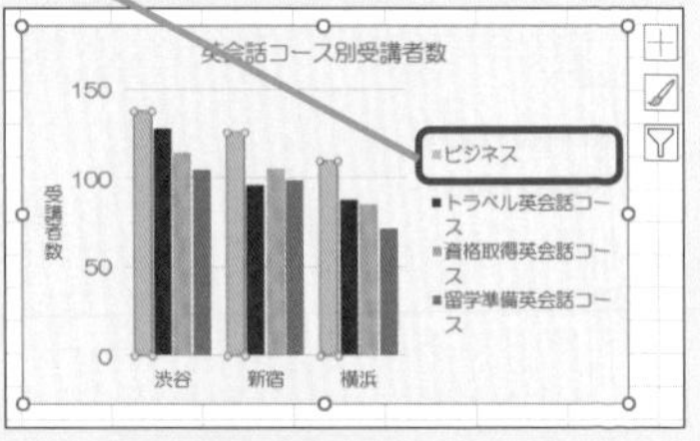

● 凡例の系列名が変更されたことを確認する

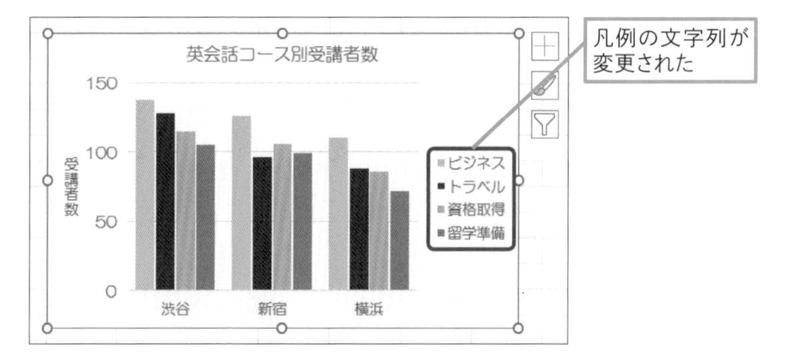

使いこなしのヒント

横（項目）軸に文字列を直接入力できる

［データソースの選択］ダイアログボックスでは、横（項目）軸に表示される項目名も直接入力できます。データは、「={"項目名1","項目名2",…}」の形式で入力します。元表のデータに手を加えることなく、グラフだけ項目名を修正したいときに便利です。

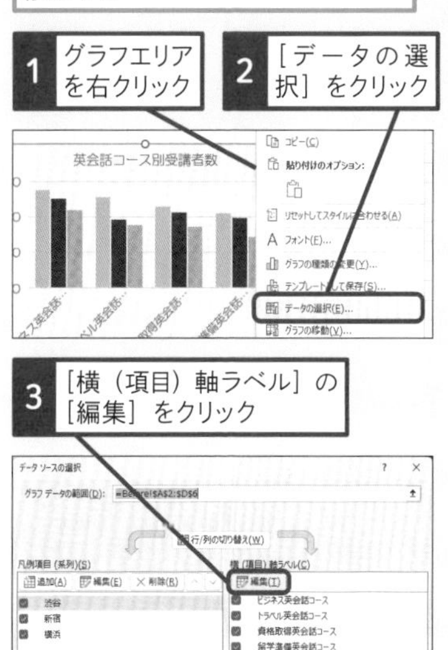

4 「={"ビジネス","トラベル","資格取得","留学準備"}」と入力

軸ラベル
軸ラベルの範囲(A):
ル","資格取得","留学準備"}
= ビジネス英会話コース, トラ...
OK　キャンセル

5 ［OK］をクリック

行/列の切り替え(W)
凡例項目 (系列)(S)　横 (項目) 軸ラベル(C)
渋谷　新宿　横浜
ビジネス　トラベル　資格取得　留学準備
非表示および空白のセル(H)　OK　キャンセル

6 ［OK］をクリック

軸ラベルの内容が変わった

レッスン
30 非表示の行や列のデータが消えないようにするには

非表示および空白のセル　練習用ファイル　L30_非表示および空白のセル.xlsx

非表示のセルのデータをグラフに表示できる

グラフのデータ範囲の行や列を非表示にすると、非表示にしたデータがグラフからも消えてしまいます。［Before］のグラフは、7月1日から12月31日までの為替レートから作成していますが、非表示にした表のデータが表示されていません。行を再表示すればグラフにすべてのデータが再表示されますが、ここでは表は月初日のデータを代表値として表示したまま、［After］のように全データをグラフ上に表示する方法を紹介します。作業列で計算したデータからグラフを作成したときに作業列を非表示にしたいことがありますが、そんな場面で役立つテクニックなので、ぜひ覚えておきましょう。

	A	B
1	米ドル対円相場	
2	日付	円
3	2022年7月1日	135.99
34	2022年8月1日	132.91
65	2022年9月1日	139.53
95	2022年10月1日	144.81
126	2022年11月1日	148.77

	A	B
1	米ドル対円相場	
2	日付	円
3	2022年7月1日	135.99
4	2022年7月2日	135.99
5	2022年7月3日	135.99
6	2022年7月4日	134.98
7	2022年7月5日	136.14
8	2022年7月6日	135.69
9	2022年7月7日	135.88
10	2022年7月8日	136.06
11	2022年7月9日	136.06
12	2022年7月10日	136.06
13	2022年7月11日	136.47
14	2022年7月12日	137.24
15	2022年7月13日	137.02
16	2022年7月14日	139
17	2022年7月15日	138.94

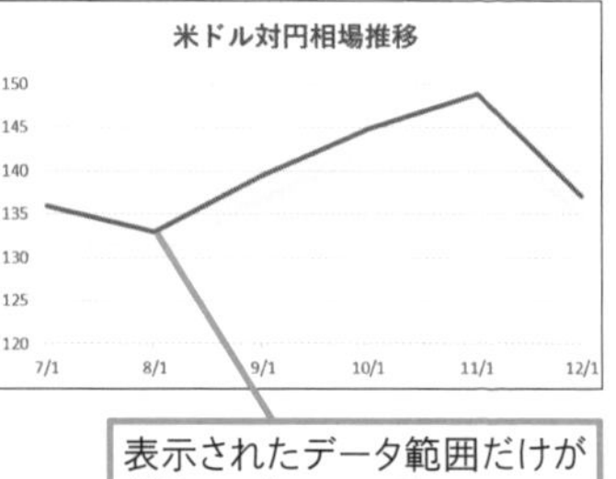

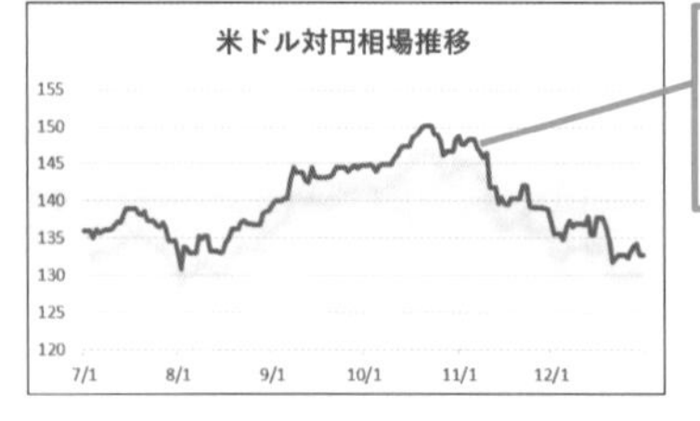

関連レッスン

レッスン31
元表にない日付が勝手に表示されないようにするには　P.120

基本編　第4章　元データを編集して思い通りにグラフ化しよう

1 非表示のデータをグラフに表示する

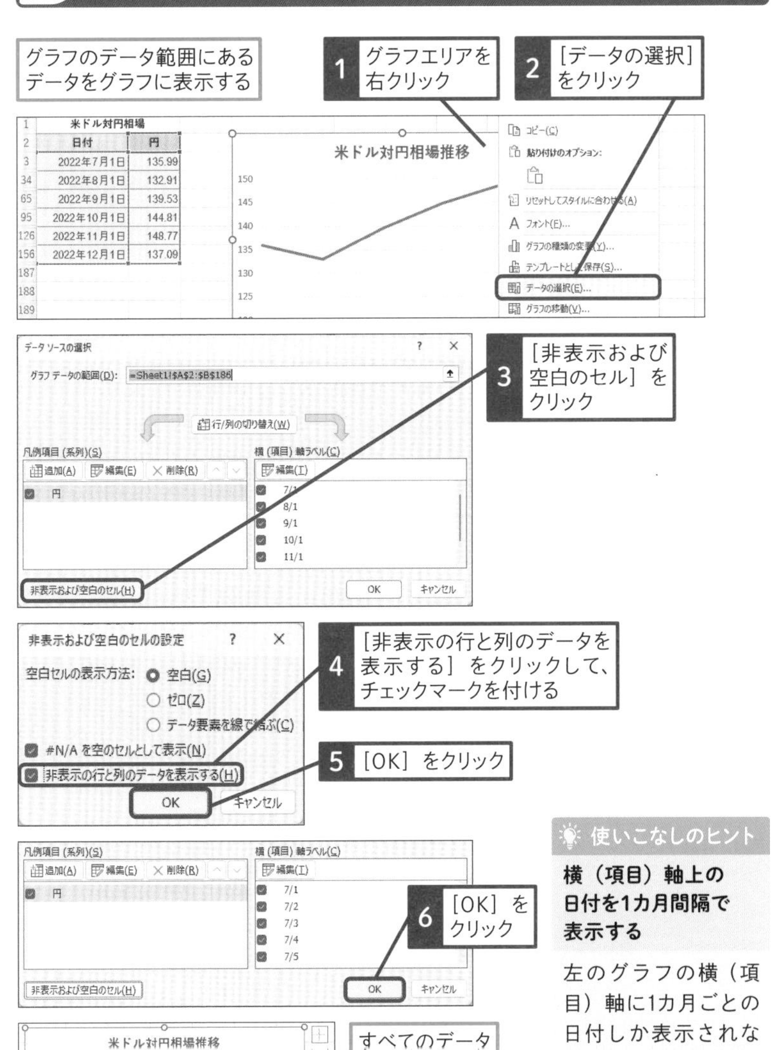

使いこなしのヒント

横（項目）軸上の日付を1カ月間隔で表示する

左のグラフの横（項目）軸に1カ月ごとの日付しか表示されないのは、目盛りの間隔を設定してあるためです。設定方法は、レッスン32を参照してください。

レッスン
31 元表にない日付が勝手に表示されないようにするには

テキスト軸　練習用ファイル　L31_テキスト軸.xlsx

項目軸のとびとびは「テキスト軸」で解決！

棒グラフを作成すると、通常は項目名が横（項目）軸に等間隔で並びます。ところが、日付を項目名としたグラフを作成すると、下の［Before］のグラフのように元表にない日付が勝手に追加され、棒がとびとびになることがあります。これは、横（項目）軸の種類に原因があります。
横（項目）軸には、「日付軸」と「テキスト軸」の2つの種類があります。日付軸の場合、Excelが元表の日付を時系列に並べ、存在しない日付を自動で補います。そのため、［Before］のようにグラフがとびとびになってしまうのです。これを解決するには、日付軸として認識された軸の種類をテキスト軸に変更します。テキスト軸に変更すれば、［After］のグラフのように、元表の日付だけが並んだグラフに変わります。

関連レッスン
レッスン30
非表示の行や列のデータが消えないようにするには　P.118
レッスン32
項目軸の日付を半年ごとに表示するには　P.122

Before

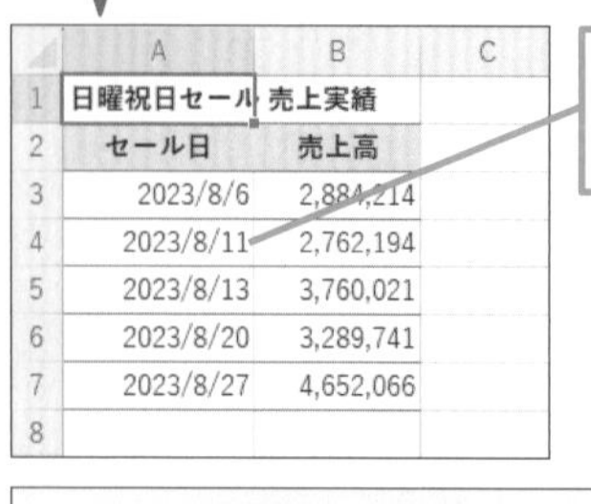

	A	B	C
1	日曜祝日セール	売上実績	
2	セール日	売上高	
3	2023/8/6	2,884,214	
4	2023/8/11	2,762,194	
5	2023/8/13	3,760,021	
6	2023/8/20	3,289,741	
7	2023/8/27	4,652,066	
8			

元表には8月7日や8月10日のデータはない

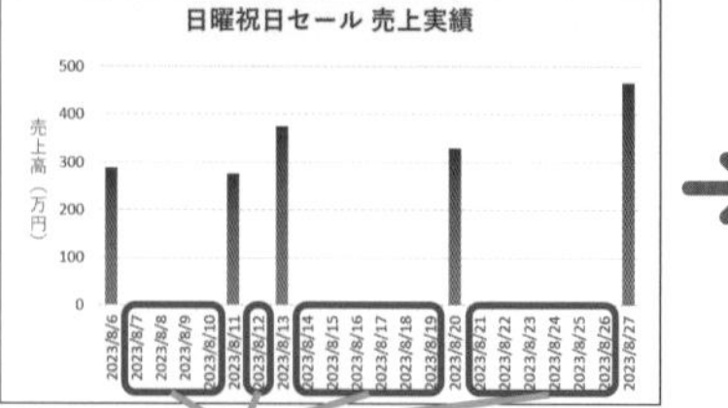

Excelが勝手に日付を追加したため、棒がとびとびになってしまった

After

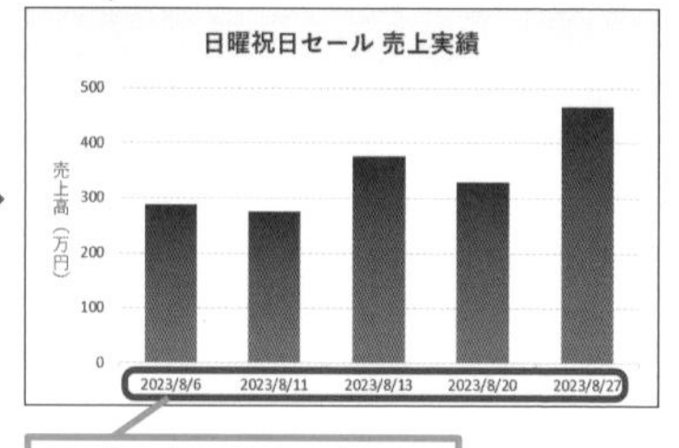

元データにある日付のみ棒グラフで表示される

1 項目軸の種類を変更する

横(項目)軸の設定を[テキスト軸]に変更する

1 横(項目)軸を右クリック

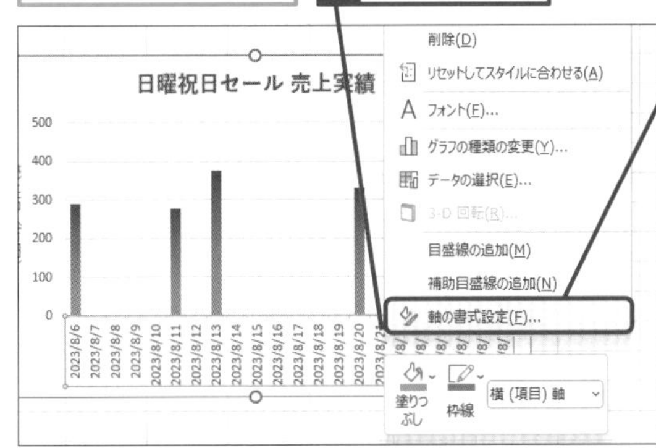

2 [軸の書式設定]をクリック

[軸の書式設定]作業ウィンドウが表示された

3 [テキスト軸]をクリック

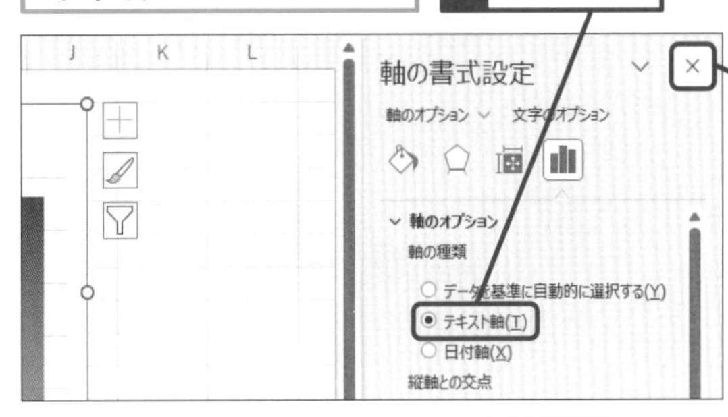

4 [閉じる]をクリック

元データにある日付のみが棒グラフで表示された

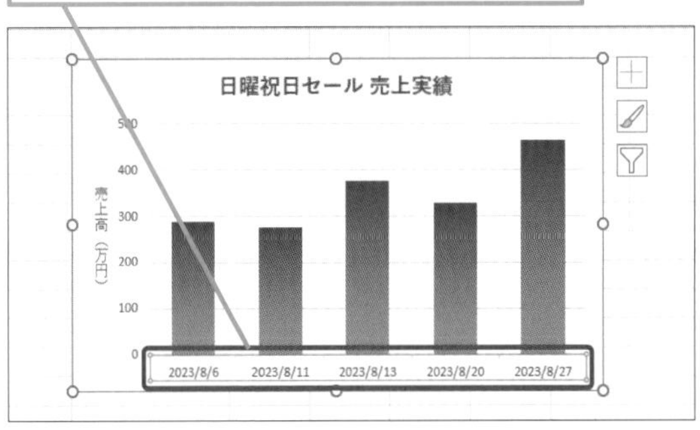

時短ワザ

ダブルクリックでも設定画面を呼び出せる

グラフ要素を右クリックして[(グラフ要素)の書式設定]を選択する代わりに、グラフ要素をダブルクリックしても[(グラフ要素)の書式設定]作業ウィンドウを表示できます。操作1で横(項目)軸の数値をダブルクリックすると、[軸の書式設定]作業ウィンドウが表示されます。

レッスン
32 項目軸の日付を半年ごとに表示するには

動画で見る

目盛間隔、表示形式コード　練習用ファイル　L32_目盛間隔、表示形式コード.xlsx

目盛りの間隔を変えれば項目がすっきり!

レッスン31で説明したように、横（項目）軸には「日付軸」と「テキスト軸」の2つの種類があります。このうち日付軸は、軸に表示する日付の間隔を日単位や月単位など、自由に設定できることが特徴です。このレッスンでは、斜めの向きに雑然と並んだ日付を、下の［After］のグラフのように、「年/月」形式で半年ごとに表示します。

日付を「年/月」形式に変換するには、表示形式の機能を使用します。また、日付を半年ごとに表示するには、目盛りの間隔を「6カ月」単位に固定します。ただし、目盛りの間隔を「6カ月」単位に変更すると、月ごとに刻まれていた軸上の目盛りが、6カ月単位でしか表示されなくなります。そこで、ここでは月ごとに補助目盛りが刻まれるように設定し、さらに目盛りが補助目盛りより目立つように表示します。

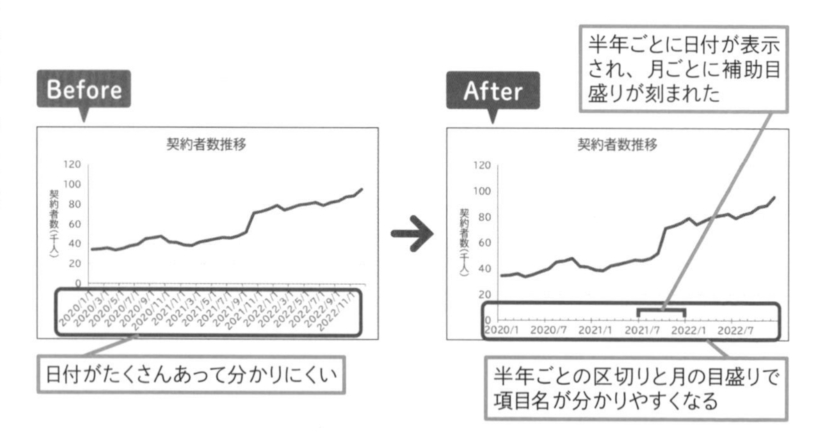

関連レッスン

レッスン31	元表にない日付が勝手に表示されないようにするには	P.120
レッスン33	項目軸に「月」を縦書きで表示するには	P.126

1 目盛りの間隔を変更する

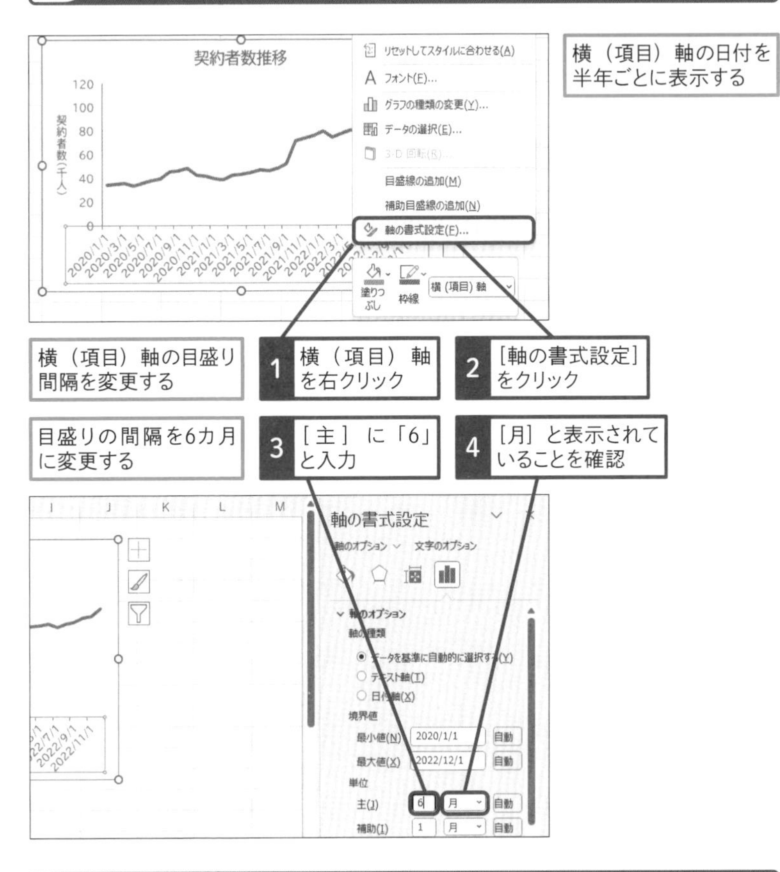

横（項目）軸の日付を半年ごとに表示する

横（項目）軸の目盛り間隔を変更する

1 横（項目）軸を右クリック

2 ［軸の書式設定］をクリック

目盛りの間隔を6カ月に変更する

3 ［主］に「6」と入力

4 ［月］と表示されていることを確認

2 補助目盛りの設定を変更する

補助目盛りの自動設定を解除するため、任意の数値を入力する

1 ［補助］に「2」と入力

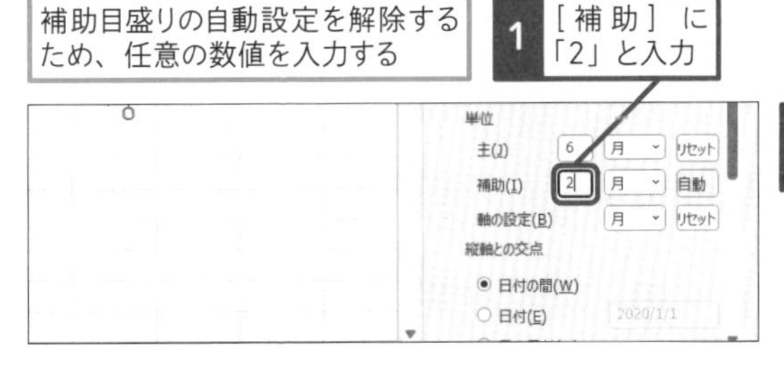

2 Enter キーを押す

32 目盛間隔、表示形式コード

次のページに続く➡

● 補助目盛りの間隔を変更する

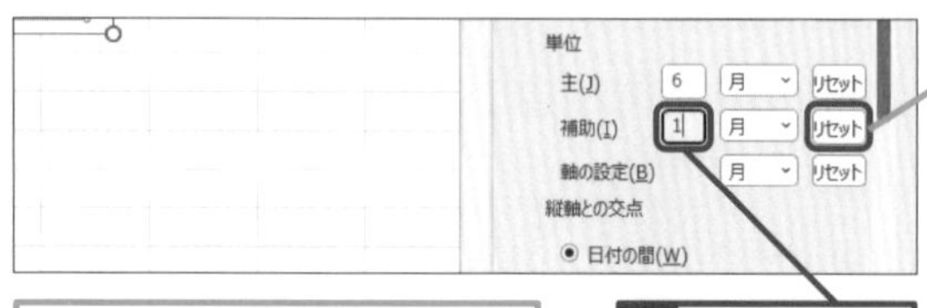

[補助]の右にあるボタンが、[自動]から[リセット]に変わった

補助目盛りの間隔を1カ月に設定するので「1」を入力する

3 [補助]に「1」と入力

3 目盛りの種類を変更する

[目盛]の設定項目を表示する

1 ここを下にドラッグしてスクロール

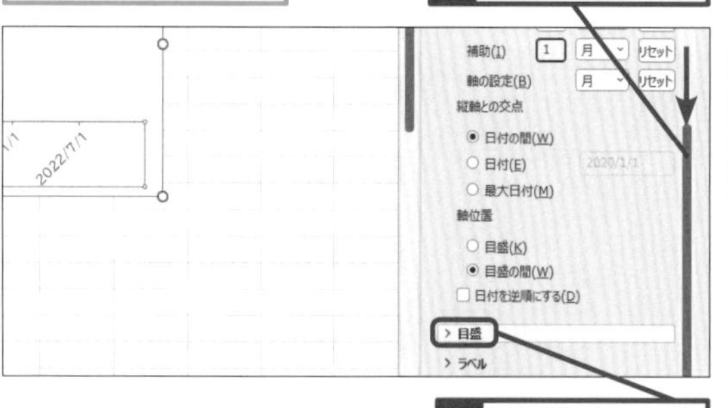

2 [目盛]をクリック

月ごとに補助目盛りを表示する

3 ここを下にドラッグしてスクロール

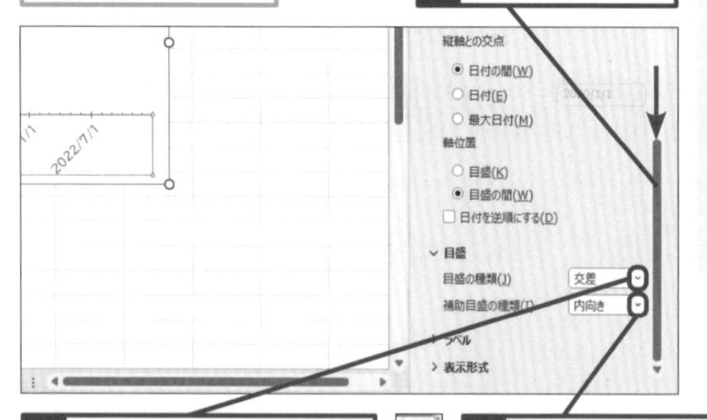

4 [目盛の種類]のここをクリックして[交差]を選択

5 [補助目盛の種類]のここをクリックして[内向き]を選択

使いこなしのヒント

表示形式を初期状態に戻すには

手順4の操作3の設定画面の下部に[シートとリンクする]という設定項目があります。通常チェックマークが付いており、日付軸の日付の表示形式は元データのセルの表示形式が継承されます。グラフ側で表示形式を変更すると、このチェックマークは自動的にはずれます。再度、チェックマークを付ければ、元データのセルと同じ表示形式に戻せます。

4 横（項目）軸の表示形式を変更する

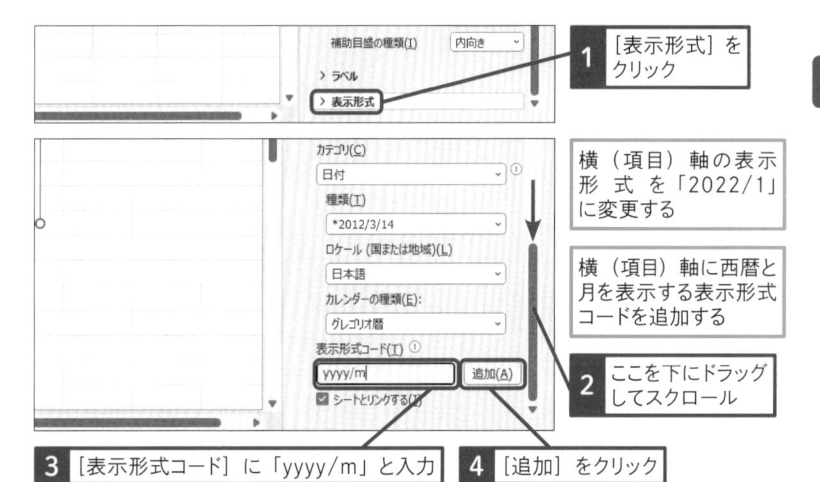

使いこなしのヒント

書式記号の種類を知ろう

［表示形式コード］に設定した「yyyy/m」の「yyyy」は西暦、「m」は月を表す書式記号です。日付に「yyyy/m」を適用すると、「2022/1/1」は「2022/1」、「2022/12/24」は「2022/12」と表示されます。このほかにも次表の書式記号があります。

● 日付の主な書式記号

書式記号	説明
yyyy	西暦を4けたで表示
mm	月を必ず2けたで表示
m	月を1けたまたは2けたで表示
dd	日を必ず2けたで表示
d	日を1けたまたは2けたで表示
aaa	曜日の漢字1文字を表示

レッスン
33 項目軸に「月」を縦書きで表示するには

セルの書式設定　練習用ファイル　L33_セルの書式設定.xlsx

Ctrl+Jキーで項目軸の表示形式を変更できる

12カ月分のデータからグラフを作成すると、グラフのサイズやレイアウトによっては、横（項目）軸にある「月名」が横向きに表示されたり、とびとびに表示されるなどして見づらくなります。月名を軸にすっきり収めようと縦書きにすると、今度は2けたの月の2つの数字が縦1列に並んでしまい、うまくいきません。
下の［After］のグラフのように、数値と月を縦書きで表示し、なおかつ2けたの月の数値を横書きで見せるには、元表に月の数値だけを入力し、表示形式で単位の「月」を表示させます。その際、Ctrl+Jキーという特別なショートカットキーで数値と「月」の間に改行を入れるという裏ワザを使います。グラフの横（項目）軸を横書きで表示すれば、2けたの月の数値が横書きで表示された後、改行を挟んで「月」が数値の下に表示されるというわけです。

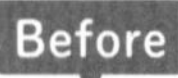

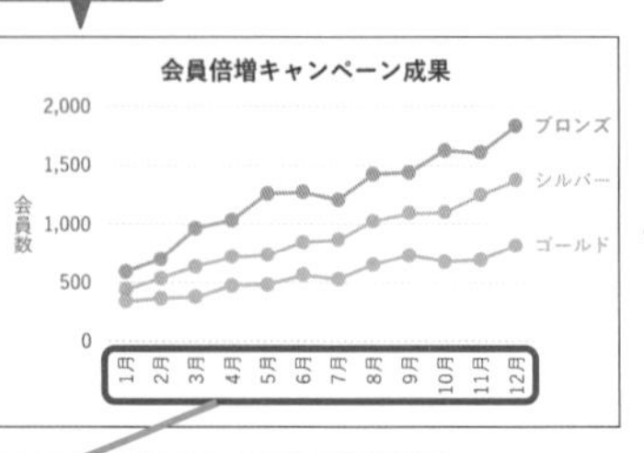

横（項目）軸の「月」が横向きで見づらい

After

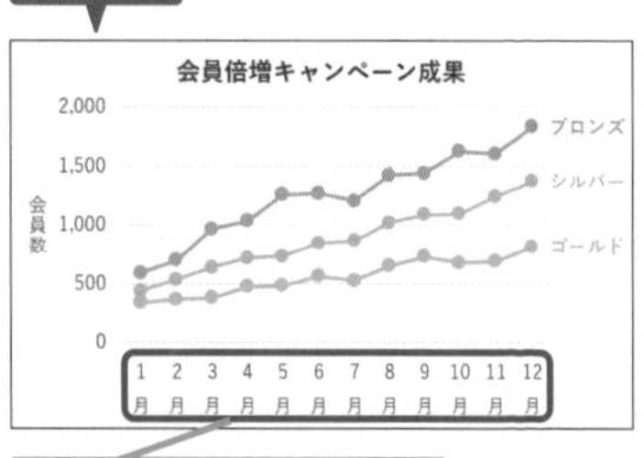

単位の「月」を縦書きで表示できる

関連レッスン

レッスン32
項目軸の日付を半年ごとに表示するには
P.122

使いこなしのヒント

「月」が縦書きにならないときは

手順のように操作しても「月」が縦書きにならないときは、横（項目）軸の文字列の方向を［横書き］に設定します。

1 セルの表示形式を変更する

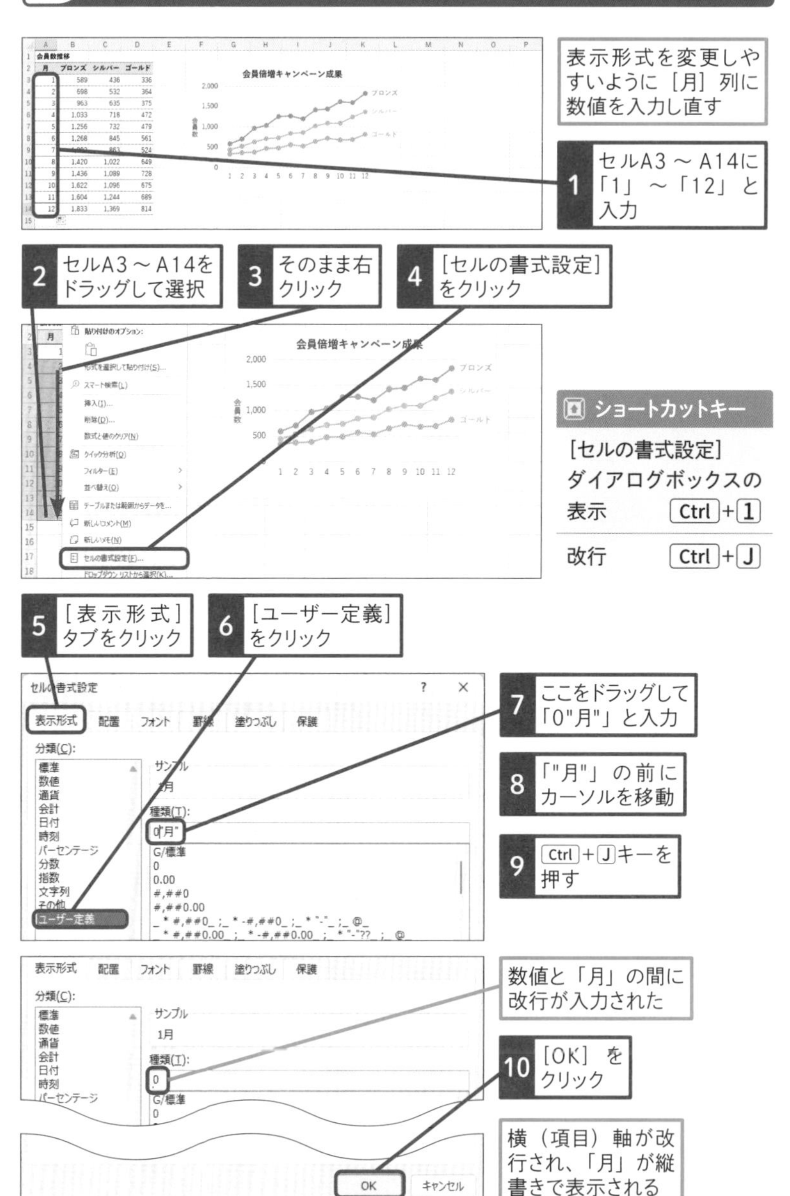

レッスン

34 2種類の単位の数値からグラフを作成するには

2軸グラフ、複合グラフ　練習用ファイル　L34_2軸グラフ、複合グラフ.xlsx

グラフ技の見せ所「2軸グラフ」をものにしよう!

数値の大きさが著しく違う2種類のデータをグラフ化すると、数値が小さい方のデータが表示されないことがあります。下の［Before］のグラフは、売上高と来客数のグラフですが、売上高に対して2けた小さい来客数の棒がわずかしか表示されません。これを解決するには、「2軸グラフ」を使用します。
［After］のグラフのように、縦（値）軸を2本用意したものが「2軸グラフ」です。売上高と来客数の2種類の軸をそれぞれ用意することで、大きさが異なる数値をバランスよく1つのグラフに表示できます。このレッスンでは来客数を折れ線グラフに変更して、来客数と売り上げの関係を見やすくしています。縦棒と折れ線というように、1つのグラフエリアに2種類を混在させたグラフを「複合グラフ」と呼びます。なお、株価、等高線、バブル、3-Dなどのグラフのほか、Excel 2016以降で追加されたグラフは複合グラフにできません。

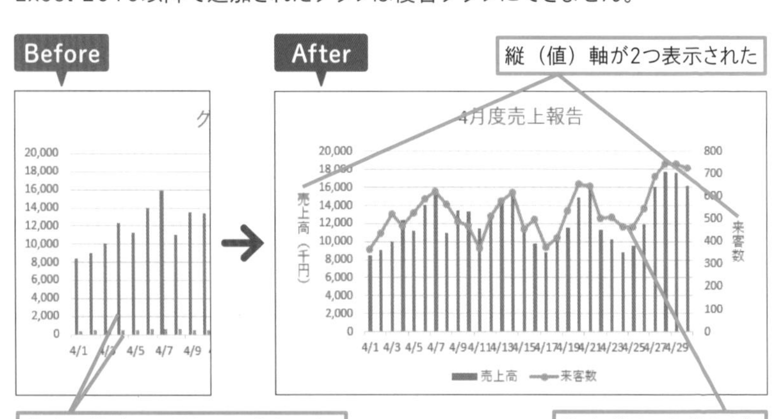

1 複合グラフを挿入する

縦棒グラフと折れ線グラフを使った複合グラフを作成する

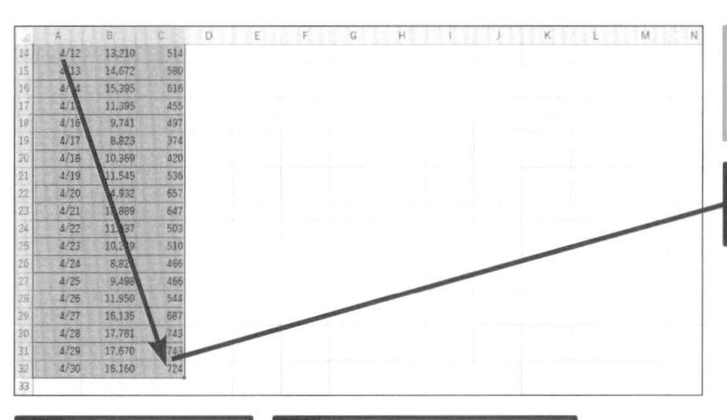

1 セルA2～C32をドラッグして選択

2 ［挿入］タブをクリック

3 ［複合グラフの挿入］をクリック

4 ［ユーザー設定の複合グラフを作成する］をクリック

ここでは、［来客数］の系列を［折れ線］に設定する

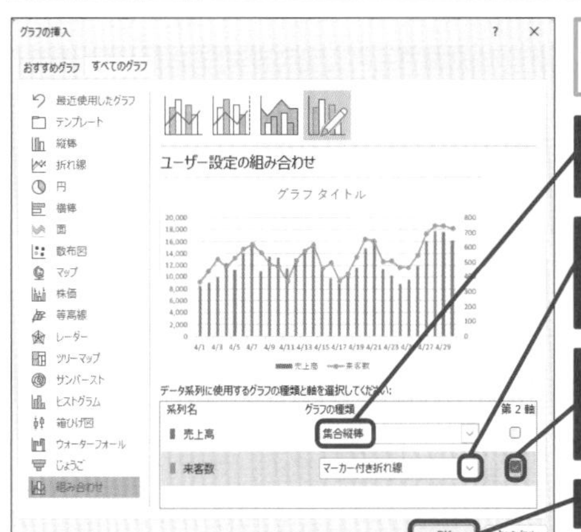

5 ［売上高］が［集合縦棒］になっていることを確認

6 ［来客数］のここをクリックして［マーカー付き折れ線］を選択

7 ［来客数］のここをクリックしてチェックマークを付ける

8 ［OK］をクリック

⚠ ここに注意

Excel 2016で追加されたツリーマップ、サンバースト、ヒストグラム、パレート図、箱ひげ図、ウォーターフォール、およびExcel 2019で追加されたじょうごグラフなどの新しいグラフは、複合グラフにできません。

次のページに続く ➡

2 軸ラベルを追加する

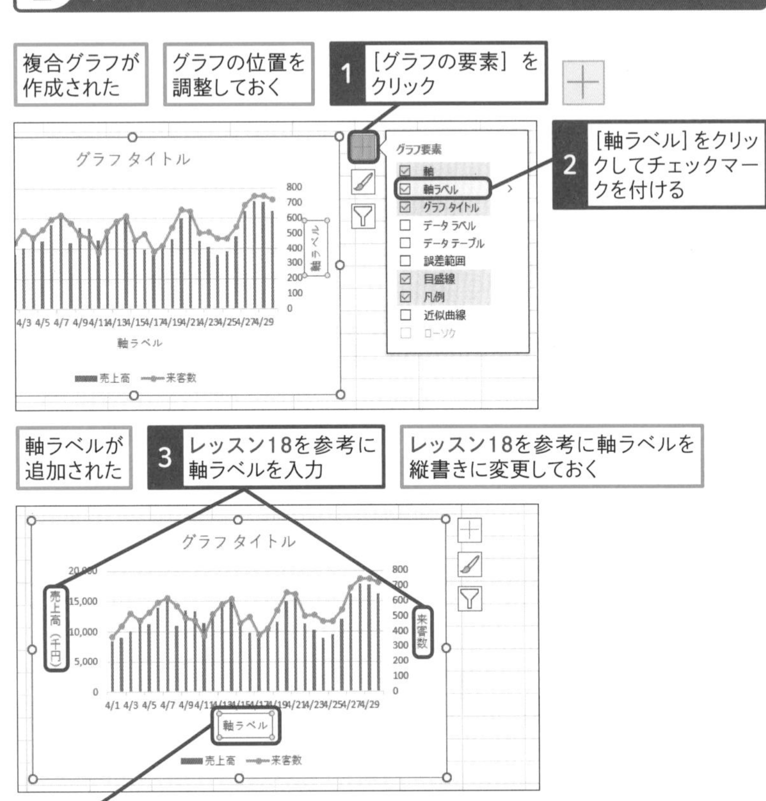

4 横（項目）軸ラベルをクリック

5 Delete キーを押す

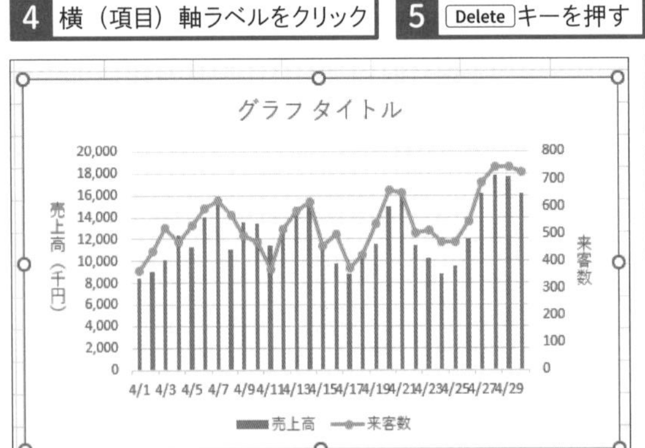

横（項目）軸ラベルが削除された

レッスン03を参考にグラフタイトルを適宜変更しておく

使いこなしのヒント

項目軸に数値を表示するグラフを作成するには

下図のように数値の列が2つある表から棒グラフを作成すると、2系列の棒グラフが作成され、横（項目）軸には便宜的に「1、2、3…」の数値が割り振られます。1列目の数値を横（項目）軸に配置したグラフを作成したい場合は、表の2列目から棒グラフを作成し、後から1列目の数値を横(項目)軸ラベルとして指定します。

「年度」の数値を横（項目）軸に表示する縦棒グラフを作成したい

	A	B	C	D	E	F
1	売上数推移					
2	年度	売上数				
3	2018	1,224				
4	2019	1,338				
5	2020	1,419				
6	2021	1,527				
7	2022	1,633				
8						

表からグラフを作成すると、「年度」も棒グラフになってしまう

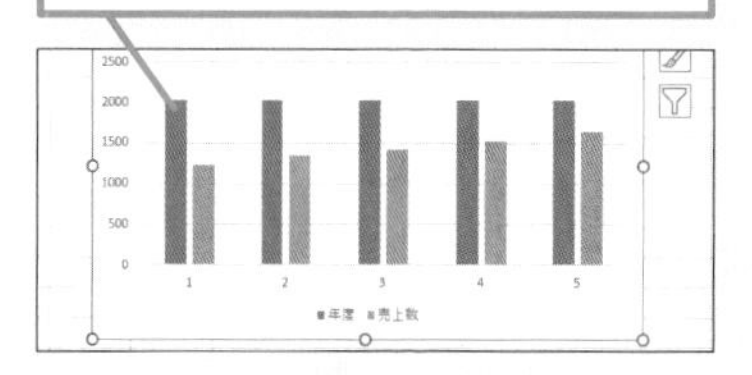

グラフを削除しておく

「年度」以外のセル範囲（ここではセルB2 ～ B7）を選択して縦棒グラフを作成しておく

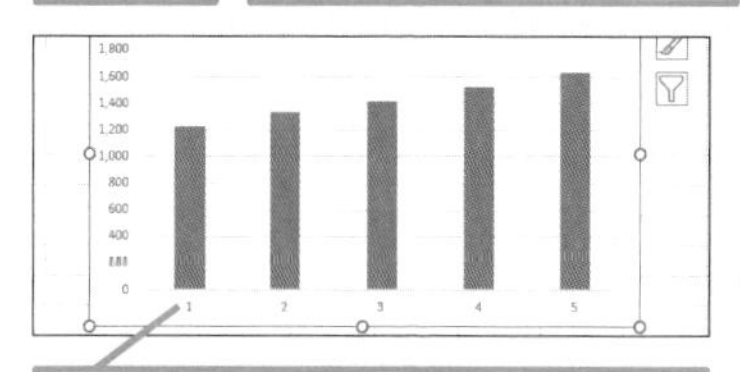

横（項目）軸には自動で「1、2、3…」の数値が振られる

1 グラフエリアを右クリック

2 ［データの選択］をクリック

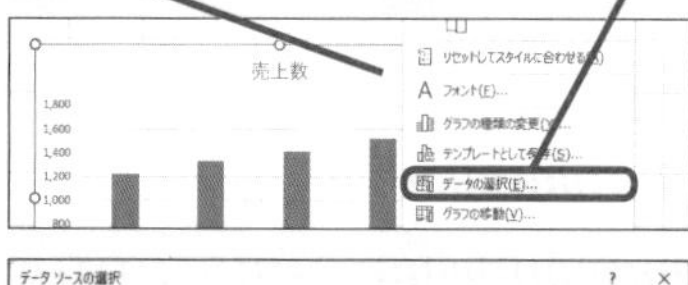

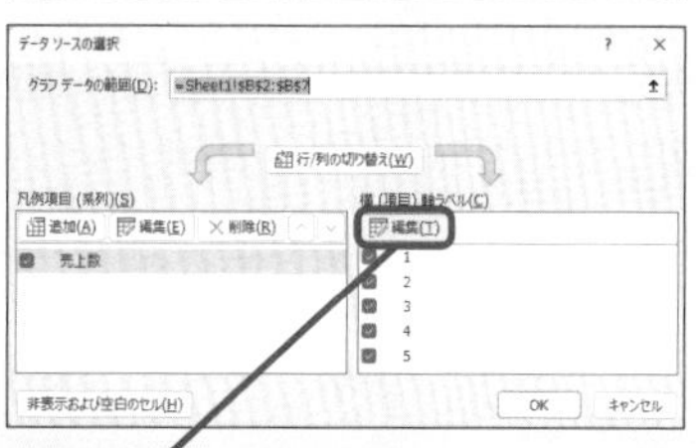

3 ［編集］をクリック

4 セルA3 ～ A7をドラッグ

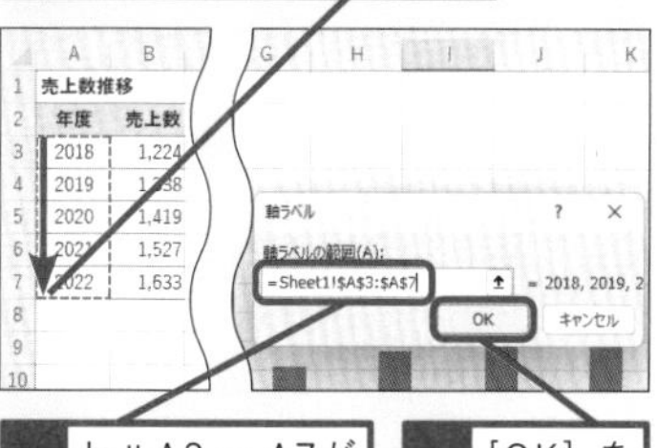

5 セルA3 ～ A7が選択されていることを確認

6 ［OK］をクリック

［データソースの選択］画面で［OK］をクリックしておく

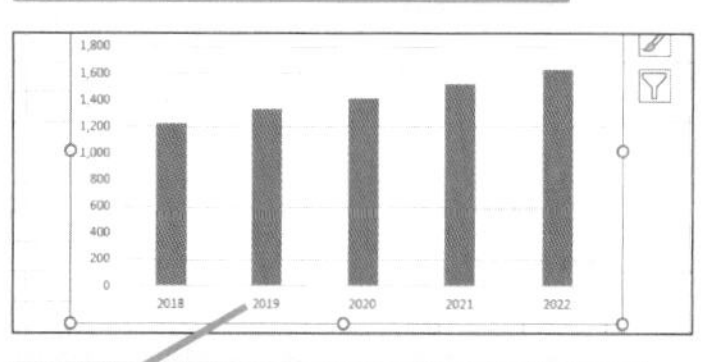

横（項目）軸に年度が表示された

レッスン
35 作成したグラフの種類を保存するには

テンプレートとして保存　練習用ファイル　L35_テンプレートとして保存.xlsx

気に入ったデザインを保存しよう

手間をかけて作成したグラフの設定を、ほかのグラフにも使い回せれば、最初から設定し直さなくても済むため効率的です。グラフの設定を使い回せるようにするには、グラフのデザインを「テンプレート」として登録しましょう。ここでは、レッスン34で作成した縦棒と折れ線の2軸グラフに書式を設定したものを、テンプレートとして登録する方法を紹介します。登録される内容は、グラフの種類、およびグラフ要素の表示・非表示、位置、書式です。テンプレートはパソコンに保存されるため、同じパソコンで作業すれば、あらゆるブックで共通に使えます。使い方も、グラフの作成時にグラフの種類を選ぶだけの簡単な操作です。月次報告書に掲載する売り上げのグラフなど、よく作成するグラフをテンプレートにしておくといいでしょう。

Before

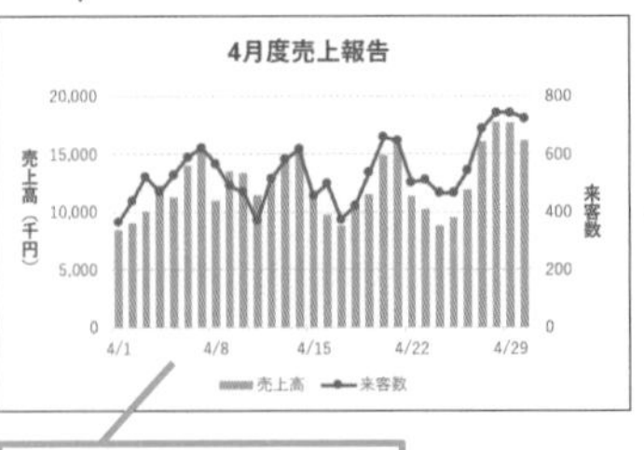

グラフをテンプレートとして保存する

After

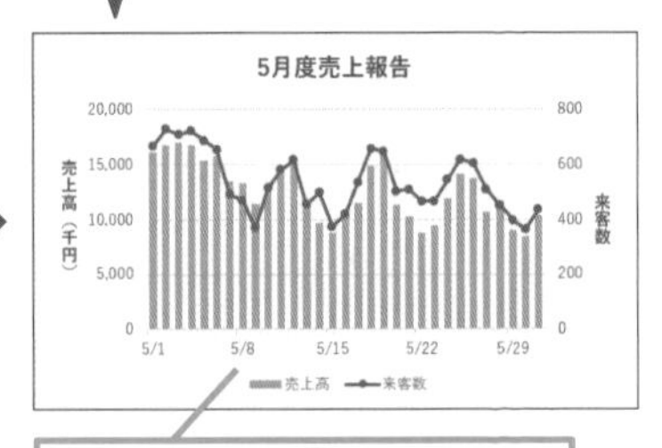

保存したテンプレートを利用すれば、グラフの種類や書式などを別のグラフに反映できる

関連レッスン

レッスン05　グラフの種類を変更するには　P.32

1 グラフのテンプレートを保存する

グラフのデザインをテンプレートとして保存する

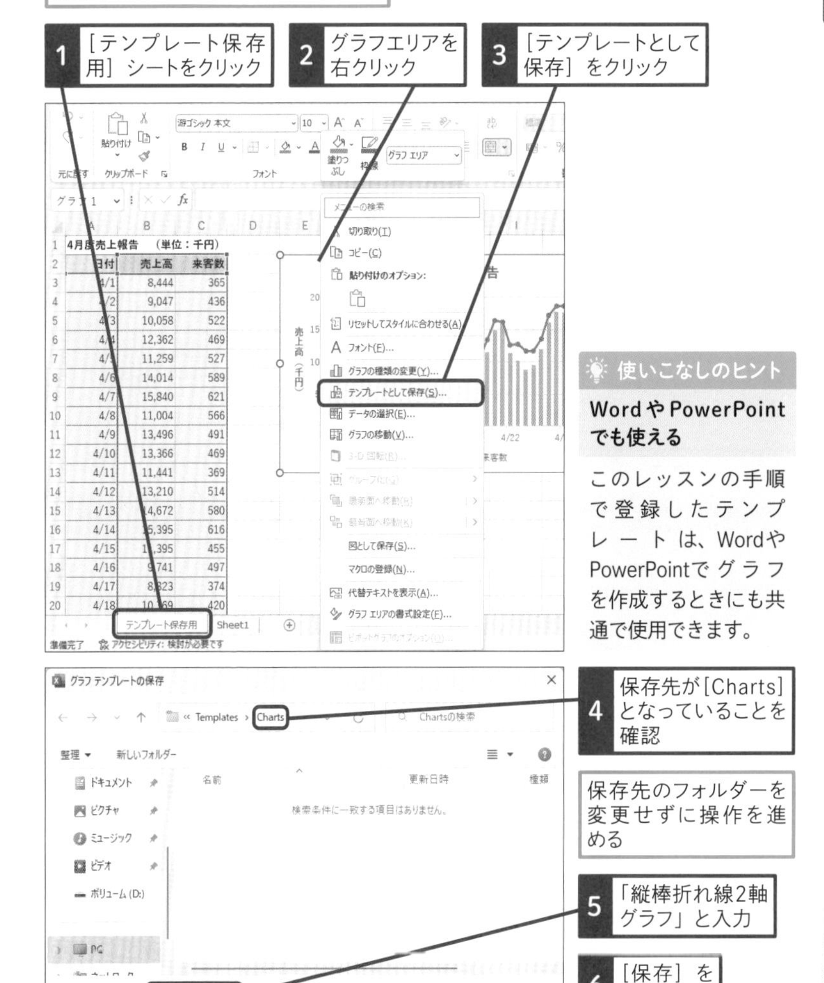

使いこなしのヒント

WordやPowerPointでも使える

このレッスンの手順で登録したテンプレートは、WordやPowerPointでグラフを作成するときにも共通で使用できます。

次のページに続く

2 テンプレートを元にしてグラフを挿入する

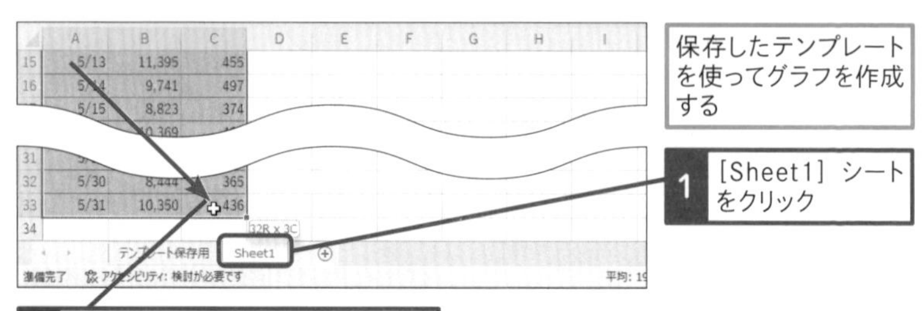

保存したテンプレートを使ってグラフを作成する

1 [Sheet1] シートをクリック

2 セルA2 ～ C33をドラッグして選択

3 [挿入] タブをクリック

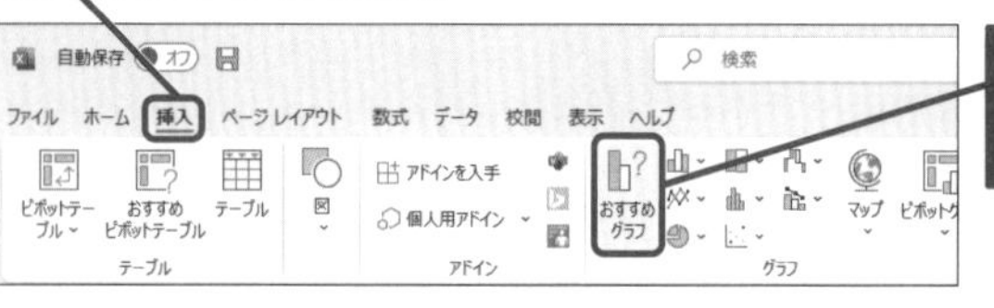

4 [おすすめグラフ] をクリック

おすすめグラフ

[グラフの挿入] ダイアログボックスが表示された

保存したテンプレートを選択する

5 [すべてのグラフ] タブをクリック

6 [テンプレート] をクリック

7 保存済みのテンプレートをクリック

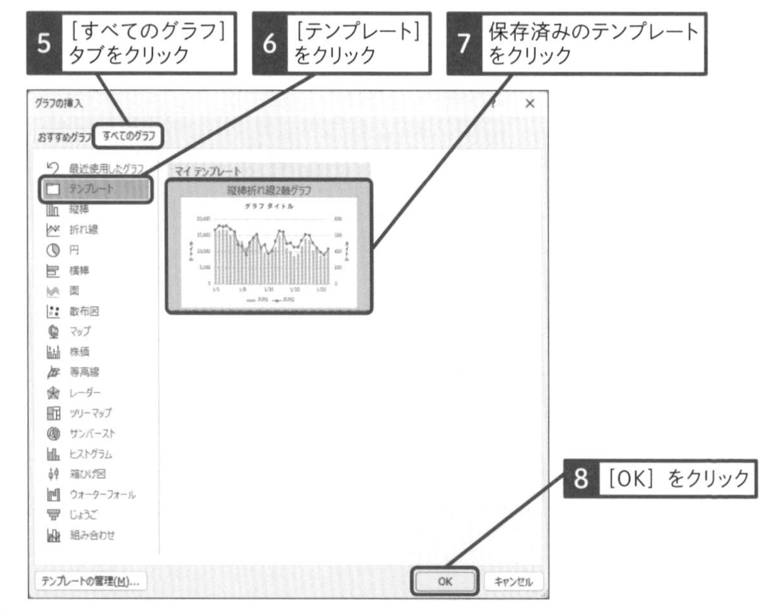

8 [OK] をクリック

● 作成されたグラフを確認する

「縦棒折れ線2軸グラフ」テンプレートを元にグラフが作成された

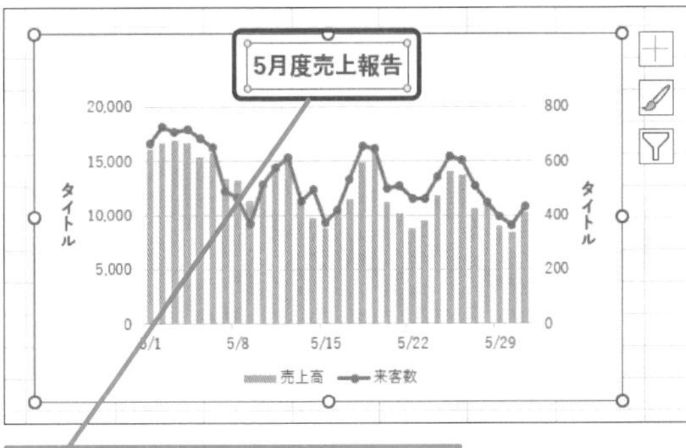

レッスン03を参考にグラフタイトルを適宜変更しておく

使いこなしのヒント

ほかのパソコンでテンプレートを利用するには

同じテンプレートを複数のパソコンで使用したいときは、各パソコンで登録操作を行います。テンプレートとして登録するグラフを含むブックを使い、各パソコンで手順1の操作を行ってください。なお、同じパソコンを複数のユーザーで使用する場合も、ユーザーごとにテンプレートの登録を行います。

使いこなしのヒント

保存したテンプレートを削除するには

手順2の［グラフの挿入］ダイアログボックスの左下にある［テンプレートの管理］ボタンをクリックすると、［Charts］フォルダーに保存されたテンプレートが一覧表示されます。そこから不要なテンプレートを選択して、Deleteキーで削除します。

［グラフの挿入］ダイアログボックスを表示しておく

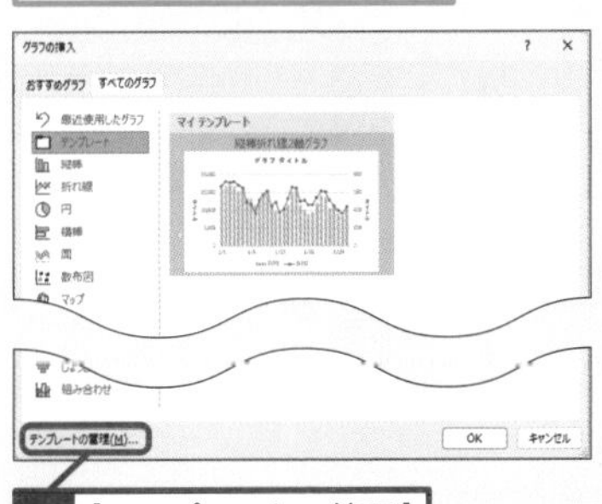

1 ［テンプレートの管理］をクリック

2 削除するテンプレートをクリック

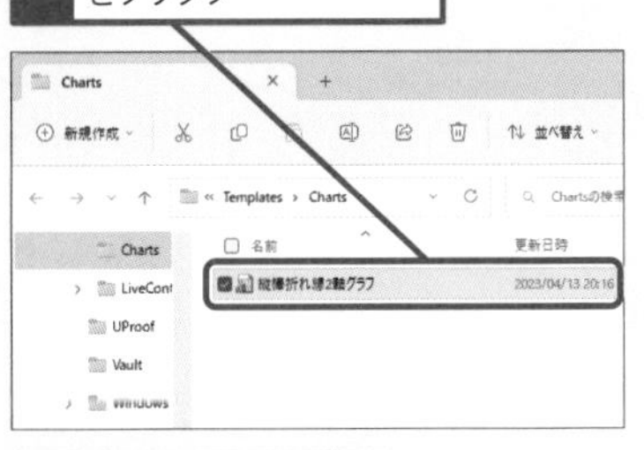

3 Deleteキーを押す

スキルアップ

クリック操作で系列や項目を絞り込める

グラフを選択したときに表示される［グラフフィルター］ボタン（▽）を使用すると、グラフに表示する系列や項目をチェックボックスのクリックで簡単に切り替えられます。例えば、［コーヒー］と［アイスコーヒー］だけにチェックマークを付け、そのほかの系列のチェックマークをはずすと、グラフ上に［コーヒー］と［アイスコーヒー］の折れ線だけが見やすく表示されます。たくさんの中から商品を絞ってデータを分析するときに便利です。

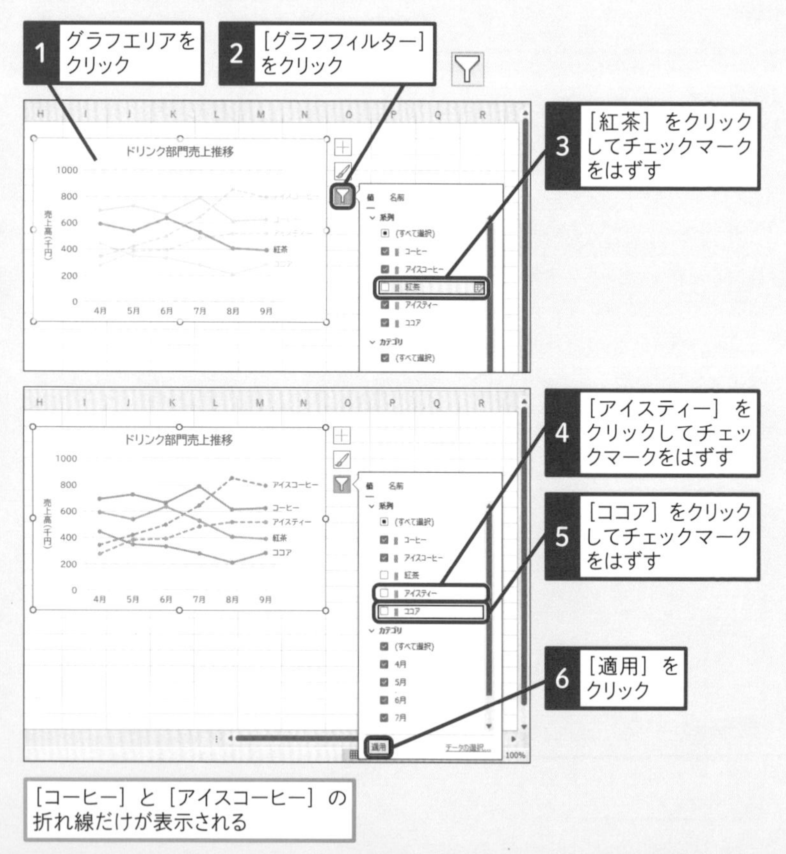

［コーヒー］と［アイスコーヒー］の折れ線だけが表示される

基本編 第4章 元データを編集して思い通りにグラフ化しよう

活用編

第5章

棒グラフで大きさや割合の変化を比較しよう

ここからは活用編として、グラフの種類ごとに、その特徴を生かしたグラフの活用法を紹介します。この章では、数値の大小比較に便利な「集合縦棒グラフ」「集合横棒グラフ」と、割合の変化の比較に便利な「積み上げ棒グラフ」を取り上げます。これらの棒グラフで、より見やすく効果的にデータを比較するためのテクニックを学びましょう。

レッスン

36 棒を太くするには

要素の間隔　練習用ファイル　L36_要素の間隔.xlsx

棒グラフの太さは自由自在

系列が1つしかない縦棒グラフや横棒グラフでは、棒と棒の間隔が空き過ぎて余白が目立ち、寂しい印象になりがちです。そんなときは、棒の太さを太くして、体裁を整えましょう。
棒を太くするには、[要素の間隔] の設定を変更します。[要素の間隔] とは、棒と棒との間隔のことです。間隔を変えることで、結果として棒の太さが変わります。間隔は、0%から500%の範囲で変更できます。既定値は [219%] で、棒の間隔が棒の幅の2.19倍という設定です。この数値を小さくすると棒の間隔が狭くなり、それに連動して棒が太くなります。「0%」にすると棒同士のすき間がなくなります。[要素の間隔] は棒グラフを見ながら簡単に変えられるので、いろいろ試して見栄えのする太さを選びましょう。

Before

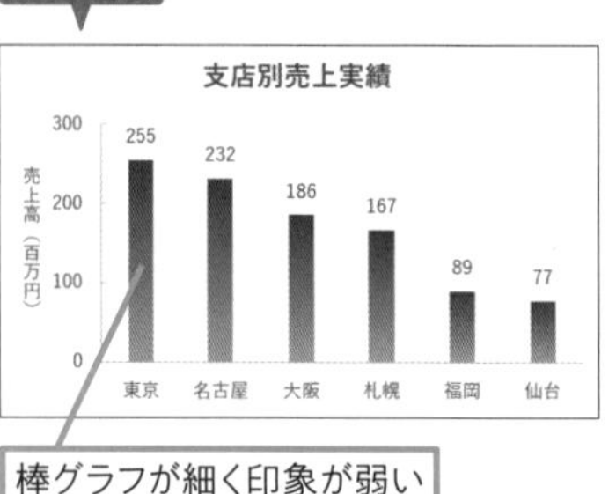

棒グラフが細く印象が弱い

After

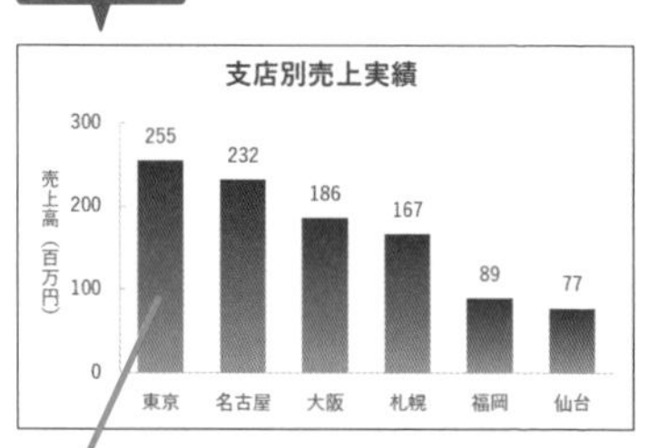

要素の間隔を狭くすることで棒グラフが太くなり、印象が強くなった

関連レッスン

レッスン11	データ系列やデータ要素の色を変更するには	P.52
レッスン12	棒にグラデーションを設定するには	P.56

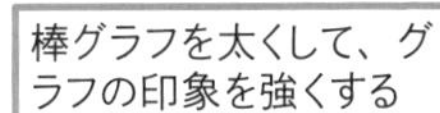

要素の間隔を狭くする

棒グラフを太くして、グラフの印象を強くする

1 [売上] の系列を右クリック

2 [データ系列の書式設定] をクリック

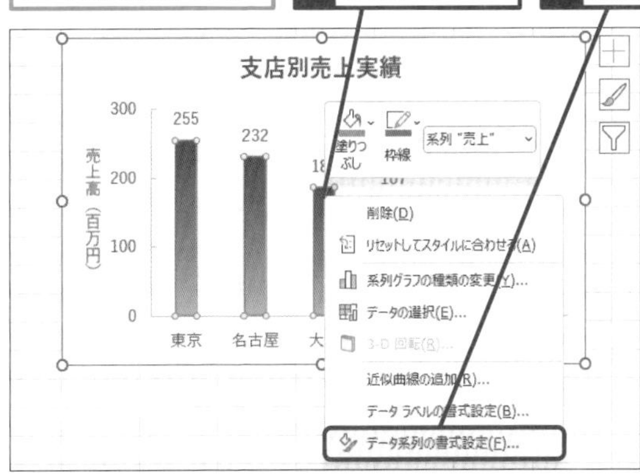

使いこなしのヒント

[要素の間隔] と棒の太さ

[要素の間隔] とは、棒の太さに対する棒の間隔の割合のことです。「0％」にすると、棒の間隔がなくなり、棒が最も太くなります。「500％」にすると、棒の間隔が棒の太さの5倍になり、棒が最も細くなります。

[要素の間隔] を [80%] に設定する

3 [要素の間隔] に「80」と入力

4 [閉じる] をクリック

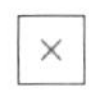

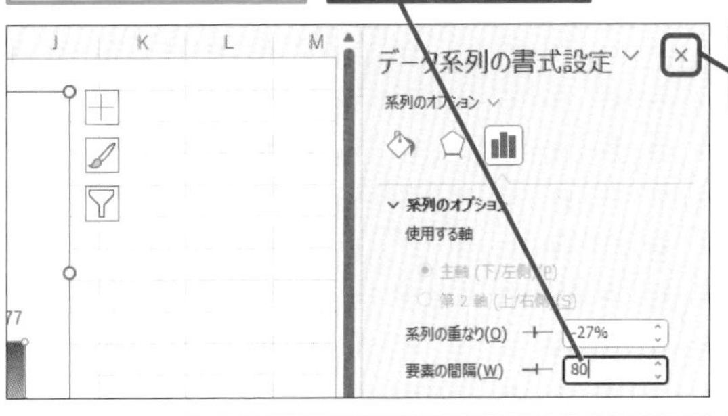

棒グラフが太くなって印象が強くなった

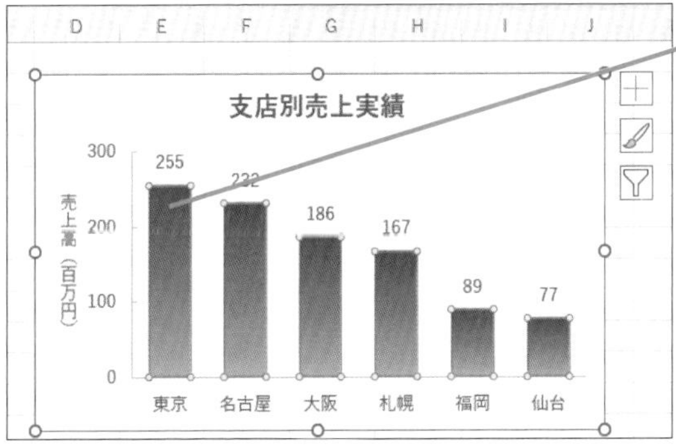

レッスン 37

縦棒グラフに基準線を表示するには

散布図の利用　練習用ファイル　L37_散布図の利用.xlsx

ノルマや目標がひと目で分かる!

「ノルマを設定した営業成績」や「目標を設定した売り上げ」をグラフで表現するとき、グラフ上にノルマや目標を示す「基準線」を引くと、達成か未達成かがひと目で分かります。Excelにはグラフの特定の位置に基準線を引く機能はないので、基準線を引くには工夫が必要です。

このレッスンでは、棒グラフと散布図の複合グラフを利用して、基準線を引く方法を紹介します。散布図はプロットエリアの指定した位置に点を表示するグラフですが、点と点を直線で結ぶ機能があります。これを利用して、プロットエリアに基準線を入れるというわけです。ここでは契約数の目標を70件として、縦棒グラフの「70」の位置に基準線を入れます。元表の目標の数値を変更すると、グラフの基準線の位置も自動的に変わります。手順は少々複雑ですが、一度作ってしまえば使い回しが利くので、図形を利用して手動で直線を引くより断然便利です。

Before

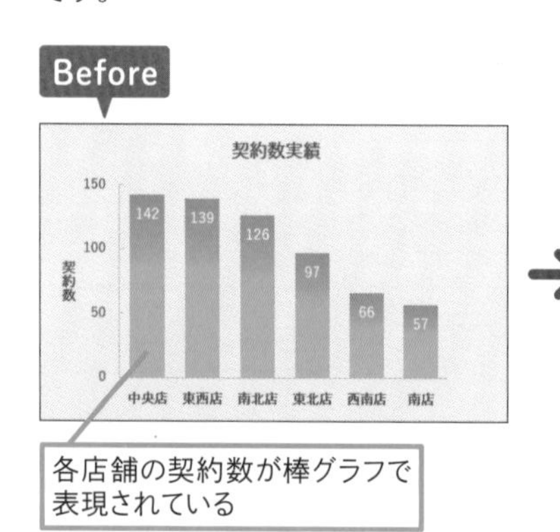

各店舗の契約数が棒グラフで表現されている

After

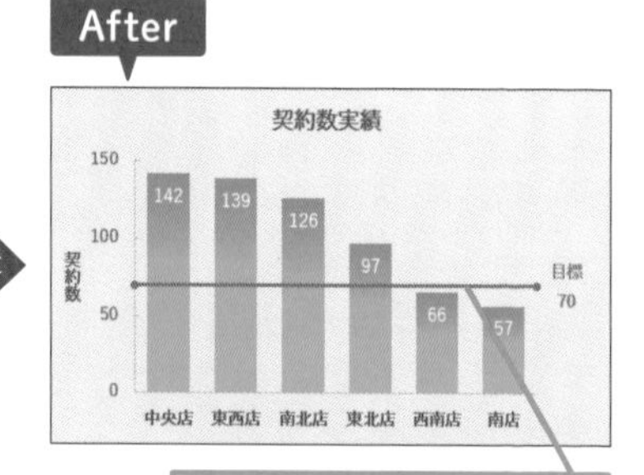

横線を引くと目標を達成した店舗がすぐに分かる

1 基準線を表示する

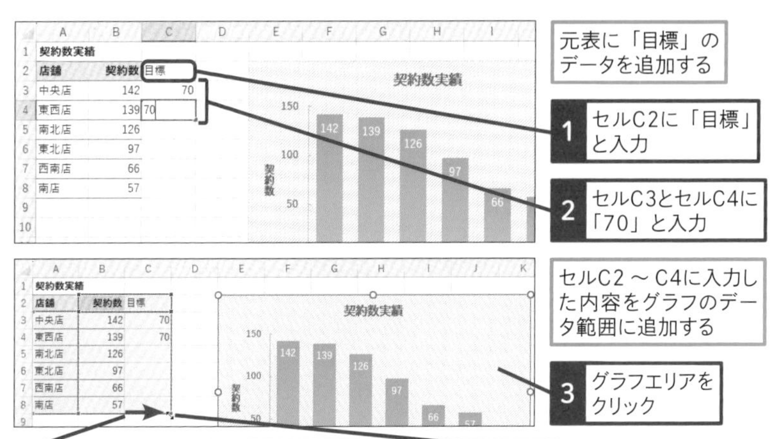

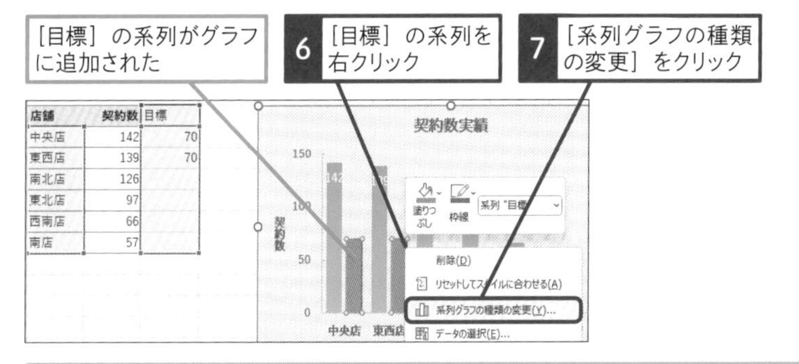

使いこなしのヒント

「目標70」のデータラベルを追加するには

前ページの［After］のグラフには散布図の右側のマーカーに「目標70」と書かれたデータラベルが配置されています。このようなデータラベルを配置するには、右側のマーカーをゆっくり2回クリックして選択し、レッスン20を参考にデータラベルを追加し、［データラベルの書式設定］作業ウィンドウで右のように設定します。

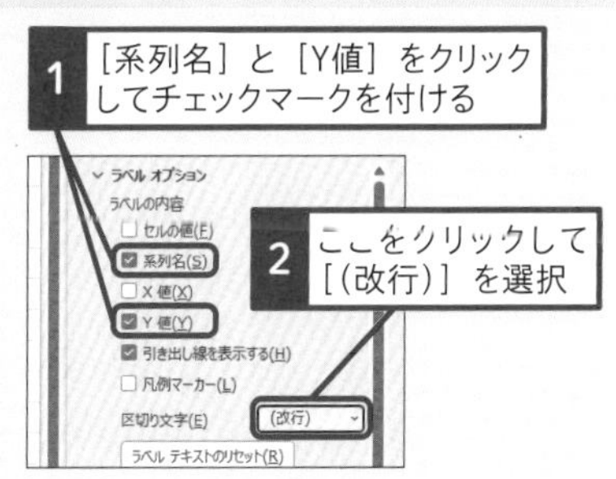

次のページに続く

● グラフの種類を変更する

8 [目標] の [集合縦棒] をクリック

[目標] の系列とマーカーを [散布図 (直線とマーカー)] に設定する

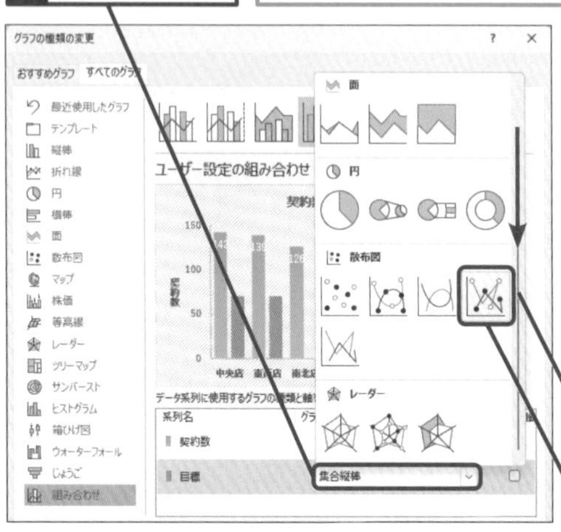

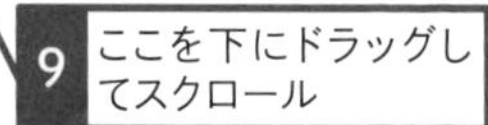

9 ここを下にドラッグしてスクロール

10 [散布図 (直線とマーカー)] をクリック

[目標] の [第2軸] にチェックマークが付いていることを確認しておく

11 [OK] をクリック

> **使いこなしのヒント**
> **C列を非表示にしたいときは**
> C列を非表示にすると、グラフから基準線が消えてしまいます。C列を非表示にする場合は、レッスン30を参考に、非表示のデータをグラフに表示する設定を行います。

2 基準線の設定を変更する

[目標] の系列が散布図 (直線とマーカー) で表示された

1 第2軸横 (値) 軸を右クリック

2 [軸の書式設定] をクリック

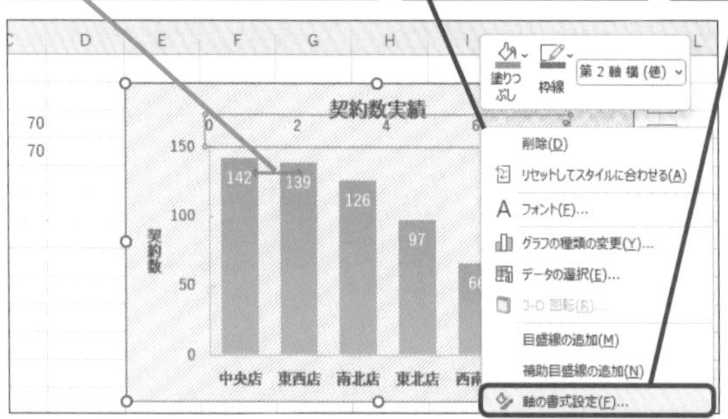

> **ここに注意**
> 手順1の操作10で選択するグラフの種類を間違えたまま [OK] ボタンをクリックしてしまった場合は、手順1の操作6からやり直しましょう。

活用編 第5章 棒グラフで大きさや割合の変化を比較しよう

● 第2軸横（値）軸の最大値と最小値を設定する

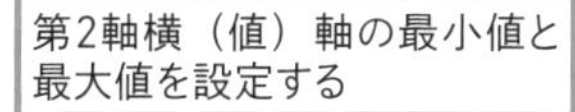

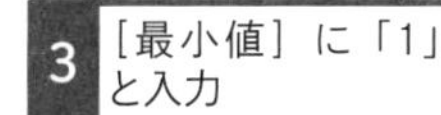

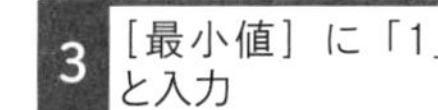

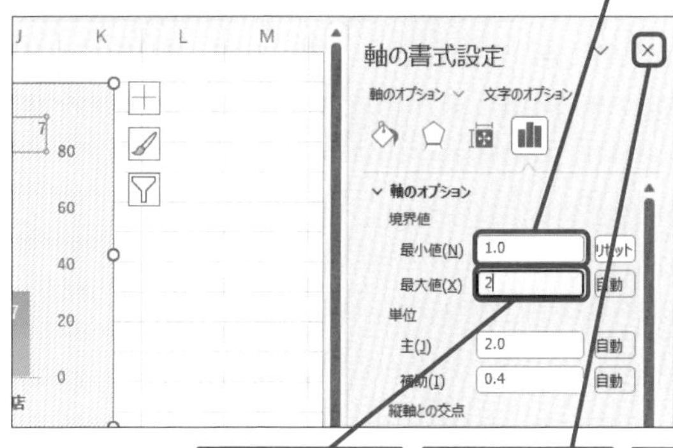

4 ［最大値］に「2」と入力

5 ［閉じる］をクリック

［目標］の系列がグラフの横幅いっぱいに広がった

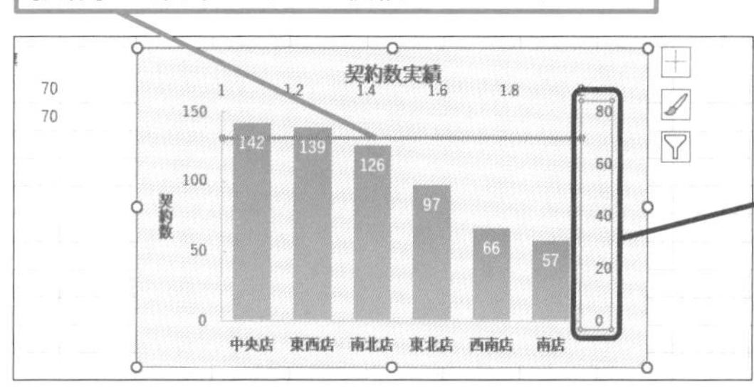

第2軸縦（値）軸を削除する

6 第2軸縦（値）軸をクリック

7 Delete キーを押す

［目標］の系列が縦（値）軸の「70」の位置に移動した

第2軸横（値）軸を削除する

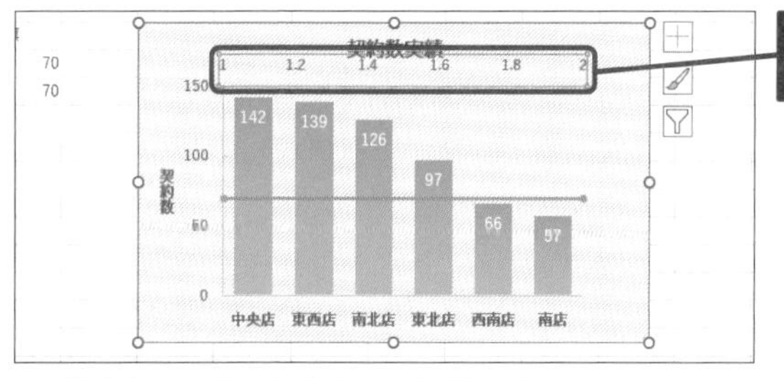

8 第2軸横（値）軸をクリック

9 Delete キーを押す

データラベルを追加しておく

使いこなしのヒント

契約数の棒と目標のラインの位置を合わせる

手順2の操作7で第2軸縦（値）軸を削除すると、グラフ上の縦（値）軸が1本だけになります。［契約数］と［目標］の系列が共通の縦（値）軸を使うことで目標のラインが契約数の「70」の位置に移動します。元表のセルC3～C4の数値を変更すると、自動的にラインの位置が変わるようになっています。

レッスン
38 横棒グラフの項目の順序を表と一致させるには

軸の反転　練習用ファイル　L38_軸の反転.xlsx

横棒グラフは項目の並び順に注意!

項目名を縦に並べた表から横棒グラフを作成すると、下の［Before］のようにグラフの項目名の順序が反対になるという困った現象が起こります。通常、項目名は「原点」に近い方から遠い方に向かって配置されます。原点とは、縦軸と横軸の交わる点で、プロットエリアの左下角にあります。そのため、下から上に向かって項目が配置されてしまうのです。表とグラフを並べて印刷するときに、順序が逆だと不自然です。グラフの項目名を表と同じ順序にしましょう。項目名の並びを逆にするには、［軸を反転する］の機能を使用します。ただし、縦（項目）軸を反転すると、同時に横（値）軸がプロットエリアの上端に移動してしまうので、ここではそれを防ぐ方法も併せて紹介します。

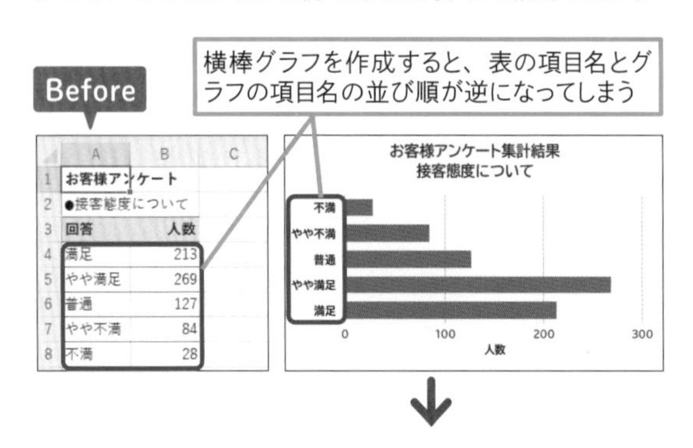

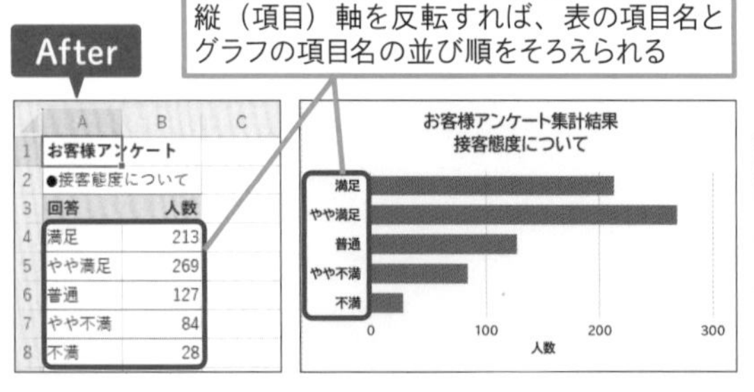

関連レッスン

レッスン39
グラフの積み上げの順序を変えるには
P.146

1 縦（項目）軸を反転する

グラフの縦（項目）軸の設定を変更する

1 縦（項目）軸を右クリック

2 ［軸の書式設定］をクリック

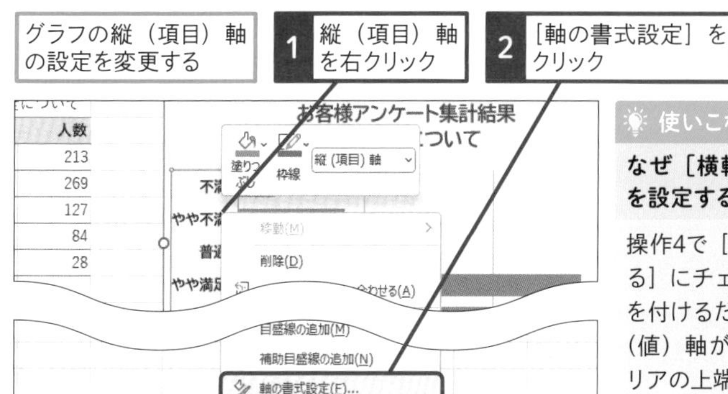

［軸の書式設定］作業ウィンドウが表示された

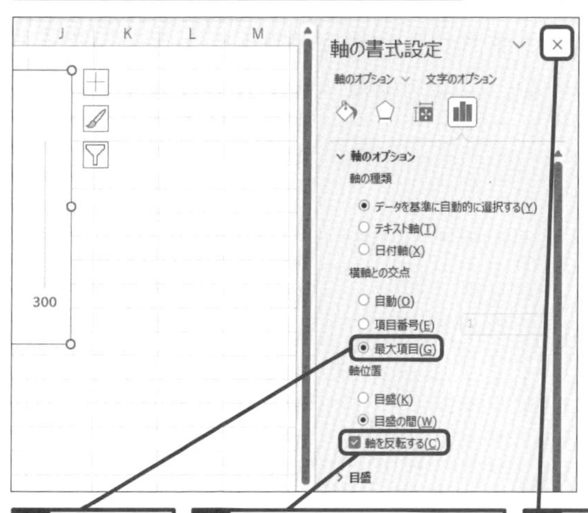

3 ［最大項目］をクリック

4 ［軸を反転する］をクリックしてチェックマークを付ける

5 ［閉じる］をクリック

お客様アンケート集計結果
接客態度について

人数
213
269
127
84
28

満足
やや満足
普通
やや不満
不満

0　100　200　300

縦（項目）軸が反転された

使いこなしのヒント

なぜ［横軸との交点］を設定するの?

操作4で［軸を反転する］にチェックマークを付けるだけだと、横（値）軸がプロットエリアの上端に移動します。これは、［横軸との交点］の既定値が［自動］で、先頭項目の［満足］の側に横軸が配置されるからです。設定を［最大項目］に変更すると、横軸が最後の項目の［不満］側に移動します。

レッスン
39 グラフの積み上げの順序を変えるには

系列の移動　練習用ファイル　L39_系列の移動.xlsx

積み上げの順序を表と一致させて混乱を防ぐ

系列名が縦に並ぶ表から積み上げ縦棒グラフを作成すると、表の項目とグラフの積み上げの順序が上下逆になります。これは、表をグラフ化するときに、表の上の行から順に第1系列、第2系列、というように系列が割り振られることが原因です。［Before］の積み上げグラフを見てください。第1系列から順に、下から上に向かって系列が積まれたので、元表と順序が逆になっています。表とグラフを並べて表示すると混乱するので、順序をそろえておきましょう。残念ながら「ボタン1つで系列の順序を逆にする」という機能はありません。しかし、［データソースの選択］ダイアログボックスで系列の順序を1つずつ入れ替えられます。積み上げグラフに限らず、集合縦棒、横棒、面、ドーナツと、複数系列を持つグラフで系列の順序を変えたいときに共通のテクニックなので、覚えておくと重宝します。

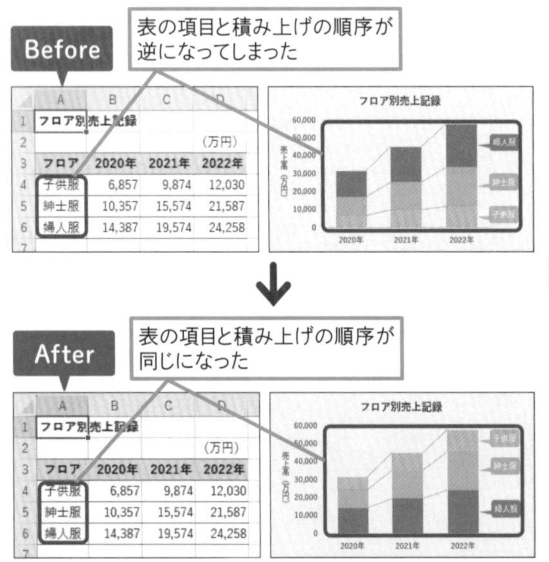

関連レッスン

レッスン20
グラフ上に元データの数値を表示するには P.84

レッスン38
横棒グラフの項目の順序を表と一致させるには P.144

1 系列の順序を変更する

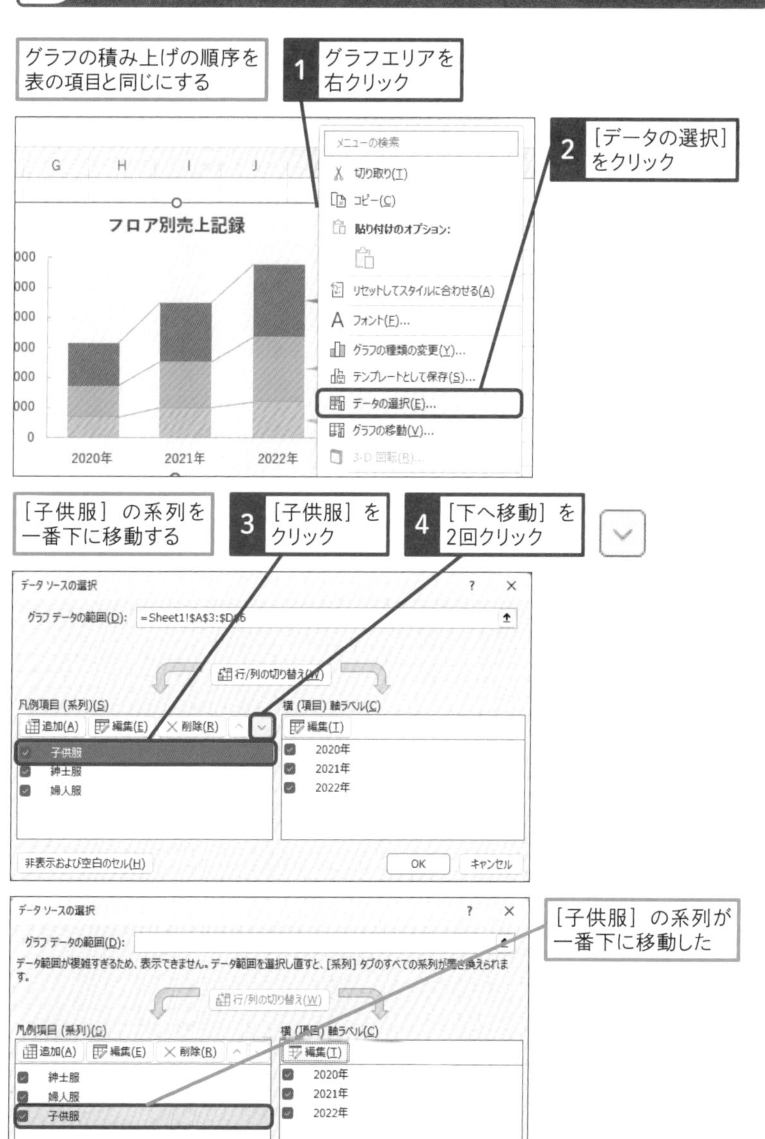

次のページに続く

● [婦人服] の系列の順序を変更する

[婦人服] の系列を一番上に移動する

5 [婦人服] をクリック

6 [上へ移動] をクリック

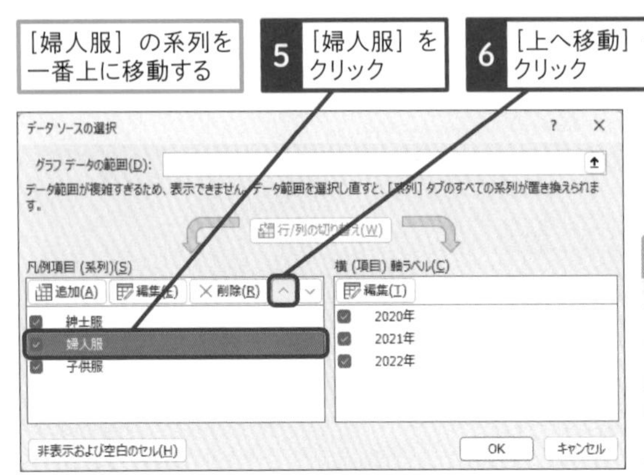

[婦人服] の系列が一番上に移動した

7 [OK] をクリック

グラフの積み上げの順序が表の項目と同じになった

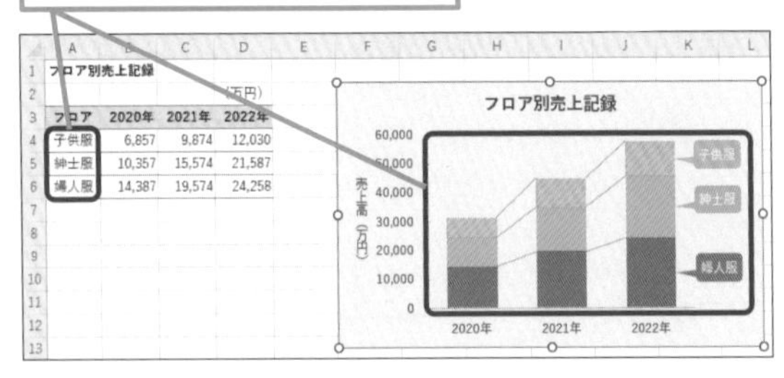

⚠ ここに注意

違う系列を下に移動してしまった場合は、[上へ移動] ボタン (^) をクリックして系列の順序を元に戻します。

使いこなしのヒント

3-Dグラフの手前と奥の系列の入れ替えにも利用できる

系列の順序を入れ替えるテクニックは、複数の系列を持つさまざまなグラフで使えます。3-D縦棒グラフや3-D面グラフでは、手前の系列と奥の系列が入れ替わります。奥のグラフが手前のグラフで隠れるときに、系列を入れ替えるとグラフが見やすくなります。

手前の棒が邪魔で、奥の棒が見にくい

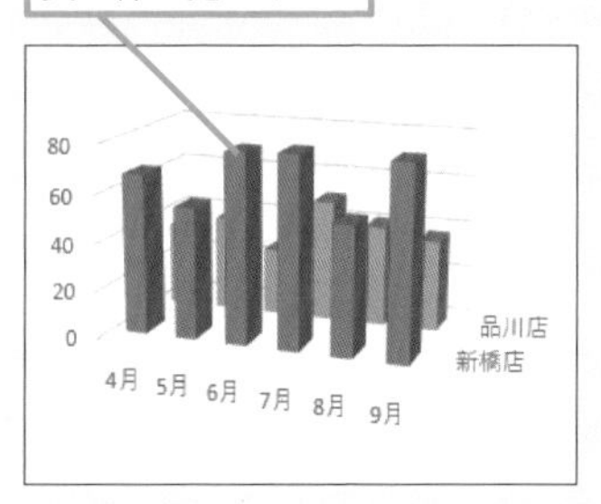

系列を入れ替えればグラフが見やすくなる

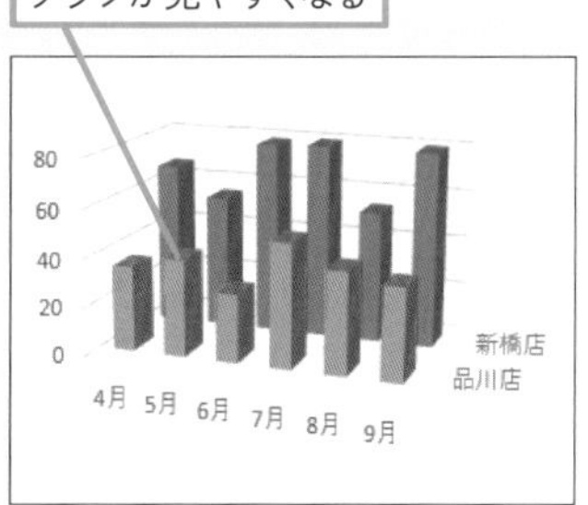

使いこなしのヒント

SERIES関数を使用して系列の順序を入れ替える

グラフのデータ系列は、「SERIES関数」という関数で定義されます。

=SERIES(系列名,項目名,系列値,順序)（SERIES：シリーズ）

グラフ上で系列を選択すると、数式バーにSERIES関数の数式が表示されます。その4番目の引数［順序］の数値を変更すると、系列の順序を変えられます。［順序］の値は、積み上げの下から上に向かって「1､2､3」となります。1つの系列で［順序］を変更すると、ほかの系列の［順序］も自動で繰り上げ／繰り下げが行われます。

1 ［婦人服］系列をクリック

2 「3」を「1」に変更

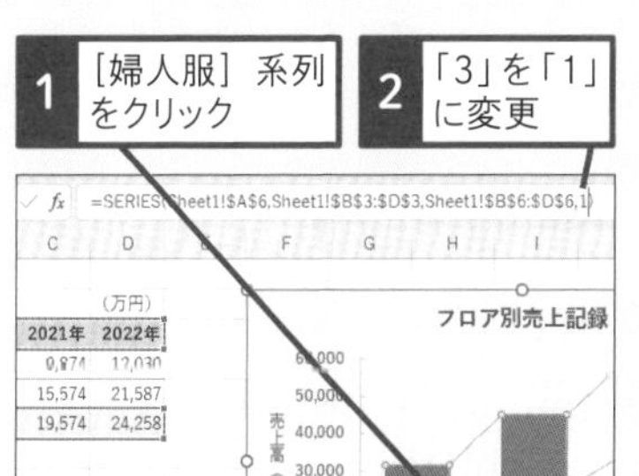

3 Enter キーを押す

［婦人服］系列が1番下に移動した

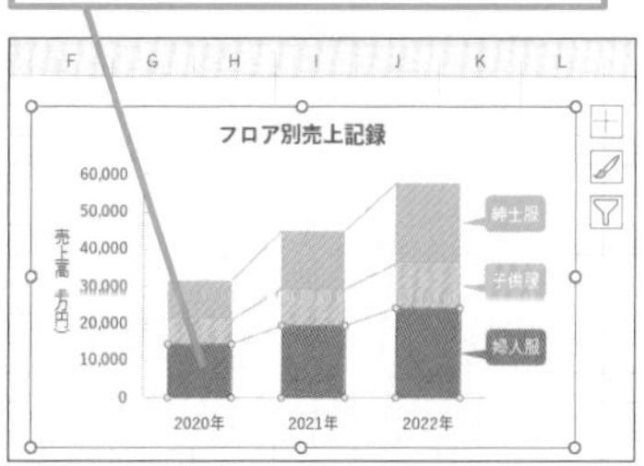

レッスン 40 積み上げ縦棒グラフに合計値を表示するには

積み上げ縦棒の合計値　練習用ファイル　L40_積み上げ縦棒の合計値.xlsx

折れ線グラフを使って合計を表示するワザ

積み上げ縦棒グラフにデータラベルを追加すると、各要素に元データの数値を表示できますが、全体の合計値は表示されません。合計値を表示するには、グラフ自体に合計値の情報を組み込む必要があります。そのようなときは、元表にある［合計］の系列をグラフに追加するといいでしょう。ただし、そのままでは［合計］の系列が棒の上に積み重なるため、合計値の配置が不自然になります。そこで、［合計］の棒を透明にし、縦（値）軸の最大値を元の数値に戻して見た目を整えます。個々のデータとともに全体の大きさを伝えられるのが、積み上げグラフのメリットです。合計値を表示して、さらに伝わるグラフにしましょう。

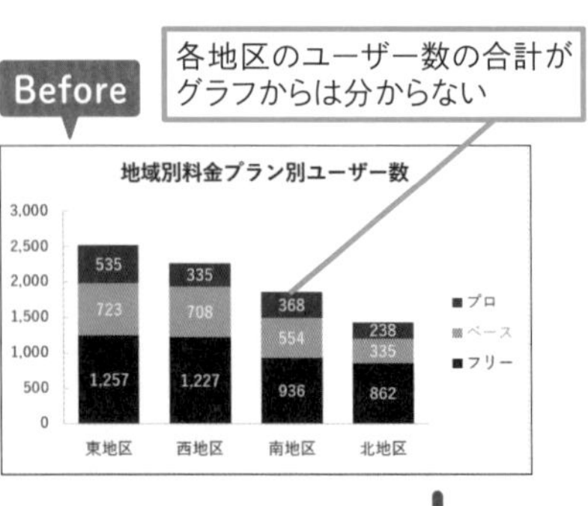

関連レッスン

レッスン20
グラフ上に元データの数値を表示するには P.84

レッスン26
グラフのデータ範囲を変更するには P.106

After

［合計］列をグラフのデータ範囲に追加して折れ線グラフのデータラベルを追加する

各地区のユーザー数の合計がすぐに分かる

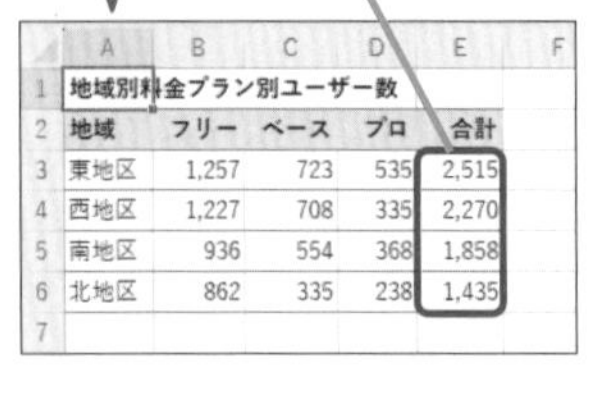

	A	B	C	D	E	F
1	地域別料金プラン別ユーザー数					
2	地域	フリー	ベース	プロ	合計	
3	東地区	1,257	723	535	2,515	
4	西地区	1,227	708	335	2,270	
5	南地区	936	554	368	1,858	
6	北地区	862	335	238	1,435	
7						

地域別料金プラン別ユーザー数

3,000
2,500
2,000
1,500
1,000
500
0

1,858　2,515　2,270　1,435

535 723 1,257 ／ 335 708 1,227 ／ 368 554 936 ／ 238 335 862

■プロ　■ベース　■フリー

東地区　西地区　南地区　北地区

1 ［合計］の系列を追加する

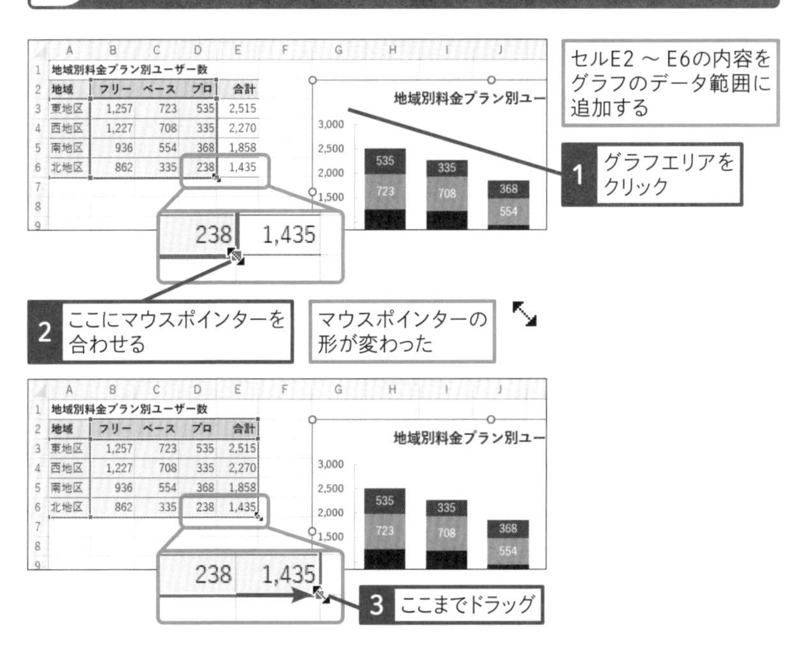

2 ［合計］の系列の見た目を整える

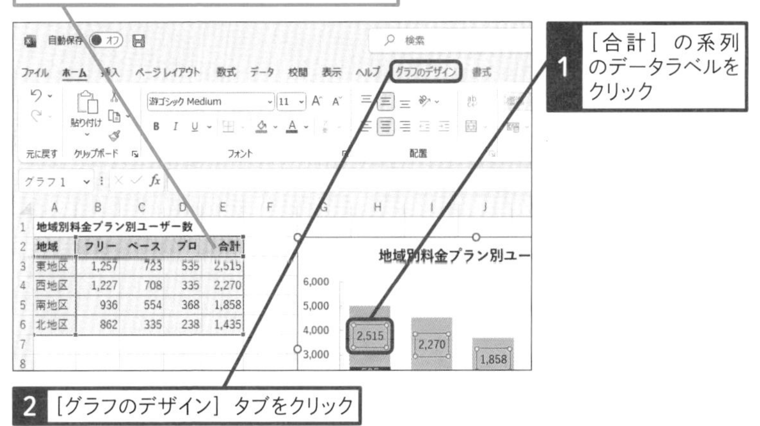

次のページに続く

● データラベルの配置を選択する

［合計］の系列のデータラベルを下方向に移動する

3 ［グラフ要素を追加］をクリック

4 ［データラベル］をクリック

5 ［内側軸寄り］をクリック

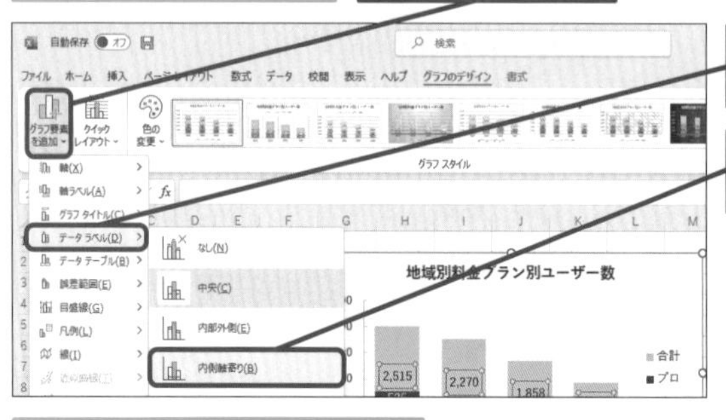

データラベルが下方向に移動した

6 ［合計］の系列をクリック

7 ［書式］タブをクリック

8 ［図形の塗りつぶし］のここをクリック

9 ［塗りつぶしなし］をクリック

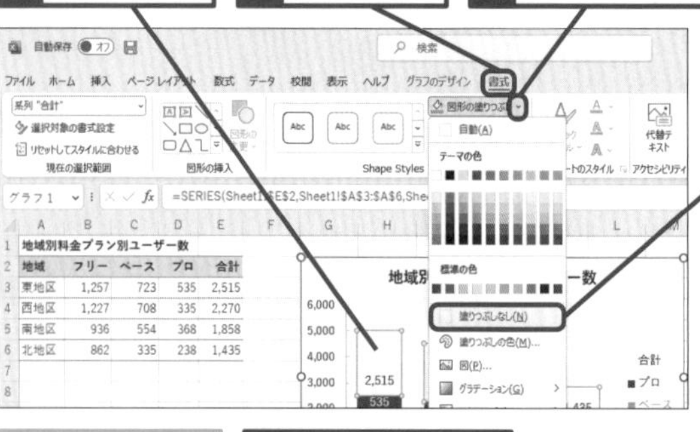

地域	フリー	ベース	プロ	合計
東地区	1,257	723	535	2,515
西地区	1,227	708	335	2,270
南地区	936	554	368	1,858
北地区	862	335	238	1,435

［合計］の系列が透明になった

10 ［縦（値）軸］を右クリック

11 ［軸の書式設定］をクリック

使いこなしのヒント

積み上げ横棒グラフにも応用できる

このレッスンの手順は、積み上げ横棒グラフにも使用できます。

積み上げ横棒グラフでも、同様に合計値を表示できる

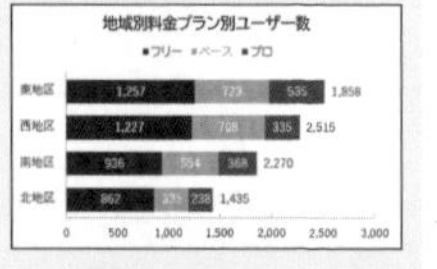

● 縦（値）軸の最大値を入力する

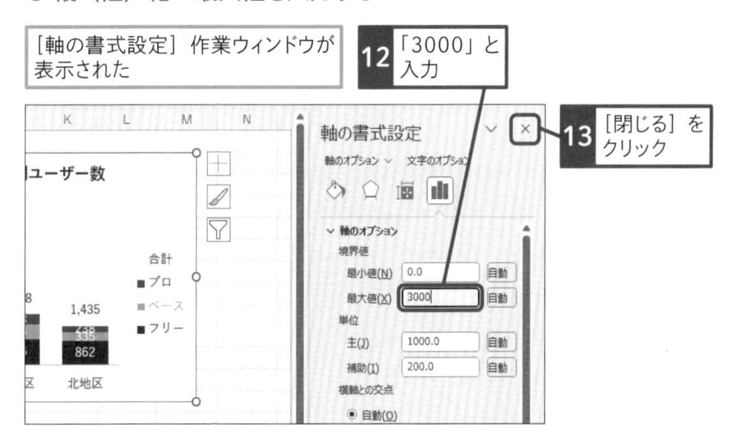

3 凡例から「合計」を削除する

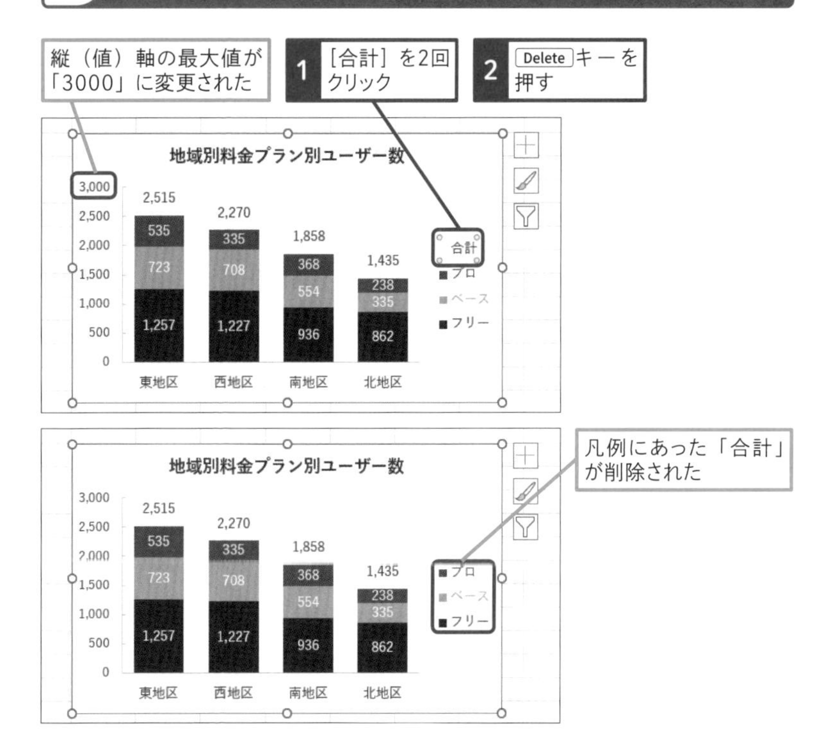

レッスン

41 上下対称グラフを作成するには

上下対称グラフ　　練習用ファイル　L41_上下対称グラフ.xlsx

上下に並べれば売り上げと経費が一目瞭然

「売り上げ」と「経費」や「収入」と「支出」のように正反対の意味を持つ2種類の数値は、上下対称のグラフで表すと正負の関係を強調できます。例えば下の［Before］の表には、売り上げと経費のデータが入力されています。この表から下のグラフのように、売り上げの棒を青色で上方向に、経費の棒を赤色で下方向に伸ばすグラフを作れば、同じ月の売り上げと経費を対比させやすくなります。［Before］の表を元に上下対称グラフを作成するのは非常に困難ですが、経費を負数に変換すると、驚くほど簡単に上下対称グラフを作成できます。まず、［Before］の表を［After］の表のように修正し、正と負の数値が混じった表から積み上げ縦棒グラフを作成しましょう。すると、正数の棒は上、負数の棒は下に伸びて自動的に上下対称グラフの体裁になります。後は目盛りに振られた負数を正数に見えるよう設定すれば完成です。

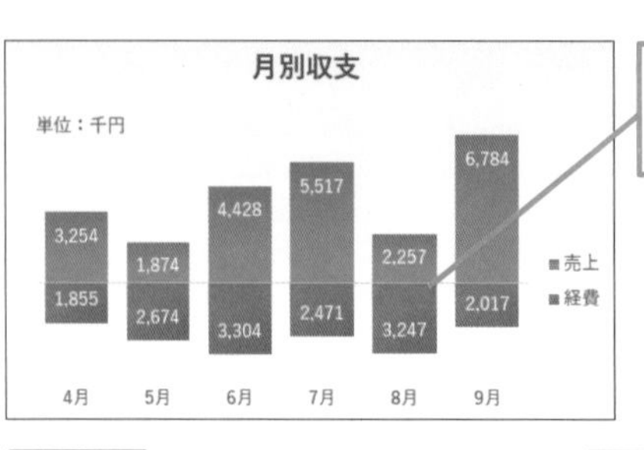

売り上げに対して経費がどれくらいかかっているかを上下対称で比較できる

売り上げと経費を比較するために、経費のデータを負数で入力する

Before

	A	B	C	D	E
1	月別収支				
2			(千円)		
3	月	売上	経費		
4	4月	3,254	1,855		
5	5月	1,874	2,674		
6	6月	4,428	3,304		
7	7月	5,517	2,471		
8	8月	2,257	3,247		
9	9月	6,784	2,017		

→

After

	A	B	C	D	E
1	月別収支				
2			(千円)		
3	月	売上	経費	経費	
4	4月	3,254	1,855	-1,855	
5	5月	1,874	2,674	-2,674	
6	6月	4,428	3,304	-3,304	
7	7月	5,517	2,471	-2,471	
8	8月	2,257	3,247	-3,247	
9	9月	6,784	2,017	-2,017	

1 経費を負数で表示する

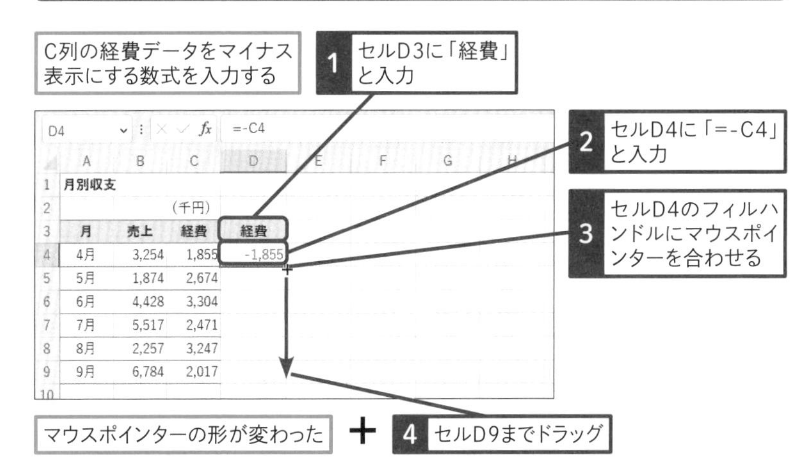

2 積み上げ縦棒グラフを作成する

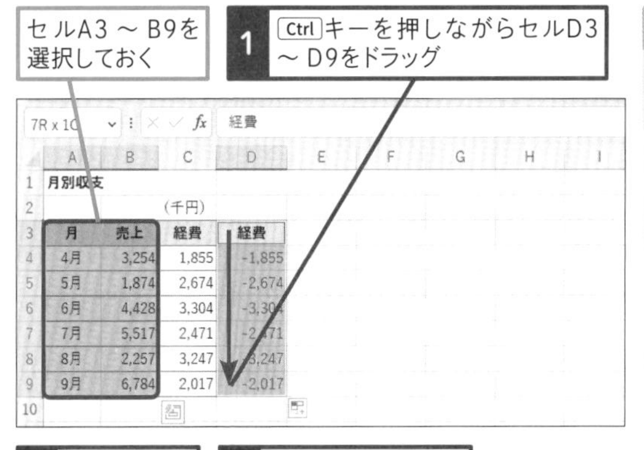

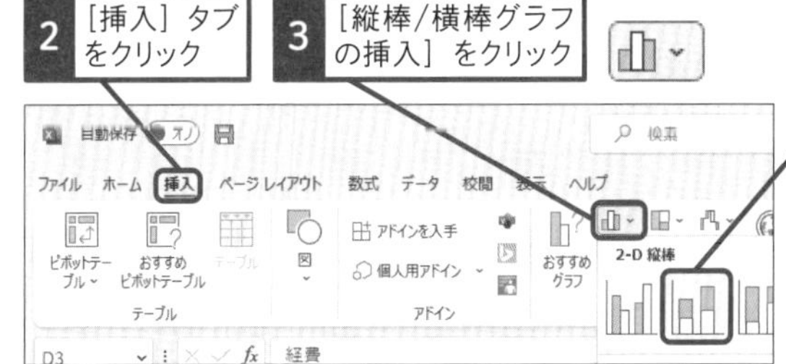

使いこなしのヒント

D列を非表示にしたいときは

D列を非表示にすると、グラフから経費の棒が消えてしまいます。その場合、レッスン30を参考に、非表示のデータをグラフに表示するように設定しましょう。

次のページに続く

● 挿入されたグラフを確認する

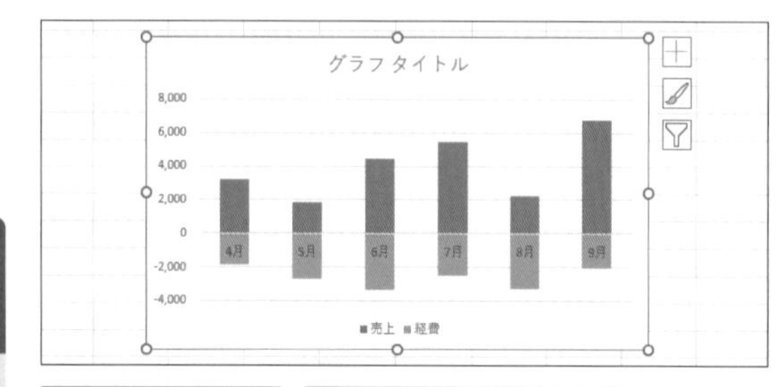

グラフが挿入された

5 グラフエリアをクリック

6 [クイックレイアウト]をクリック

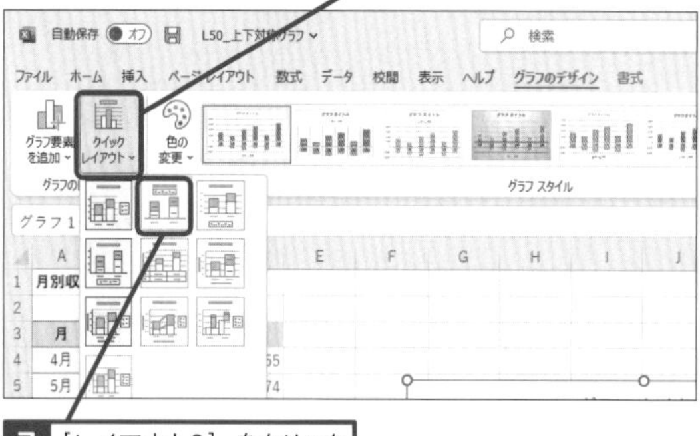

7 [レイアウト2] をクリック

使いこなしのヒント

項目名とデータラベルの重なりを解消する

手順2操作7で［レイアウト2］を設定するとグラフにデータラベルが追加されますが、[経費］系列のデータラベルが横（項目）軸の「4月」「5月」などの項目名と重なって見づらくなります。そこで、手順3で横（項目）軸の項目名がグラフの下端に移動されるように設定します。

3 目盛りに振られた負数を正数で表示する

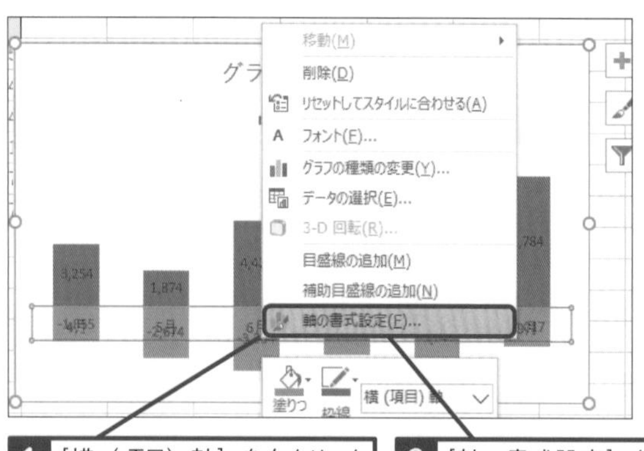

縦（値）軸と目盛り線が削除され、データラベルが表示された

1 ［横（項目）軸］を右クリック

2 ［軸の書式設定］をクリック

● 横（項目）軸の位置を選択する

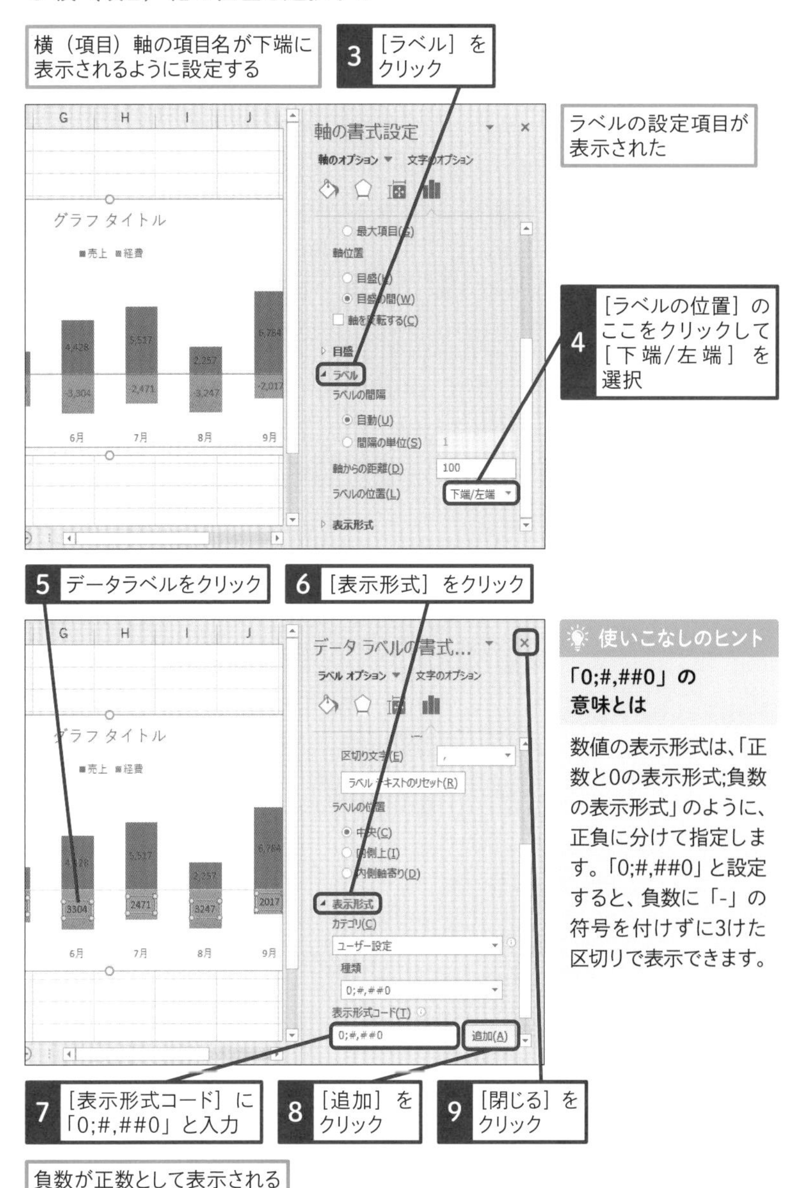

使いこなしのヒント

「0;#,##0」の意味とは

数値の表示形式は、「正数と0の表示形式;負数の表示形式」のように、正負に分けて指定します。「0;#,##0」と設定すると、負数に「-」の符号を付けずに3けた区切りで表示できます。

スキルアップ

区分線でデータの変化を強調できる

積み上げグラフに「区分線」を表示すると、データの変化が分かりやすくなります。例えば下図のグラフの場合、各商品の売り上げが順調に伸びている中で、とりわけ「ケーキ」の伸びが好調であることを把握できます。なお、挿入した区分線は、［書式］タブにある［図形の枠線］ボタンを使用して、色や線種を変更できます。

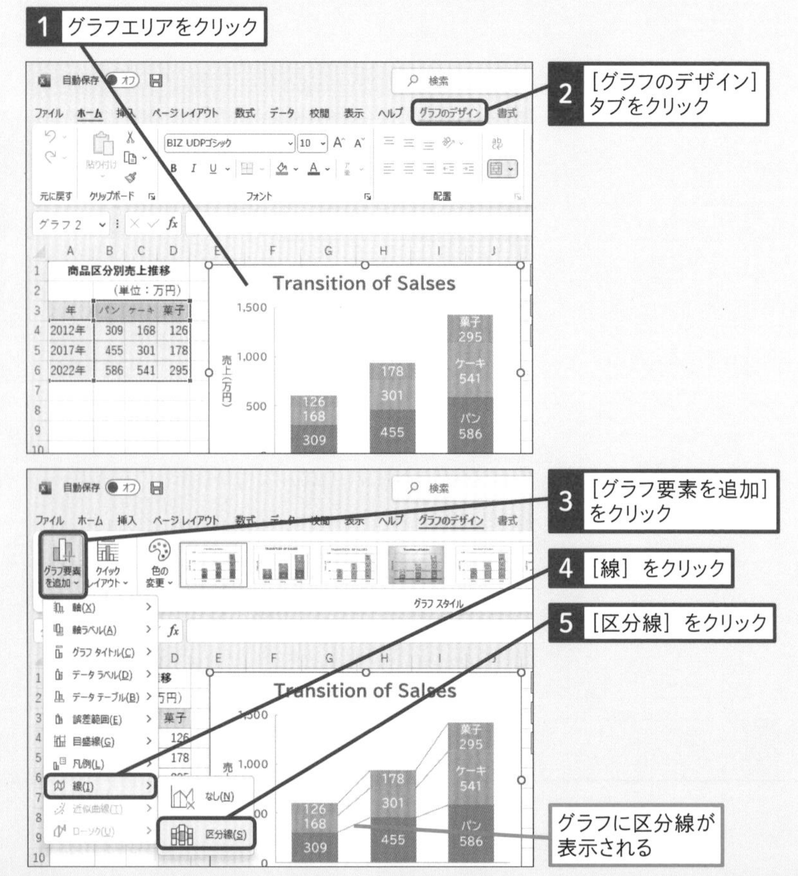

年	パン	ケーキ	菓子
2012年	309	168	126
2017年	455	301	178
2022年	586	541	295

活用編

第6章

折れ線グラフで変化や推移を表そう

折れ線グラフはデータを線で結んで、連続的な値の変化を表すのに効果的なグラフです。データの変化や推移を時系列で調べたいときに活躍します。この章では、折れ線グラフを効果的に使うワザと見やすくするテクニックを紹介します。

レッスン
42 折れ線全体の書式や一部の書式を変更するには

図形の塗りつぶしと枠線　練習用ファイル　L42_図形の塗りつぶしと枠線.xlsx

折れ線の線種を変えて売り上げ予測を目立たせる

折れ線グラフの見栄えを整えたり、データを分かりやすく表示したりするには、書式の設定が不可欠です。このレッスンでは、折れ線全体の色の変更と、折れ線の一部の線種変更を例に、折れ線の書式設定について説明します。
マーカー付き折れ線の場合、書式設定のポイントは枠線と塗りつぶしの両方を設定することです。枠線の設定は、折れ線の線とマーカーの線が対象になります。塗りつぶしの設定は、マーカーが対象になります。
折れ線の一部に、ほかとは異なる色や線種を設定するときは、要素の選択が書式設定のカギとなります。ここでは［After］のグラフのように、2023年の部分だけ折れ線の線種を点線に変えて、この部分が予測データであることを分かりやすくします。

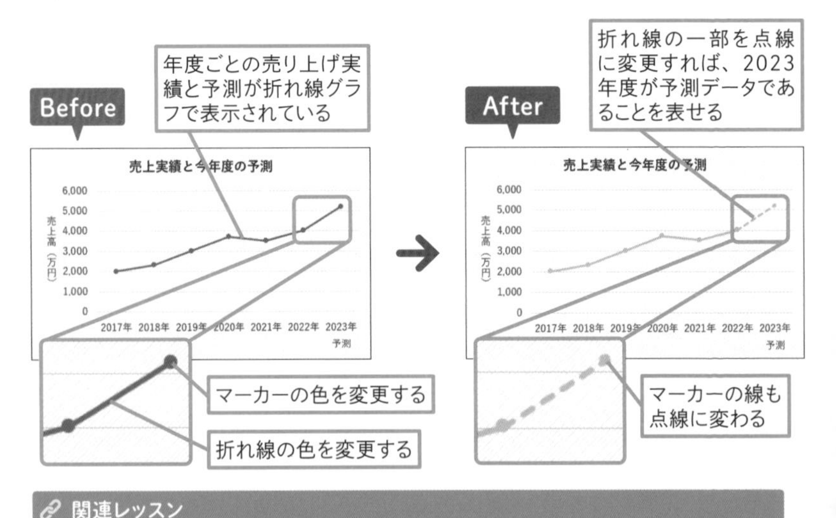

関連レッスン

レッスン09	グラフのデザインをまとめて設定するには	P.48
レッスン43	縦の目盛り線をマーカーと重なるように表示するには	P.164

1 折れ線の色を変更する

折れ線の［売上］の系列を選択する

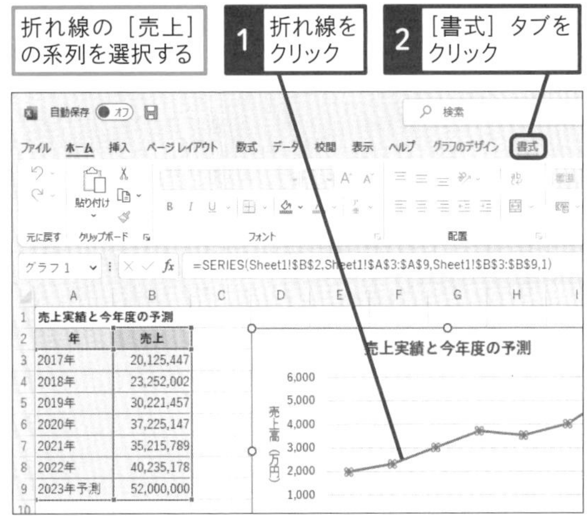

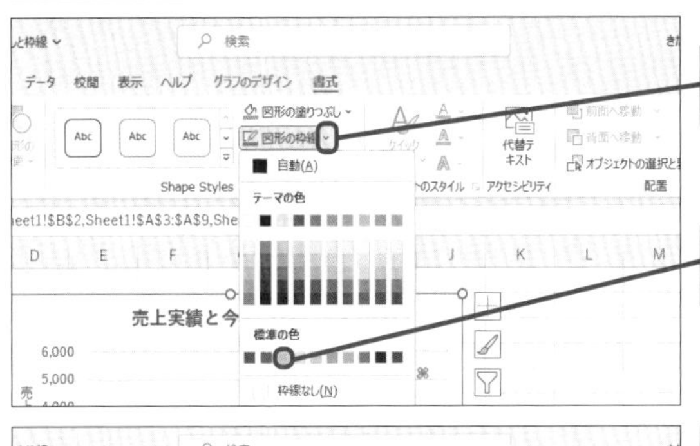

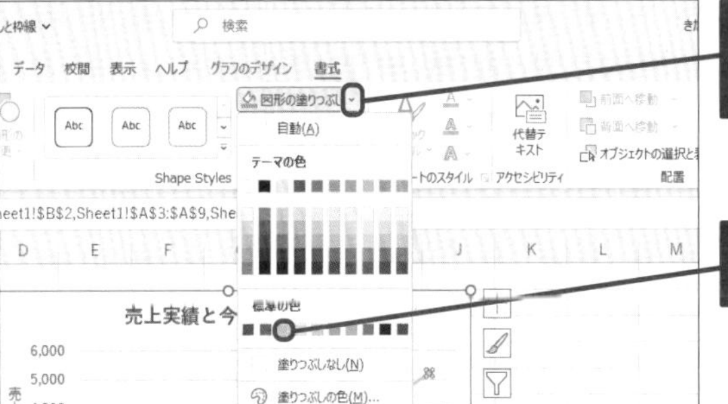

使いこなしのヒント

クリックの回数で選択されるグラフ要素が変わる

折れ線をクリックすると、系列全体が選択されます。マーカーの書式を変更するには、該当するマーカーのみをクリックしてハンドルが表示された状態にします。マーカーを1つ選択すると、マーカーの左にある線も同時に選択されます。

次のページに続く ➡

2 線種を変更する

一番右の［2023年予測］のデータ要素を選択して線種を変更する

1 一番右の折れ線をクリック

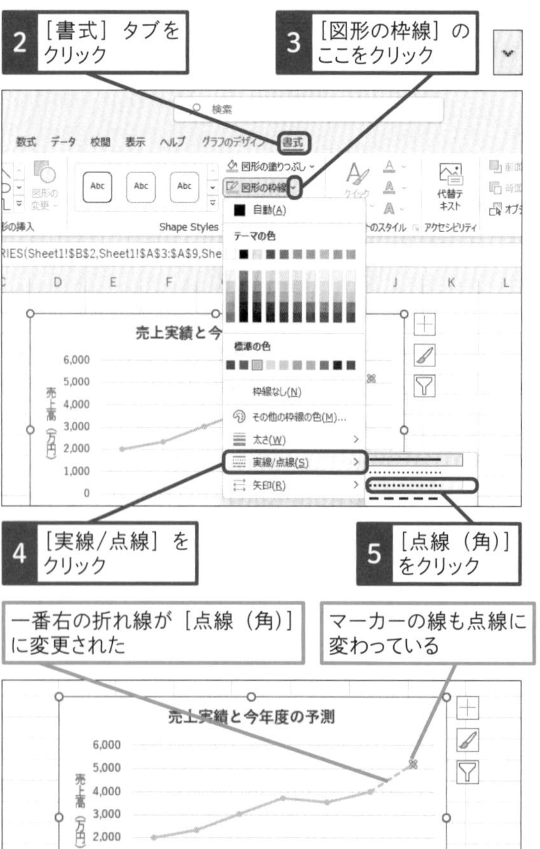

使いこなしのヒント

折れ線とマーカーで個別に書式を設定する

手順2では、［図形の枠線］から線種を選択して折れ線の書式を変更しました。この方法だと、折れ線の線だけでなくマーカーの線も点線になります。このレッスンのサンプルでは、マーカーの枠が細いので点線にしても目立たず、差し支えありません。
同様の操作で、折れ線に矢印を付けることもできます。上昇や下降、横ばいなど、数値の傾向を視覚的に表せます。

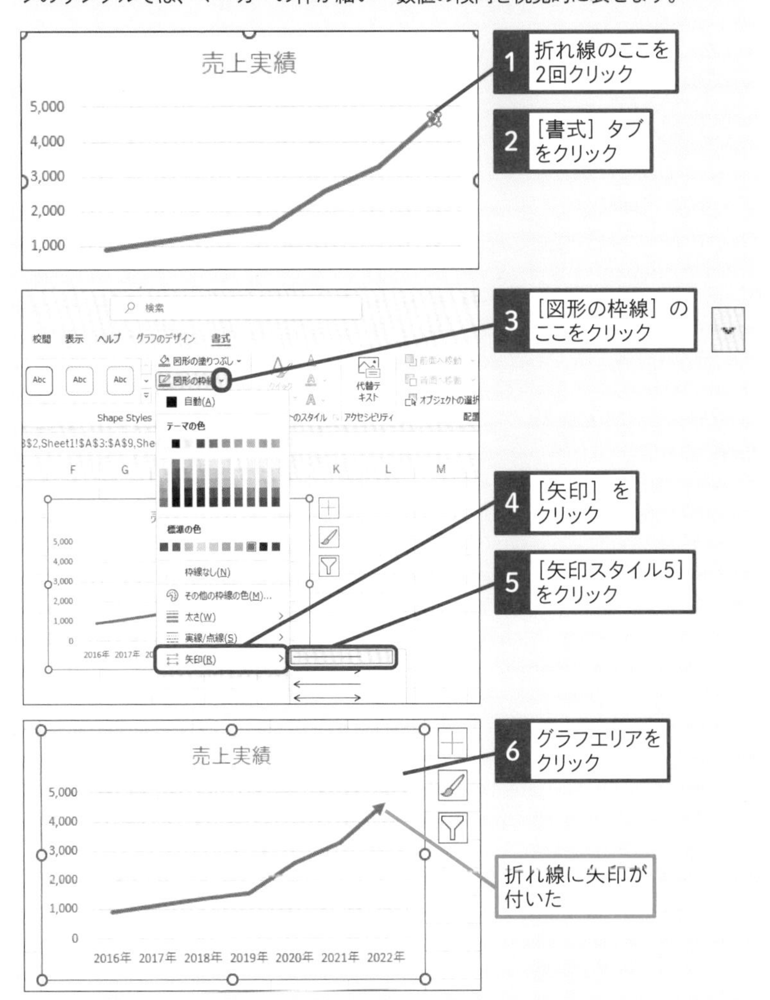

レッスン

43 縦の目盛り線をマーカーと重なるように表示するには

横（項目）軸目盛線　練習用ファイル　L43_横(項目)軸目盛線.xlsx

折れ線と項目軸との対応を明確にする縦の目盛り線

折れ線グラフは、「上昇傾向」や「下降傾向」など、全体的な傾向を把握するためによく使用されます。しかしグラフによっては、グラフ上の個々のデータがいつのデータなのか、詳細を確認したいことがあります。そのようなグラフには、データと項目の対応を簡単に目で追えるように、縦に目安となる線があると便利です。縦に引く目盛りの線を横（項目）軸目盛線と言います。
グラフに横（項目）軸目盛線を表示すると、標準の設定では目盛り線がマーカーとマーカーの間に引かれるので、折れ線の山や谷と重ならず、見た目が不自然になります。ここでは下の［After］のグラフのように、横（項目）軸目盛線を表示する方法と、表示した目盛り線をマーカーと重ねるテクニックを紹介します。

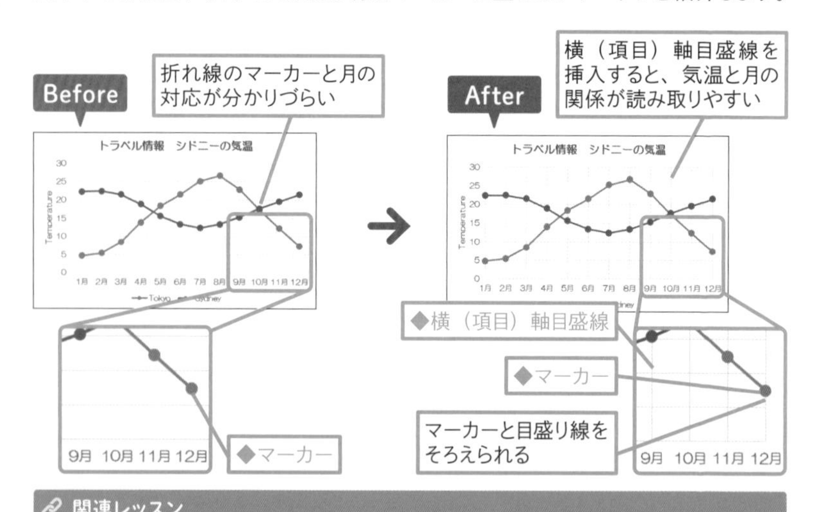

関連レッスン

レッスン24	目盛りの範囲や間隔を指定するには	P.98
レッスン42	折れ線全体の書式や一部の書式を変更するには	P.160
レッスン44	折れ線の途切れを線で結ぶには	P.168

1 目盛り線を追加する

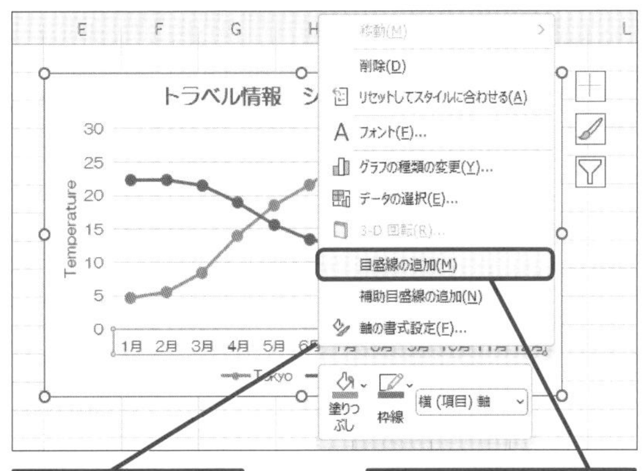

縦に目安となる目盛り線（横（項目）軸目盛線）を表示する

1 横（項目）軸を右クリック

2 ［目盛線の追加］をクリック

2 横（項目）軸目盛線とマーカーを合わせる

横（項目）軸目盛線が追加された

◆横（項目）軸目盛線

マーカーと横（項目）軸目盛線が重なっていない

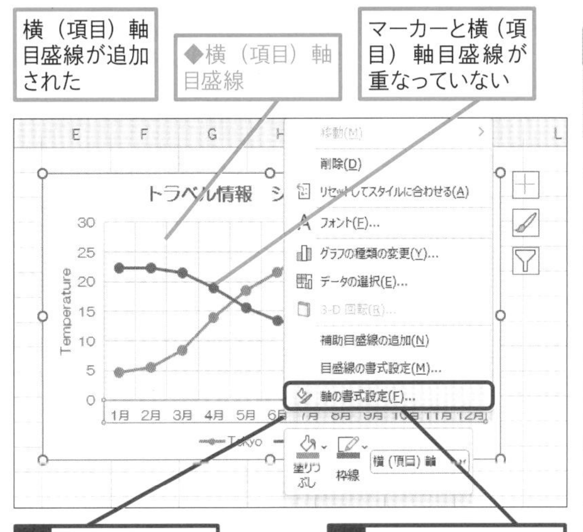

1 横（項目）軸を右クリック

2 ［軸の書式設定］をクリック

使いこなしのヒント

降下線で項目軸との対応を表す

横（項目）軸目盛線の代わりに降下線を使用しても、折れ線と項目軸の対応を明確にできます。降下線は、［グラフのデザイン］タブ-［グラフ要素を追加］-［線］-［降下線］から追加できます。

◆降下線

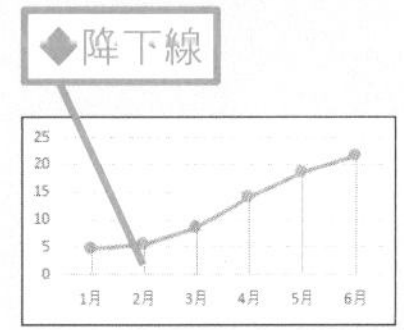

次のページに続く

● 軸の位置を選択する

[軸の書式設定] 作業ウィンドウが表示された

[軸位置] の設定を変更する

3 [目盛] をクリック

4 [閉じる] をクリック ×

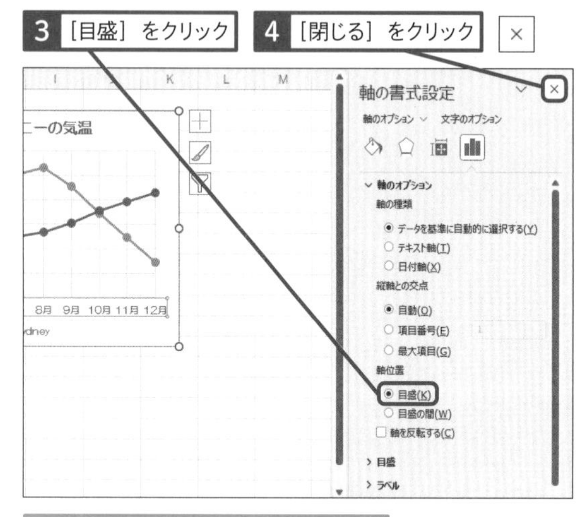

軸位置が変更され、折れ線の両端がプロットエリアいっぱいに配置された

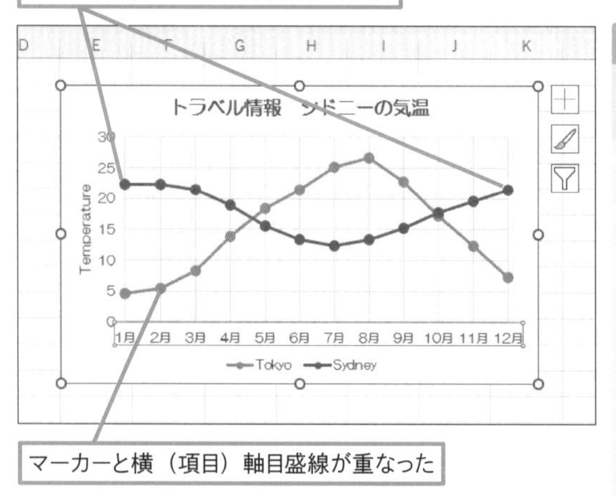

マーカーと横（項目）軸目盛線が重なった

使いこなしのヒント

高低線で複数系列の値の差を強調する

高低線を使用すると、複数のデータ系列のマーカーを線で結んで、値の差を強調できます。高低線は、[グラフのデザイン] タブ - [グラフ要素を追加] - [線] - [高低線] から追加できます。

◆高低線

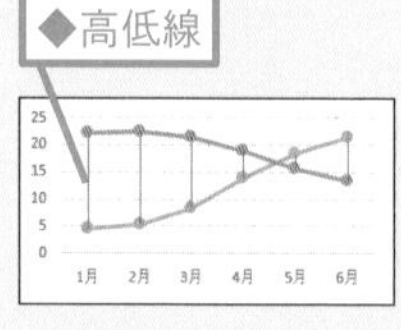

使いこなしのヒント

補助目盛り線で折れ線の数値を読み取る

レッスン24で目盛りの間隔を変更する方法を紹介しましたが、間隔が狭いと目盛りに振られる数値が見づらくなります。目盛り線を細かく入れたいときは、以下の手順で操作して、目盛りと目盛りの間に補助目盛り線を入れましょう。数値は補助目盛り線には振られず、目盛り線の位置だけに表示されます。なお、書式を設定するときに補助目盛り線を選択しづらい場合は、［書式］タブにある［グラフ要素］の一覧から［縦（値）軸補助目盛線］を選択しましょう。

補助目盛り線を追加して、数値を読み取りやすくする

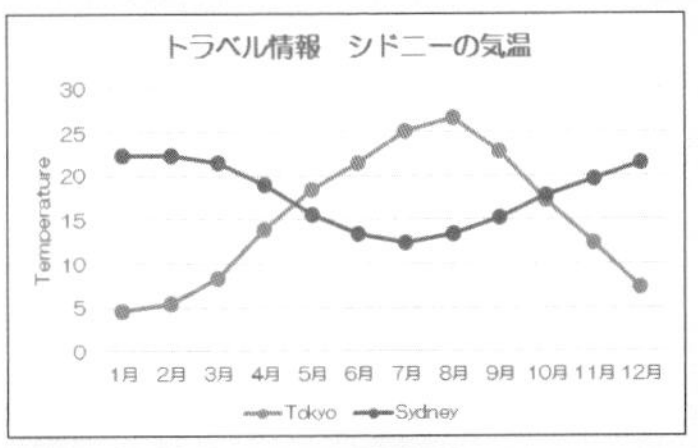

1 縦（値）軸を右クリック

2 ［補助目盛線の追加］をクリック

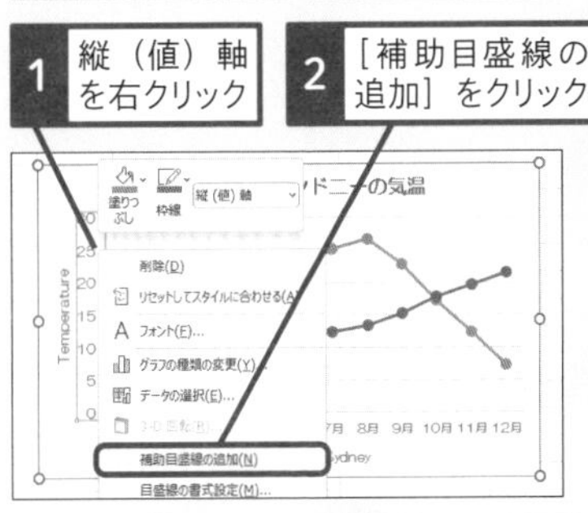

縦（値）軸補助目盛線が表示された

3 縦（値）軸を右クリック

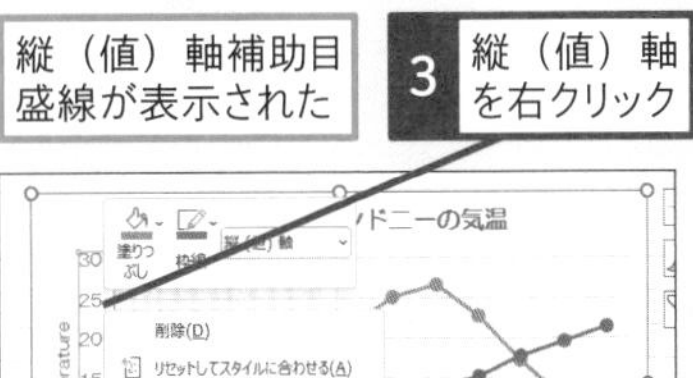

4 ［軸の書式設定］をクリック

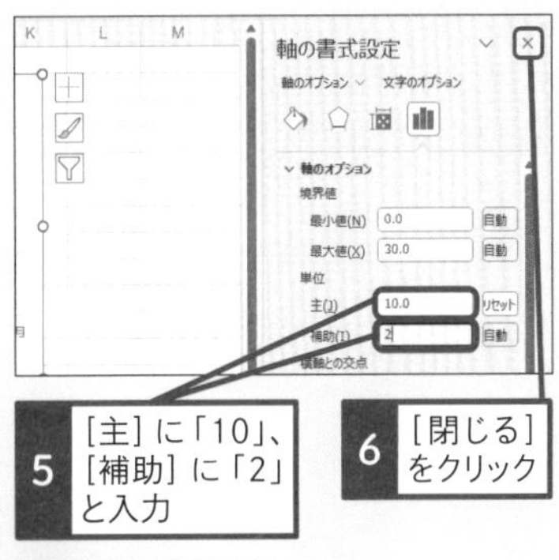

5 ［主］に「10」、［補助］に「2」と入力

6 ［閉じる］をクリック

7 縦（値）軸補助目盛線をクリック

8 ［書式］タブをクリック

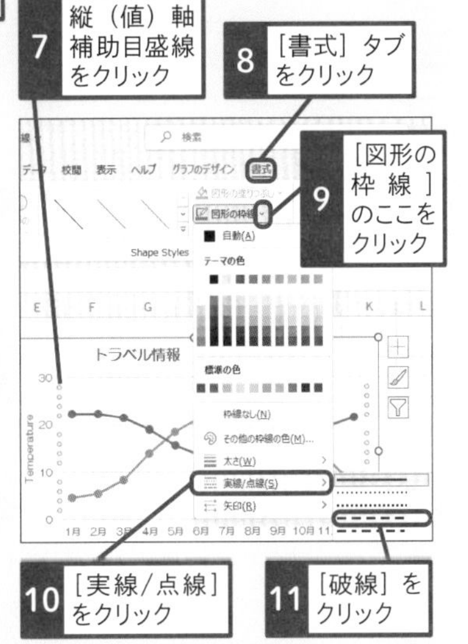

9 ［図形の枠線］のここをクリック

10 ［実線/点線］をクリック

11 ［破線］をクリック

補助目盛線が追加され、グラフの数値が読み取りやすくなる

レッスン
44 折れ線の途切れを線で結ぶには

動画で見る

空白セルの表示方法　練習用ファイル　L44_空白セルの表示方法.xlsx

元データに抜けがあっても、大丈夫

Excelの標準の設定では、元表に抜けがあると、抜けている部分で折れ線が途切れてしまいます。[Before] の表を見てください。[カタログ] 系列の2017年の数値が入力されていません。何らかの原因で一部のデータを用意できないこともあるでしょう。そのような表から折れ線グラフを作成すると、[Before] のグラフのように、折れ線が途切れてしまうのです。
折れ線の途切れを解消するには、[データソースの選択] ダイアログボックスを使用します。[データ要素を線で結ぶ] という設定をオンにすれば、[After] のグラフのようにマーカー同士が線で結ばれ、折れ線グラフの体裁が整います。

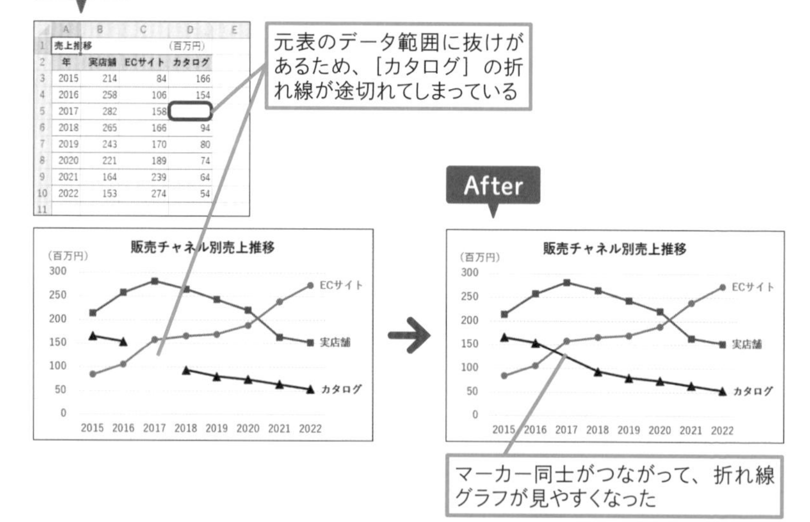

関連レッスン

レッスン43　縦の目盛り線をマーカーと重なるように表示するには　P.164

1 途切れている折れ線を結ぶ

元表のデータが抜けたために、途切れてしまった折れ線を結ぶ

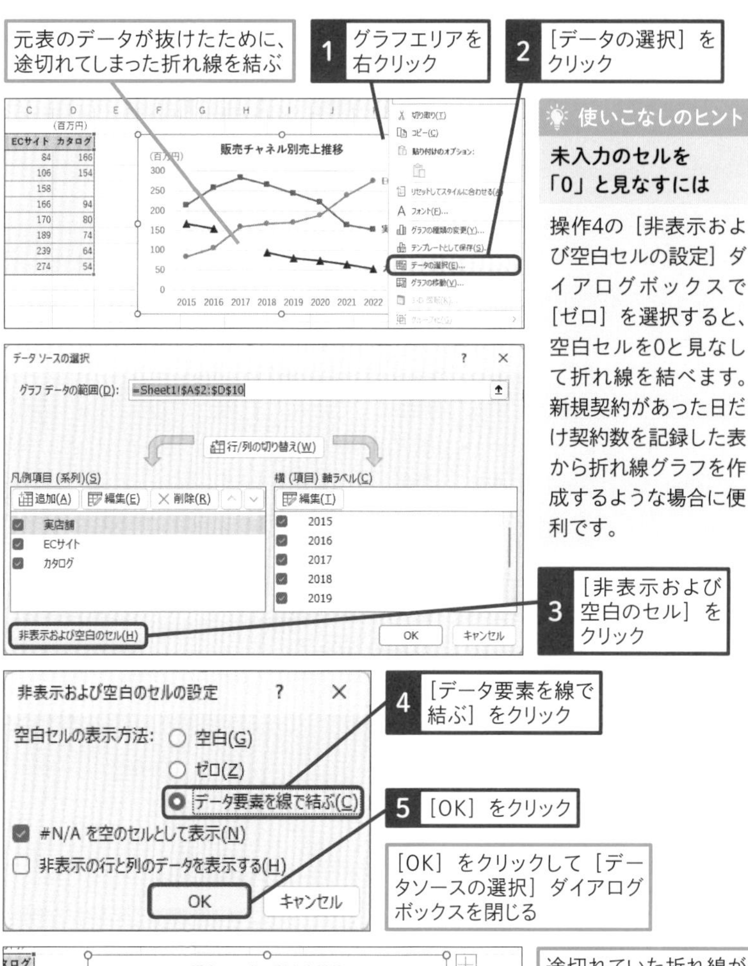

［OK］をクリックして［データソースの選択］ダイアログボックスを閉じる

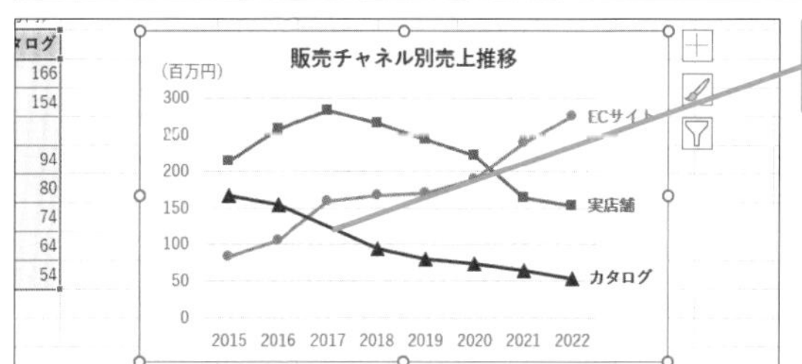

途切れていた折れ線が結ばれた

使いこなしのヒント

未入力のセルを「0」と見なすには

操作4の［非表示および空白セルの設定］ダイアログボックスで［ゼロ］を選択すると、空白セルを0と見なして折れ線を結べます。新規契約があった日だけ契約数を記録した表から折れ線グラフを作成するような場合に便利です。

レッスン
45 特定の期間だけ背景を塗り分けるには

縦棒グラフの利用　練習用ファイル　L45_縦棒グラフの利用.xlsx

背景の一部を目立たせれば、グラフの状況がさらに伝わる！

折れ線グラフは、時系列のデータを扱うことが多いグラフです。特定の期間だけプロットエリアの色を塗り分けて、その期間にあったイベントや出来事を書き込むと、データの背後にある状況を分かりやすく伝えられます。このレッスンでは、下の［After］のグラフのようにセール期間にだけ色を塗ります。これにより、特定の期間に来客数が増加した理由がひと目で分かります。
特定の期間に色を付けるには、縦棒グラフを利用してプロットエリアを縦に区切るテクニックを使います。セール期間にだけ縦棒をすき間なく表示して、折れ線グラフの背景を塗りつぶします。縦棒グラフは背景としてプロットエリアに馴染むように、控えめな書式を設定しましょう。

Before

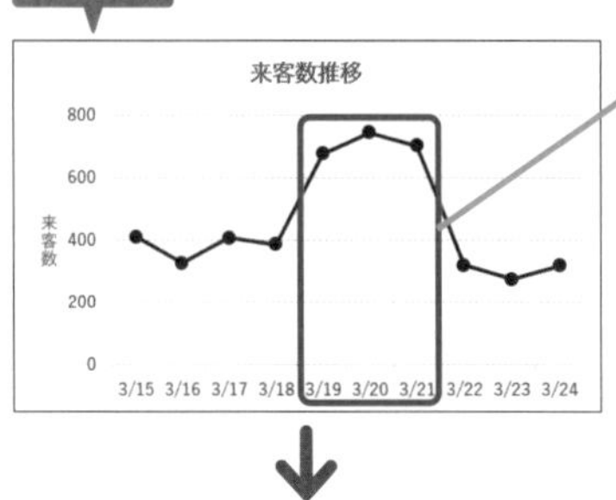

来客数が多い3/19 ～ 3/21の期間を目立たせたい

After

縦棒グラフを追加してプロットエリアを縦に区切る

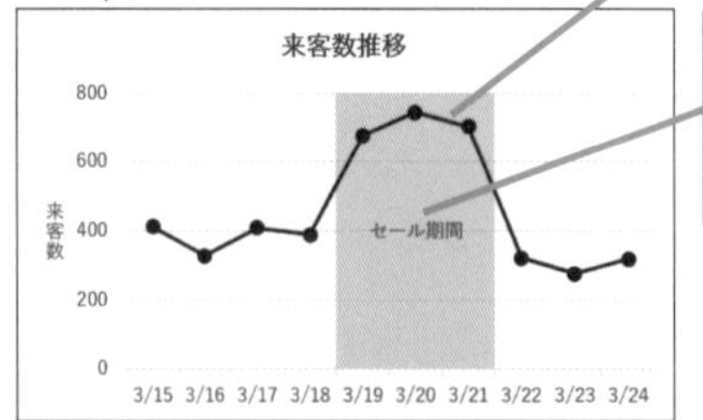

来客数が多い3日間が「セール期間」ということがひと目で分かる

関連レッスン
レッスン30
非表示の行や列のデータが消えないようにするには　P.118
レッスン36
棒を太くするには　P.138

1 塗りつぶす期間にデータを追加する

[セール期間] の系列を追加するので、C列にデータを入力する

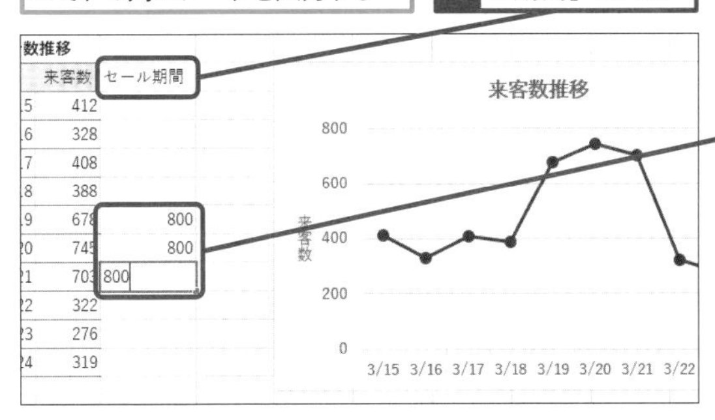

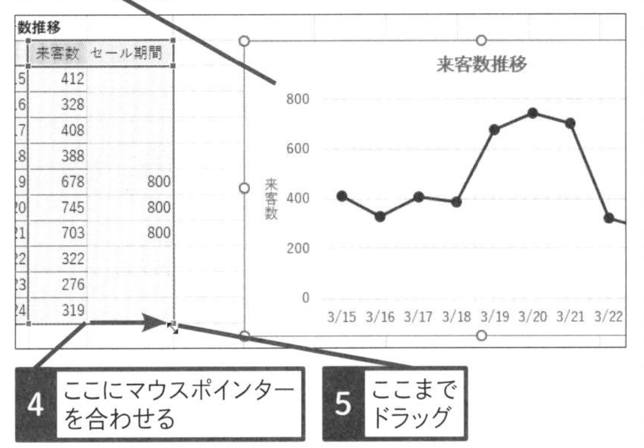

使いこなしのヒント

どうして「800」と入力するの?

手順1の操作前のグラフの縦（値）軸の最大値は「800」です。セール期間の3日間についてプロットエリアの上端まで塗りつぶすために、手順1では、セルC7 ～ C9に軸の最大値である「800」を入力します。また、塗りつぶした背景に「セール期間」の文字を表示するため、セルC2に棒グラフの系列名として「セール期間」と入力します。

2 背景の一部を縦に塗りつぶす

グラフに追加された [セール期間] の系列のグラフの種類を変更する

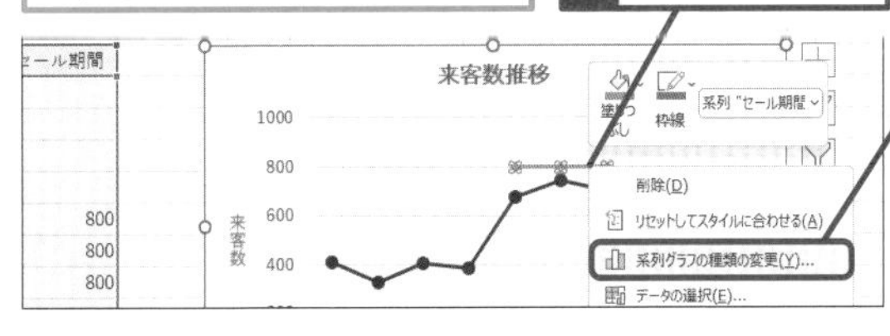

次のページに続く

● グラフの種類を選択する

[グラフの種類の変更] ダイアログボックスが表示された

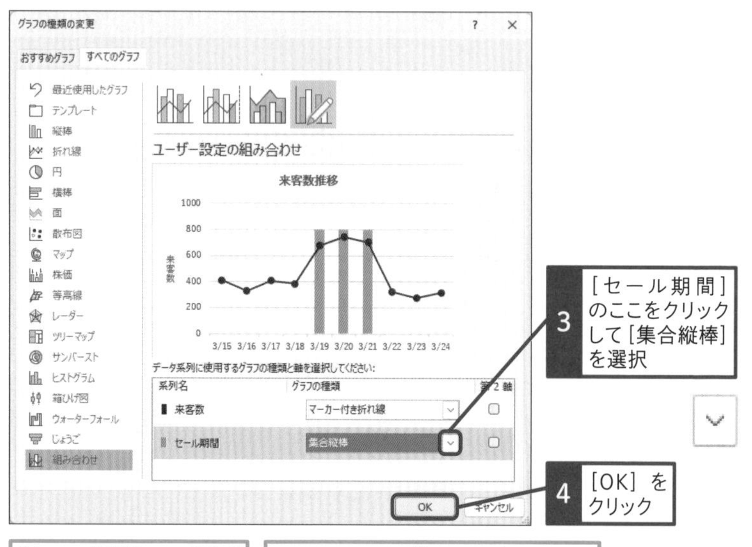

[セール期間] の系列が集合縦棒に変更された

レッスン36と同様に、要素の間隔を狭くして棒グラフを太くする

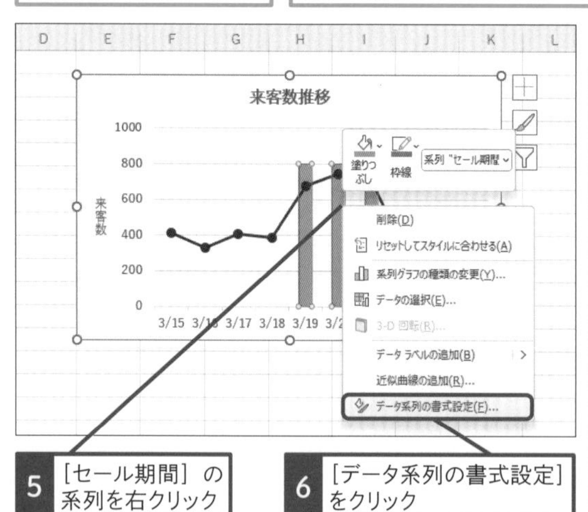

使いこなしのヒント

ダブルクリックでも書式設定画面を表示できる

グラフ要素の書式設定画面は、グラフ要素をダブルクリックしても表示できます。例えば、手順2の操作5～6の代わりに [セール期間] の系列をダブルクリックすると、[データ系列の書式設定] 作業ウィンドウを表示できます。

● 系列の書式を設定する

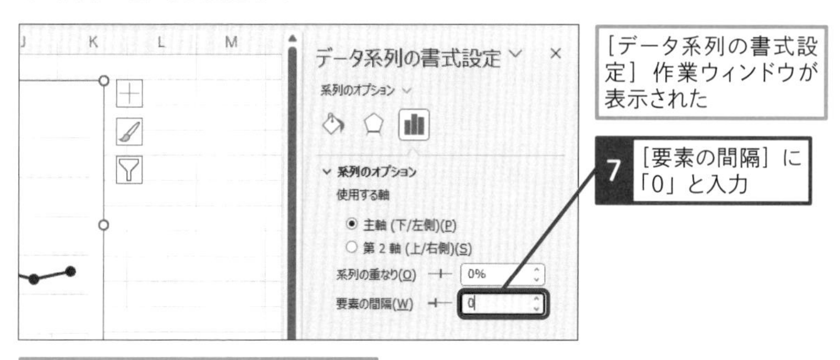

[塗りつぶし] の設定項目を表示する

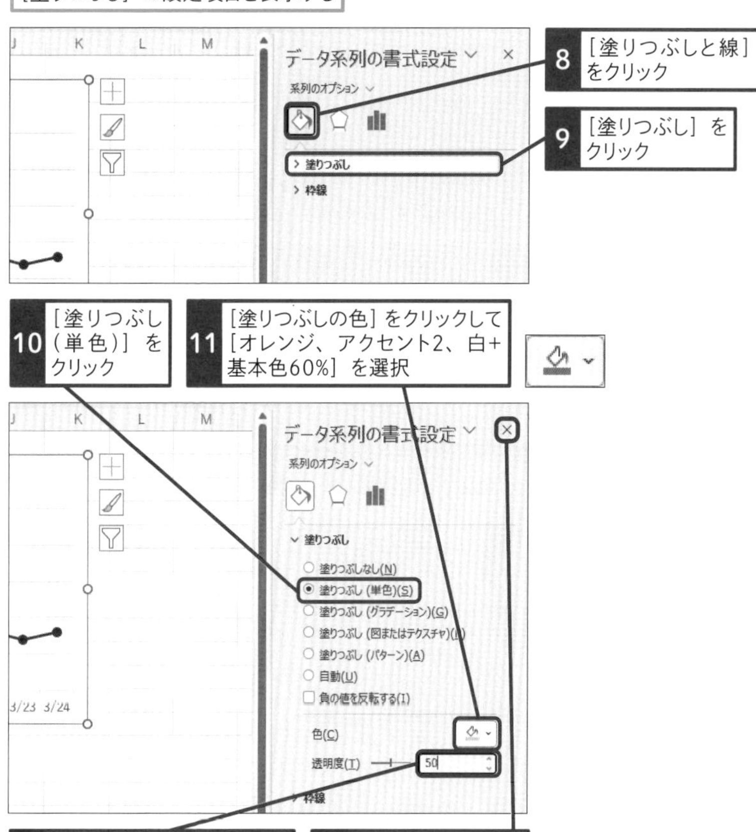

次のページに続く

3 プロットエリアの上端まで塗りつぶす

自動で変更された縦（値）軸の最大値を「800」に設定する

1 縦（値）軸を右クリック

2 ［軸の書式設定］をクリック

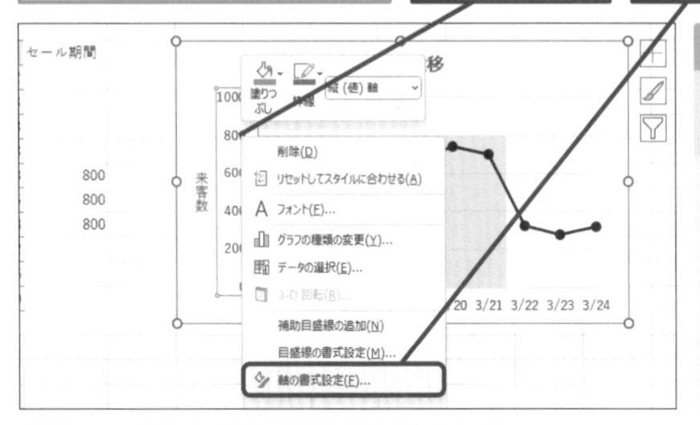

3 ［最大値］をクリックして「800」と入力

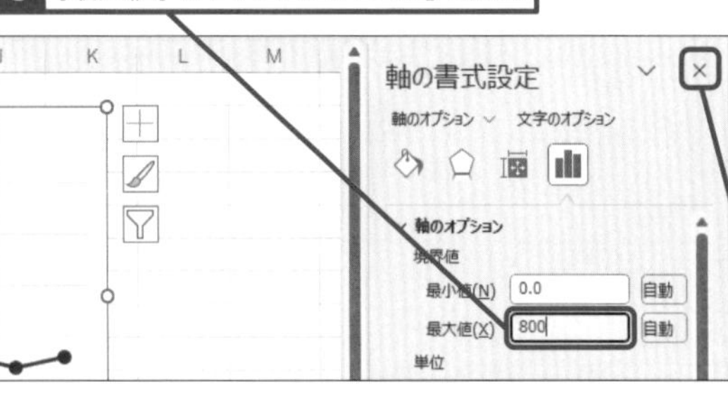

4 ［閉じる］をクリック

使いこなしのヒント

どうして縦（値）軸の最大値を変更するの？

縦（値）軸の最大値の既定値は［自動］です。そのため追加した系列の値が「800」だと、軸の最大値が「800」より大きい値に自動的に変わります。これでは棒グラフでプロットエリアの上端まで塗りつぶせないので、手順3で最大値を「800」に戻します。

4 塗りつぶした背景に文字を追加する

［セール期間］の系列の真ん中の棒の上に、データラベルを表示する

1 ［セール期間］の系列の真ん中を2回クリックして選択

2 ［セール期間］の系列の真ん中のデータ要素を右クリック

3 ［データラベルの追加］をクリック

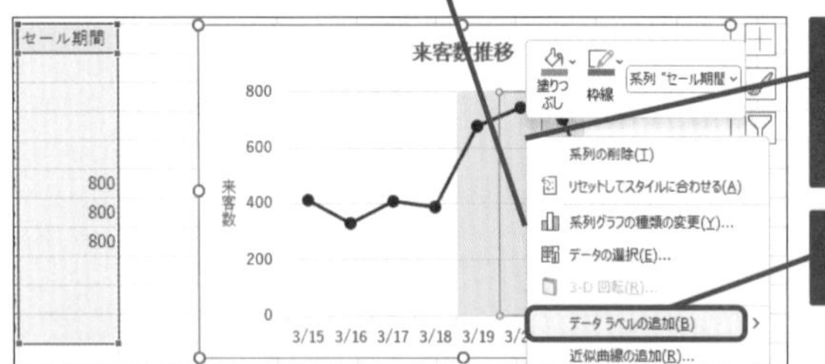

● データラベルの値を系列名に変更する

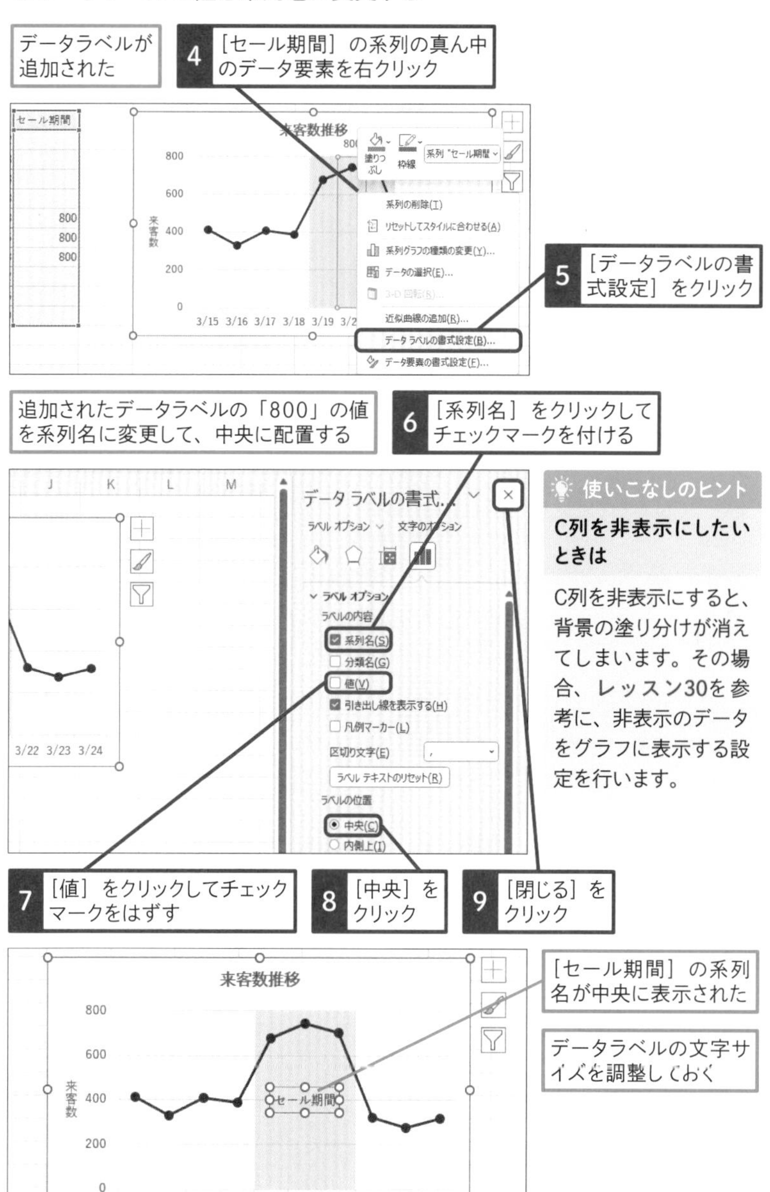

使いこなしのヒント

C列を非表示にしたいときは

C列を非表示にすると、背景の塗り分けが消えてしまいます。その場合、レッスン30を参考に、非表示のデータをグラフに表示する設定を行います。

スキルアップ

ファンチャートでデータの伸び率を比較するには

複数の製品の売り上げの伸びを比較するには、初年度の売上高を100%として各年の売上高のパーセンテージを求め、折れ線グラフで表すと、伸び率が一目瞭然になります。このようなグラフを「ファンチャート」と呼びます。

売上高のデータから折れ線グラフを作成してあるが、どの商品の伸び率が高いのか分かりづらい

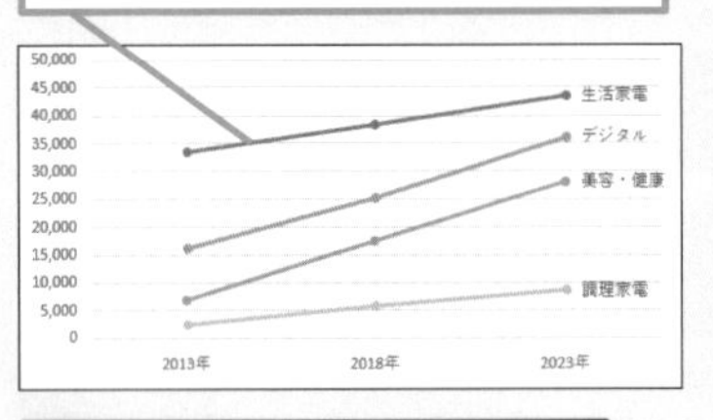

1 セルB10に「=B3/$B3」と入力し、Enterキーを押す

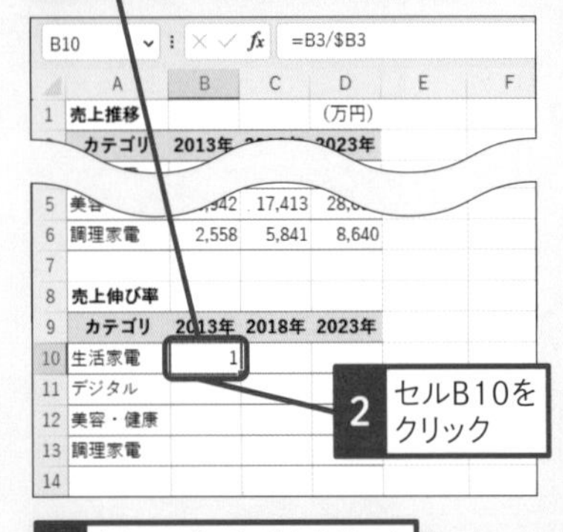

2 セルB10をクリック

3 ［ホーム］タブをクリック

4 ［パーセントスタイル］をクリック

%

5 セルB10のフィルハンドルにマウスポインターを合わせる

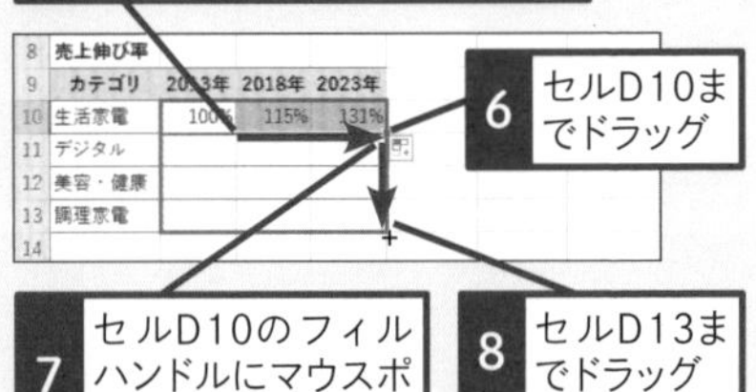

6 セルD10までドラッグ

7 セルD10のフィルハンドルにマウスポインターを合わせる

8 セルD13までドラッグ

9 セルA9 ～ D13をドラッグして選択

10 ［挿入］タブをクリック

11 ［折れ線/面グラフの挿入］をクリック

12 ［折れ線］をクリック

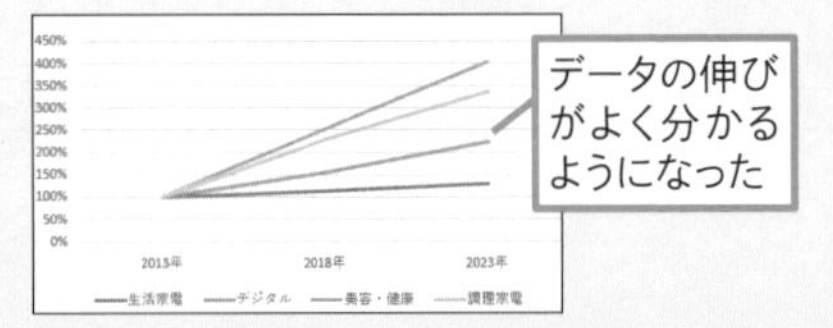

13 ［行/列の切り替え］をクリック

データの伸びがよく分かるようになった

活用編

第7章

円グラフで割合を表そう

円グラフは、系列全体の大きさを1つの円で表し、各データの比率を扇形の大きさで表すグラフです。全体に対する各要素の割合を表現したいときに使用します。系列が複数あるときは、ドーナツグラフを使うと各系列の構成比を効果的に比較できます。この章では、円グラフとドーナツグラフに関するテクニックを紹介します。

レッスン
46 円グラフから扇形を切り離すには

データ要素の切り離し　練習用ファイル　L46_データ要素の切り離し.xlsx

注目してほしい要素を切り離して目立たせる

円グラフの扇形は、円の外側に切り離して表示できます。切り離した扇形はひときわ目立つので、競合他社のグラフの中で自社のデータに注目を集めたいときや、特に力を注いでいる商品のデータを強調したいときに効果的です。このレッスンでは、扇形を切り離す方法を紹介しますが、その前に円グラフは円全体が1つの系列であることと、個々の扇形が系列を構成するデータ要素であることを頭に入れておきましょう。下の［Before］のグラフは、5つのデータ要素（扇形）からなる［売上高］という系列で構成されています。円グラフから扇形を切り離すには、切り離す扇形の選択、つまり「データ要素の選択」がポイントになります。円グラフで特定の要素を強調するときに欠かせないテクニックなので、ぜひマスターしてください。

Before

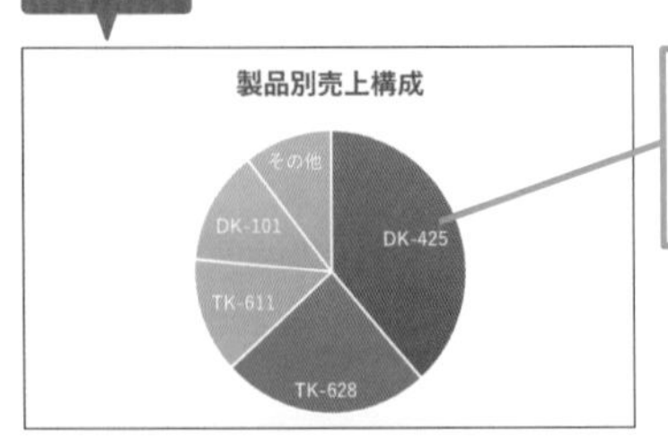

製品の売上比率を表す円グラフで、［DK-425］という製品のデータ要素をさらに目立たせたい

After

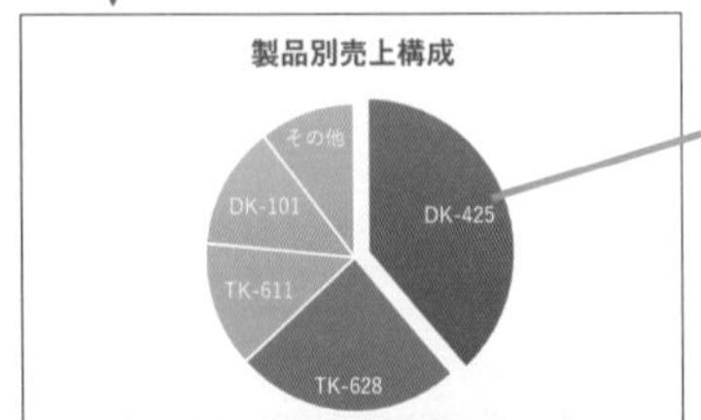

切り離したことで、［DK-425］という製品のデータ要素がより目立つ

関連レッスン

レッスン11
データ系列やデータ要素の色を変更するには　P.52

1 特定のデータ要素を切り離す

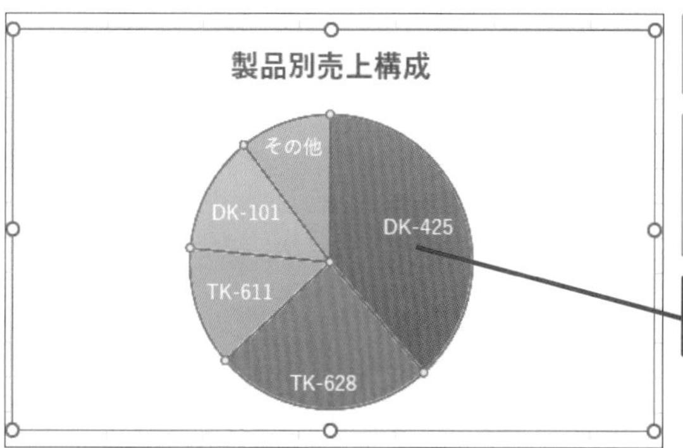

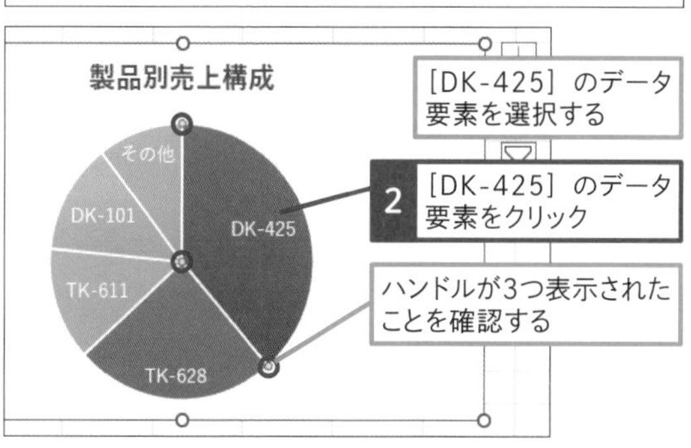

[DK-425] のデータ要素が選択された

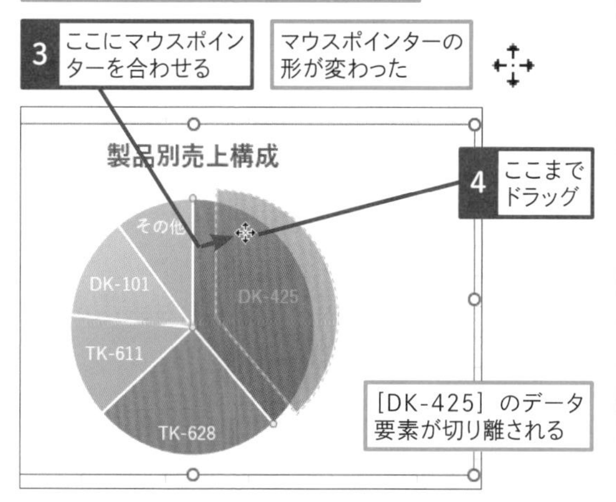

使いこなしのヒント

円グラフを作成するコツとは

項目の順番に特に意味がない限り、元表のデータは値の大きい順に入力しましょう。そうすれば円グラフの扇形が大きい順に並び、自然な見た目に仕上がります。データが小さい順に入力されているときは、数値が入力されているセルをクリックして、降順で並べ替えましょう。なお、小さい数値の項目は、合計して「その他」にまとめておくと、円グラフが雑然としてしまうのを防げます。

レッスン 47

項目名とパーセンテージを見やすく表示するには

円グラフのデータラベル　練習用ファイル　L60_円グラフのデータラベル.xlsx

円グラフには項目名と割合を表示するのが鉄則

円グラフは、系列全体の合計値を100%として、各項目の比率を扇形で表すグラフです。扇形の大きさや角度を見れば、おおよその比率を判断できますが、比率の数値をきちんと伝えたいときは、円グラフにパーセンテージを表示しましょう。同時に項目名も表示すれば、より分かりやすいグラフになります。
下の［Before］のグラフは、凡例に項目名を表示しているだけの円グラフです。項目名を凡例と照らし合わせるのが面倒な上、正確な割合も分かりません。［After］のグラフはデータラベルを表示しているので、製品名と売り上げの割合がひと目で分かります。データラベルは扇形の外側や内側など表示する位置を選べるので、バランスのいい位置に表示しましょう。

Before

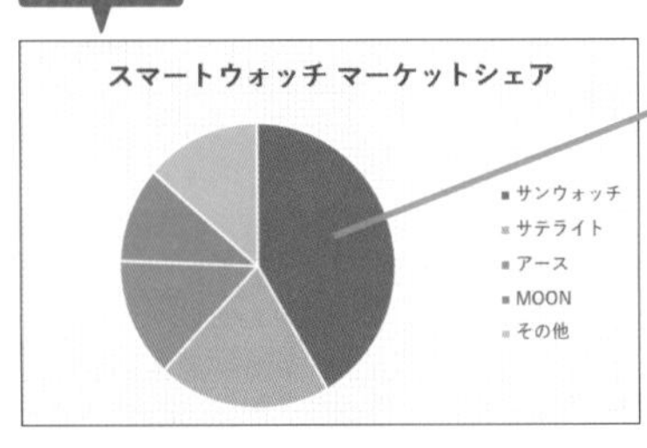

各項目がどれくらいの割合を占めているのか、よく分からない

After

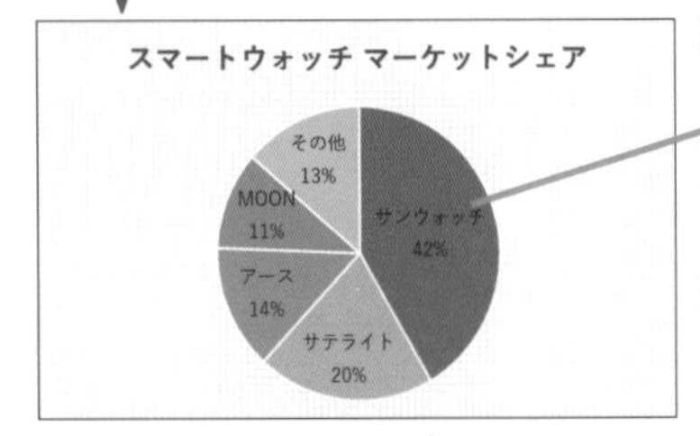

グラフに項目名とパーセンテージを表示すれば、売り上げの割合がひと目で分かる

関連レッスン
レッスン20
グラフ上に元データの数値を表示するには
P.84

1 円グラフにデータラベルを表示する

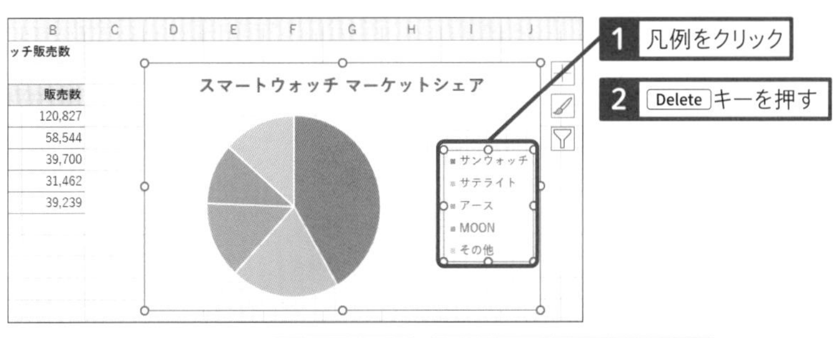

円グラフにデータラベルを表示する

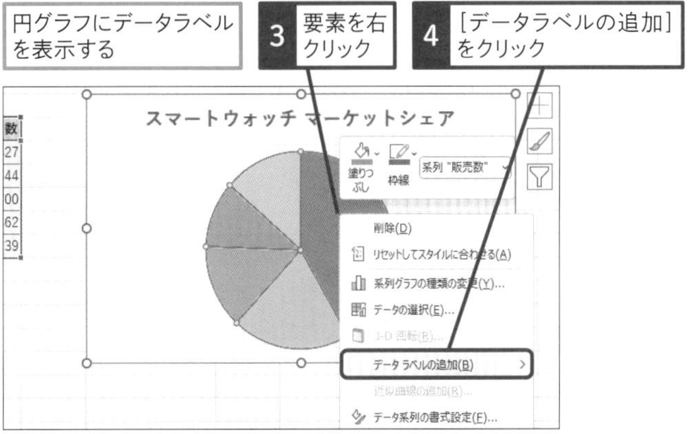

続けてデータラベルの設定を変更する

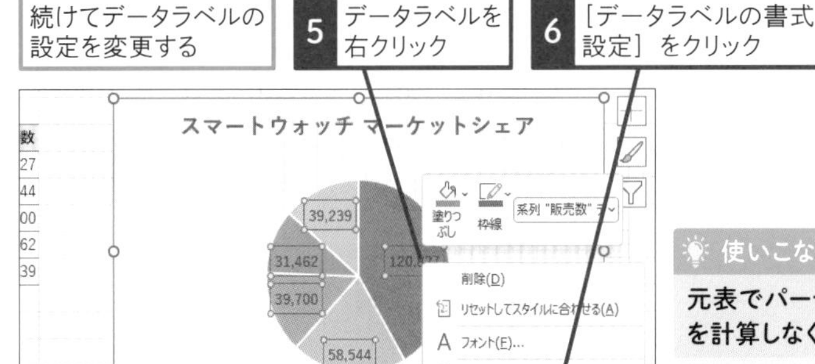

使いこなしのヒント

元表でパーセンテージを計算しなくてもいい

円グラフ上では、パーセンテージが自動的に算出されます。元表でパーセンテージを計算する必要はありません。

次のページに続く

2 データラベルに表示する内容を選択する

ここでは、[分類名] と [パーセンテージ] を選択してメーカー名と売り上げの割合を表示する

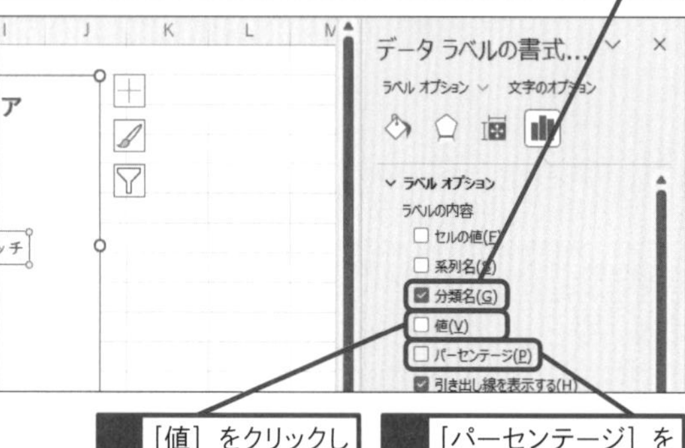

1 [分類名] をクリックしてチェックマークを付ける

2 [値] をクリックしてチェックマークをはずす

3 [パーセンテージ] をクリックしてチェックマークを付ける

続けてラベルの区切り文字と位置を設定する

4 [区切り文字] のここをクリックして[(改行)] を選択

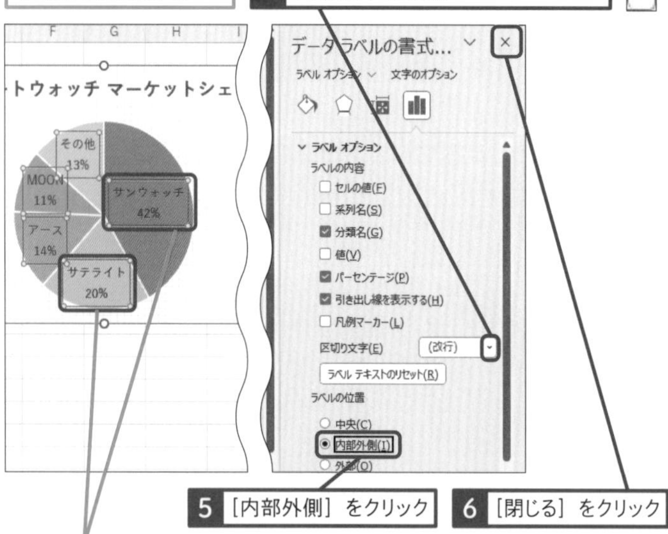

5 [内部外側] をクリック

6 [閉じる] をクリック

必要に応じてデータラベルの文字の色を調整しておく

データラベルに項目名とパーセンテージが表示される

使いこなしのヒント

データラベルを追加すると元データの数値が表示される

データラベルを追加すると自動的に元データの数値が表示されます。項目名やパーセンテージを表示するには、手順2のように [データラベルの書式設定] 作業ウィンドウで、表示内容を設定し直す必要があります。

使いこなしのヒント

グラフを回転して半円グラフを作成するには

円グラフやドーナツグラフを利用すると、半円グラフを作成できます。元表の合計を含めたセル範囲を選択してグラフを作成し、270度回転するのがポイントです。

合計を含めたセルA3 ～ B7からドーナツグラフを作成しておく

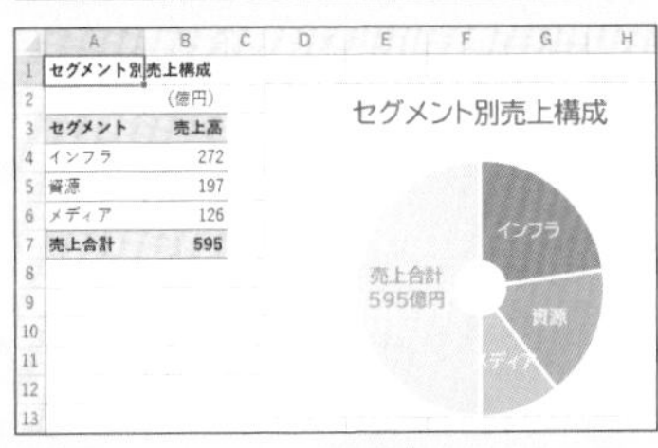

1 データ系列を右クリック

2 ［データ系列の書式設定］をクリック

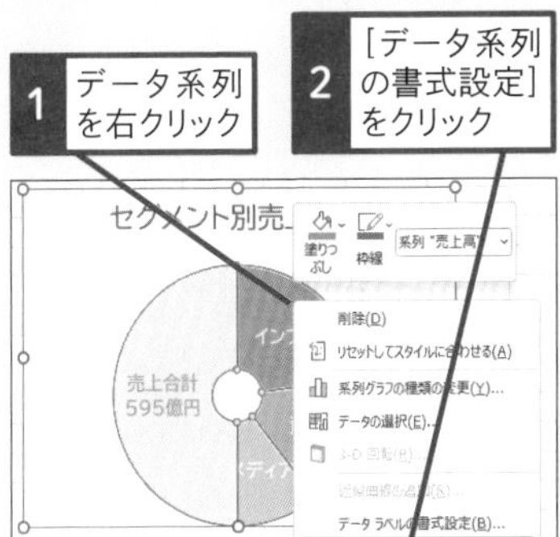

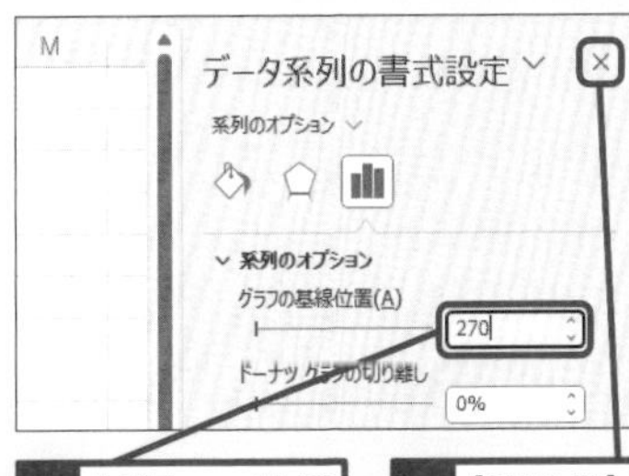

3 ［グラフの基線位置］に「270」と入力

4 ［閉じる］をクリック

グラフが270度回転した

5 ［売上合計］のデータ要素をクリック

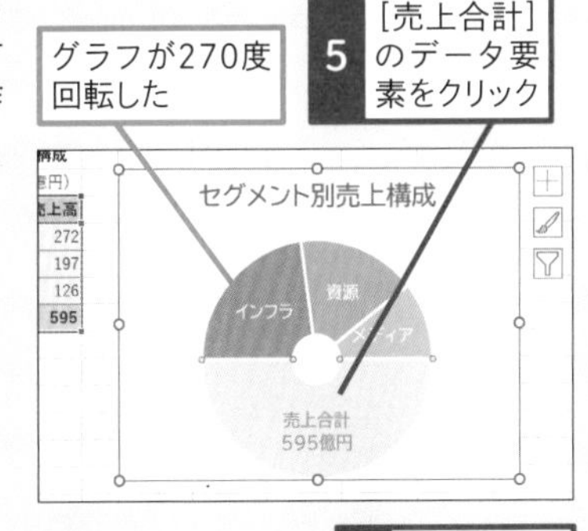

6 ［ホーム］タブをクリック

7 ［塗りつぶしの色］のここをクリック

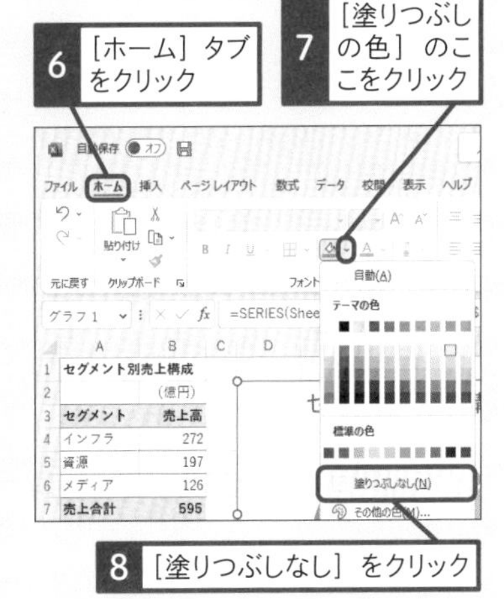

8 ［塗りつぶしなし］をクリック

［売上合計］のデータ要素が透明になった

データラベルの書式と配置を整えておく

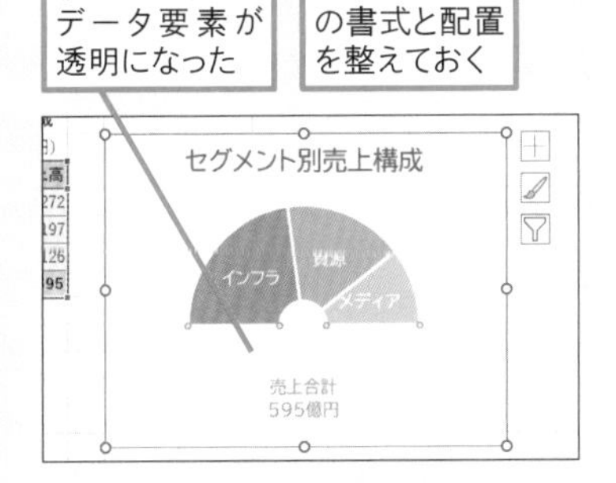

レッスン

48 円グラフの特定の要素の内訳を表示するには

補助縦棒付き円グラフ　練習用ファイル　L48_補助縦棒付き円グラフ.xlsx

要素の内訳を表示して売れ筋商品を分析できる

円グラフの仲間に、「補助縦棒付き円グラフ」と「補助円グラフ付き円グラフ」があります。いずれも円グラフの中の特定の要素について、その内訳を補助グラフで表示するものです。比率が小さい要素まで見やすくグラフに表示したいときや、注目する要素についてさらにその内訳を掘り下げたいときに利用します。このレッスンでは、スマートウォッチのマーケットシェア全体を表す円グラフのうち、自社のシェアの内訳を「補助縦棒グラフ」で表示します。表から補助縦棒付き円グラフを作成すると、表の末尾の数項目が自動的に「その他」としてまとまり、補助グラフに切り出されます。したがって、補助グラフで表示したい項目を、表の末尾に入力しておくようにしましょう。ここでは、円グラフに表示する項目の表の下に、補助グラフに表示する項目の表を入力しておき、その2つの表を元に補助縦棒付き円グラフを作成します。

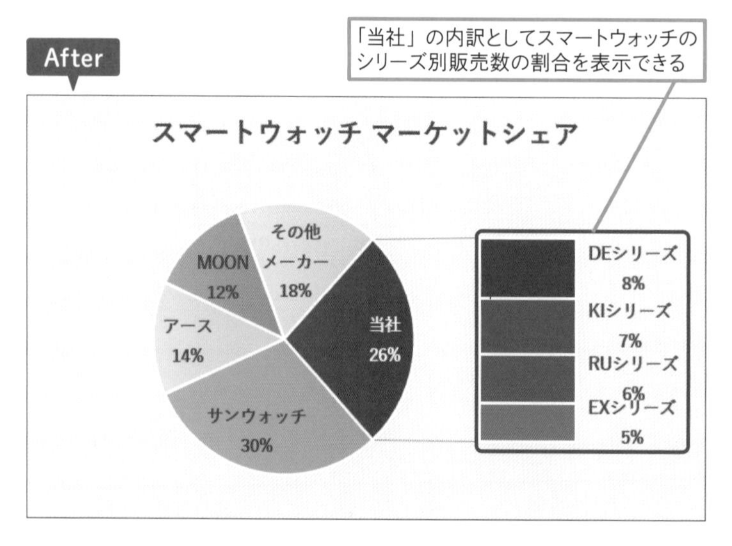

※上記の[After]のグラフは、練習用ファイルの[書式設定後]シートに用意されています。

1 補助縦棒付き円グラフを挿入する

ここでは、2つの表を選択して補助縦棒付き円グラフを作成する

[当社] の項目（セルA8 ～ B8）以外を選択する

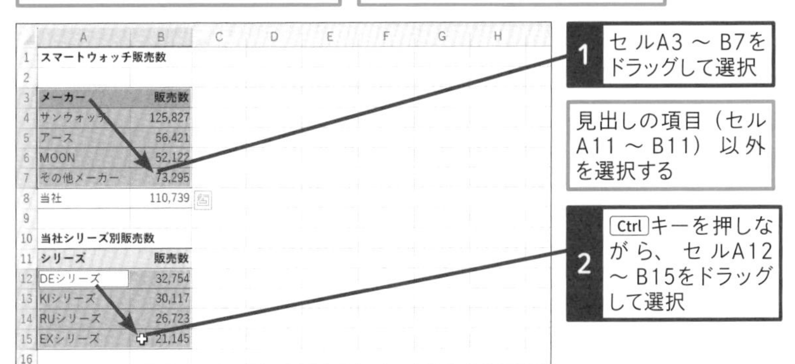

ここでは、[補助縦棒付き円] を選択する

3 [挿入] タブをクリック

4 [円またはドーナツグラフの挿入] をクリック

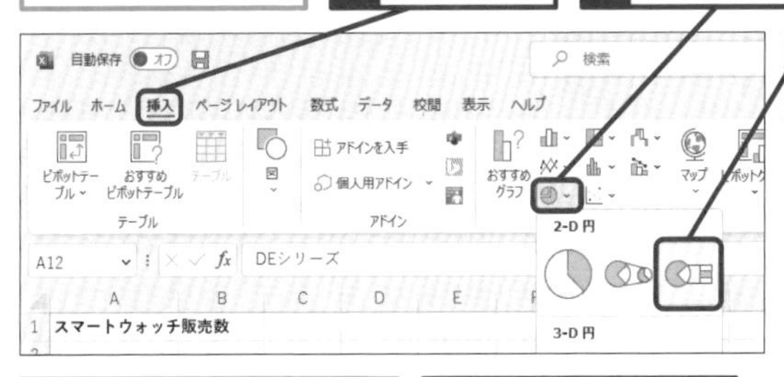

レイアウトを変更してデータラベルを追加する

6 [グラフのデザイン] タブをクリック

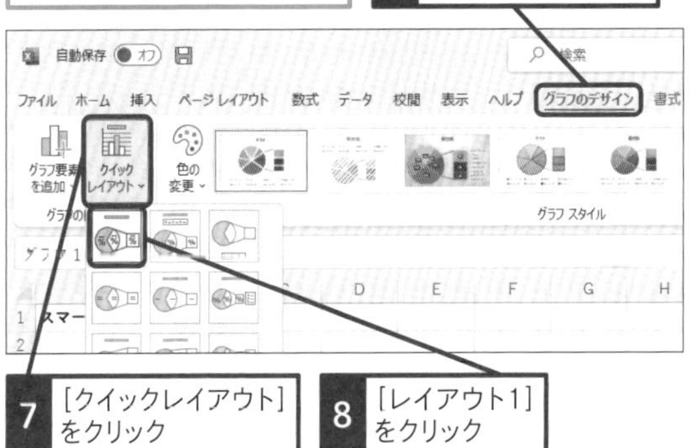

7 [クイックレイアウト] をクリック

8 [レイアウト1] をクリック

使いこなしのヒント

選択範囲に注意しよう

操作1 ～ 2で2つのセル範囲を同時に選択しますが、選択範囲をつなげたときに1つの表の形になるように選択します。セルA8 ～ B8の「当社」と、セルA11 ～ B11の見出しの項目は選択に含めないようにしてください。

次のページに続く

2 補助縦棒に表示するデータ数を指定する

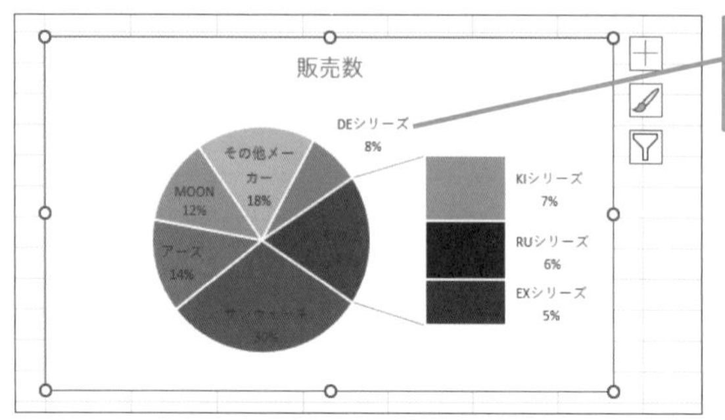

［DEシリーズ］のデータ要素が円グラフに表示された

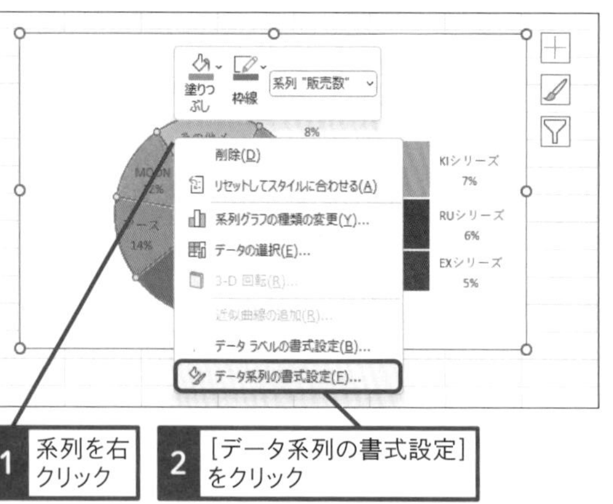

［DEシリーズ］のデータ要素は「当社」の内訳に含まれるため、補助縦棒へ移動する

1 系列を右クリック

2 ［データ系列の書式設定］をクリック

データ要素を補助縦棒に移動する

3 ［補助プロットの値］に「4」と入力

4 ［閉じる］をクリック

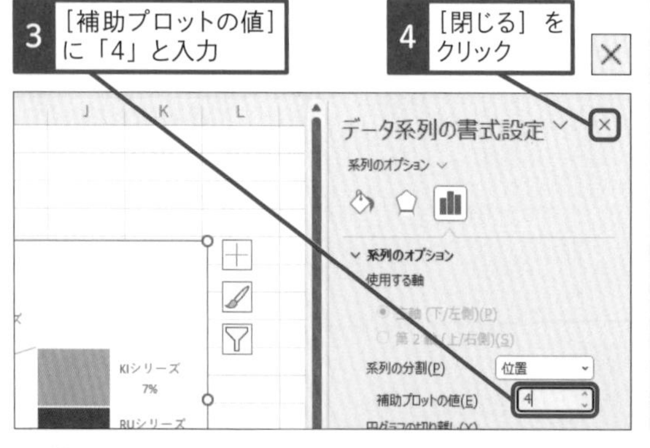

使いこなしのヒント

補助グラフのデータ数

補助縦棒付き円グラフでは、元表の下から数個のデータが自動で補助グラフに配置されます。配置されるデータ数が目的と違った場合は、手順2のように［補助プロットの値］に目的のデータ数を指定します。

このレッスンの練習用ファイルの場合、元表の下から3行分のデータが補助グラフに配置されます。［補助プロットの値］を「4」に変更すると、元表の下から4行目までが補助グラフに配置されます。

3 データラベルを変更する

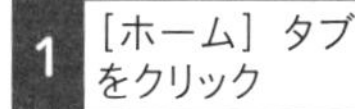

[その他] のデータラベルが読みやすいようにフォントの色を変更する

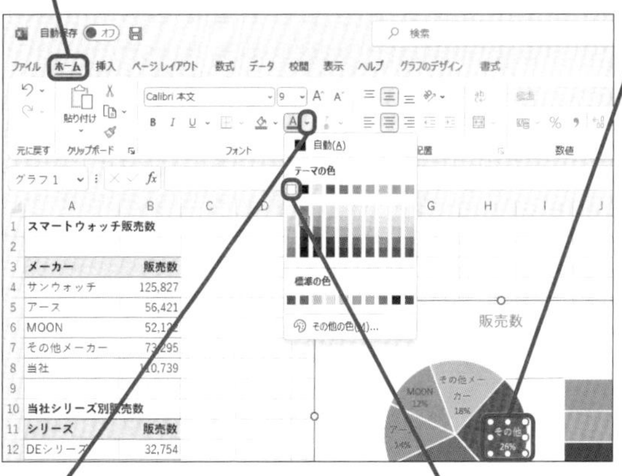

[その他]のデータラベルのフォントの色が変更される

[その他] のデータ要素のデータラベルを「当社」に変更する

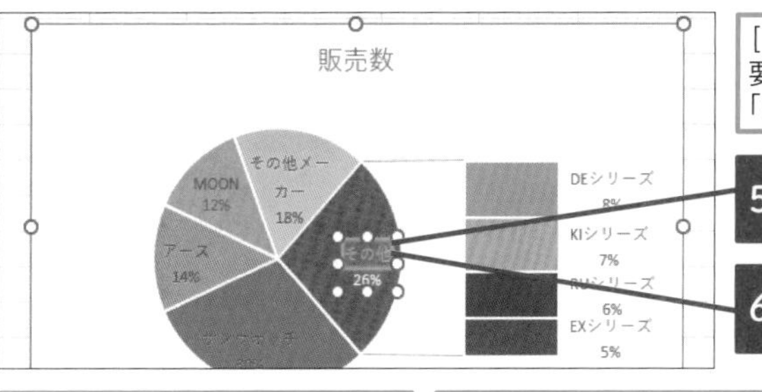

[その他] のデータ要素のデータラベルが「当社」に変更された

必要に応じてグラフタイトルや書式を変更する

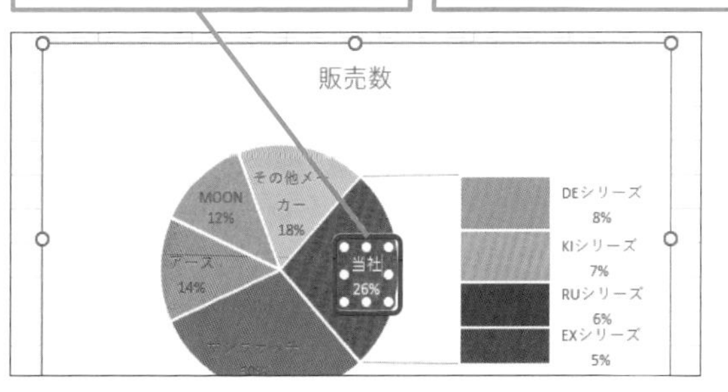

レッスン
49 メーターのようなドーナツグラフを作成するには

ドーナツの穴の大きさと色の設定　練習用ファイル　L49_ドーナツの穴の大きさと色の設定.xlsx

ありきたりじゃない個性的なグラフを作成できる!

Excelのグラフには数多くの設定項目があります。さまざまな設定を駆使すれば、個性豊かなグラフを作成できます。このレッスンでは、メーターのようなドーナツグラフの作成方法を紹介します。設定の最大のポイントは、ドーナツの穴の大きさを広げることです。ドーナツの穴は「0%」から「90%」の範囲で変えられます。大きい値を設定するほど、穴を大きくできます。第2のポイントは配色です。ここでは同系の濃い色と薄い色を設定して、メーターの動きを演出します。第3のポイントは、データラベルを上手に活用することです。[After] のグラフの中央にある「期待する　73%」と書かれた部品は、実はデータラベルなのです。データラベルを使えば分類名（ここでは「期待する」）とパーセンテージを自動で表示できるので簡単です。

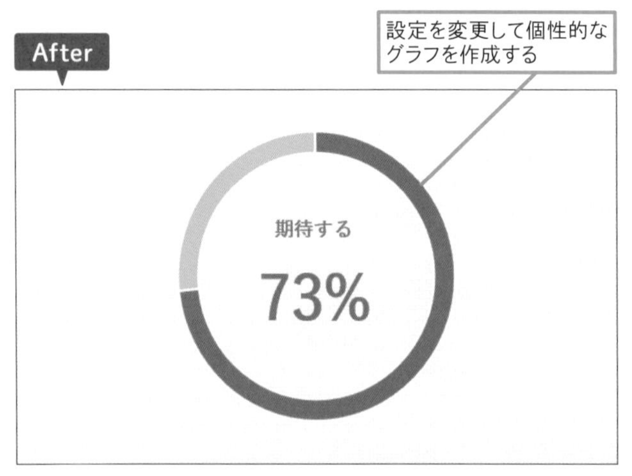

※上記のグラフは、練習用ファイルの[書式設定後]シートに用意されています。

関連レッスン

レッスン61　折れ線の変化が分かるように数値軸を調整しよう　P.238

1 より多くの種類から色を選択する

表からドーナツグラフを作成しておく

グラフタイトルと凡例を削除しておく

1 データ系列をクリック

2 ［書式］タブをクリック

3 ［図形の塗りつぶし］のここをクリック

4 ［塗りつぶしの色］をクリック

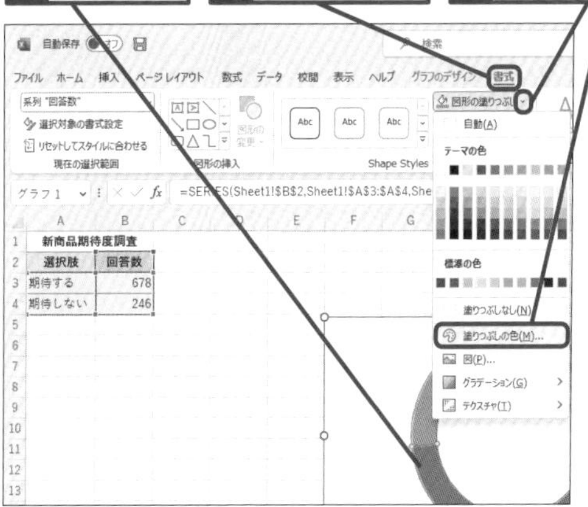

［色の設定］ダイアログボックスが表示された

下から3段目、右から4番目にある色を選択する

5 ここをクリック

6 ［OK］をクリック

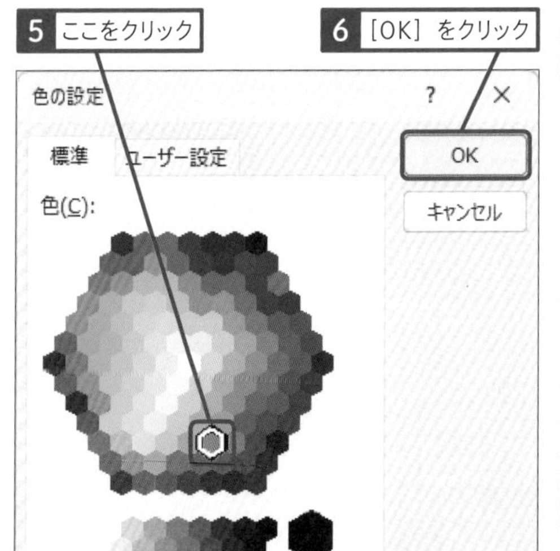

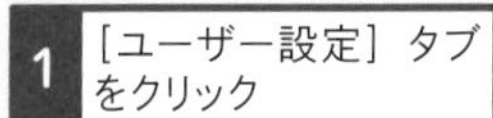

使いこなしのヒント

イメージに合う色が見つからないときは

手順1の［色の設定］ダイアログボックスで色を選んだ後、下図のように操作すると、選択した色の鮮やかさや明るさを調整できます。例えば[鮮やかさ］では、同じ色合い、同じ明るさのまま、くすんだ色に変えられます。設定値の範囲は0～255です。

1 ［ユーザー設定］タブをクリック

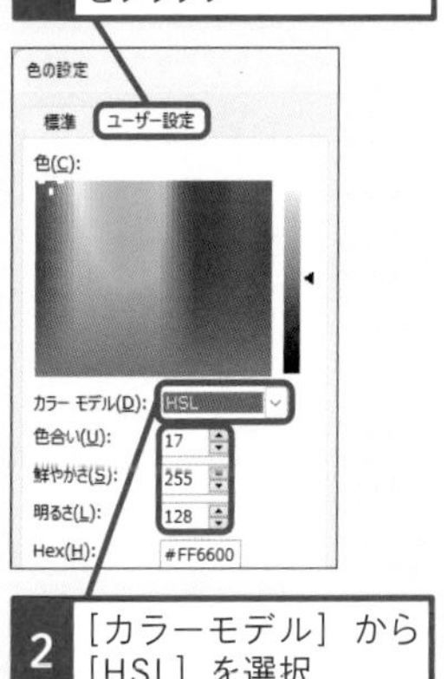

2 ［カラーモデル］から［HSL］を選択

次のページに続く→

2 色を数値で指定する

データ系列の色が変更された

引き続きデータ系列全体が選択されていることを確認する

1 [期待しない] のデータ要素をクリック

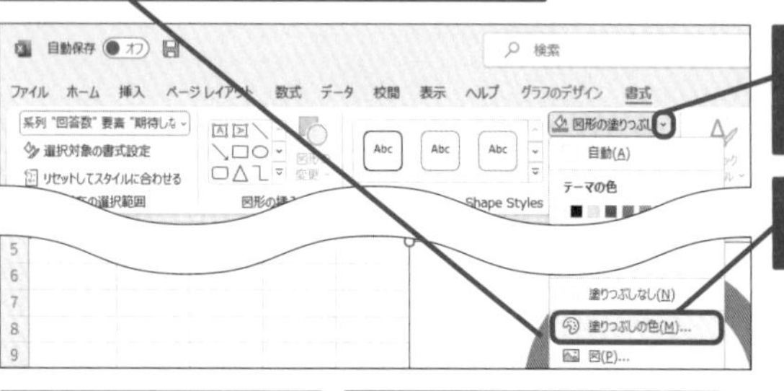

2 [図形の塗りつぶし] のここをクリック

3 [塗りつぶしの色] をクリック

[色の設定] ダイアログボックスが表示された

4 [ユーザー設定] タブをクリック

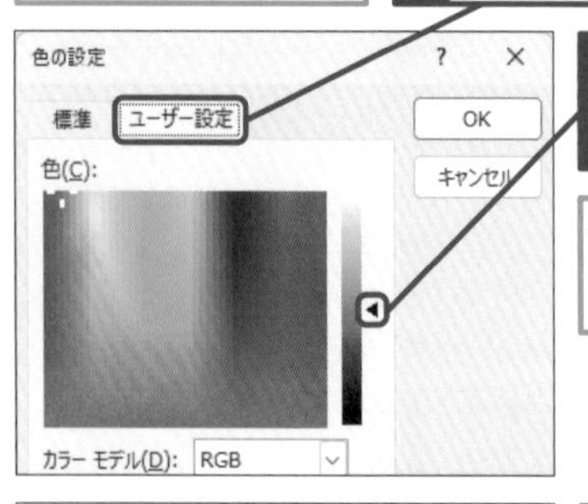

5 ここを [新規] の色が薄いオレンジ色になるまで上にドラッグ

ここでは [赤] が「255」、[緑] が「213」、[青] が「185」になるように設定した

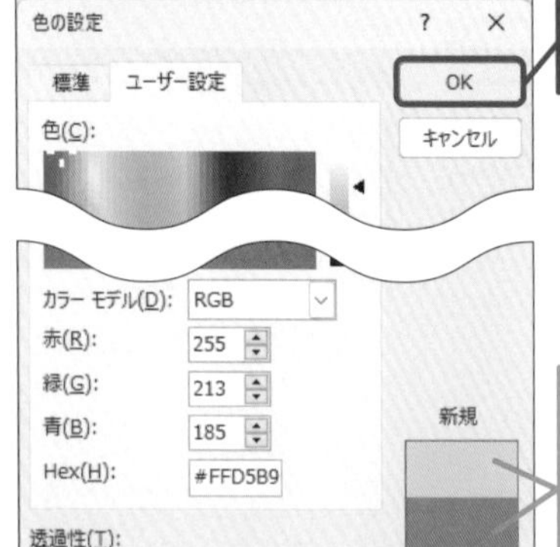

6 [OK] をクリック

上半分の [新規] に今から設定する色、下半分の [現在の色] に現在の色が表示される

使いこなしのヒント

データ系列全体に色を付けておく

手順1でデータ系列に色を設定しておくと、手順2で [期待しない] のデータ要素の色を設定するときに、手順1で設定した色を基準に調整を行えます。ここでは、データ系列にオレンジ色を設定し、それを基準に [期待しない] の色を明るくしていきます。

3 ドーナツの穴の大きさを変更する

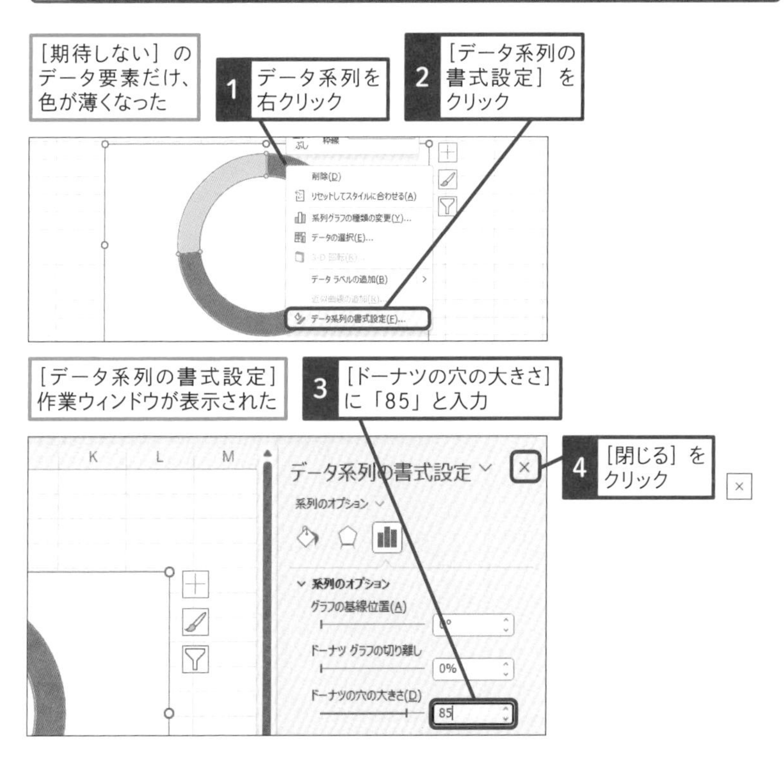

4 データラベルを追加する

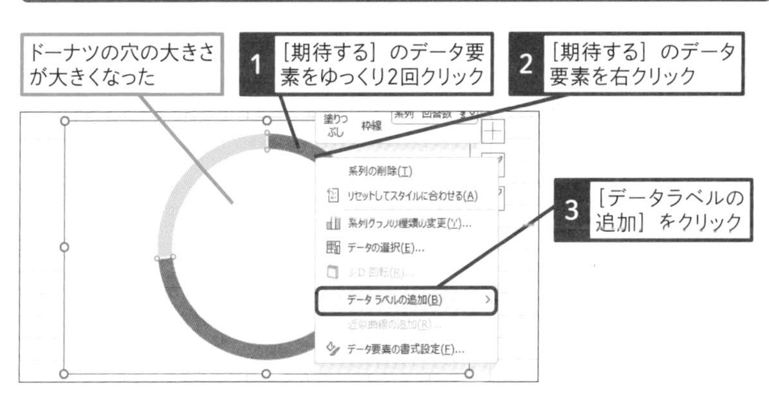

次のページに続く

● データラベルの書式を設定する

データラベルが追加された

4 ［期待する］のデータ要素を右クリック

5 ［データラベルの書式設定］をクリック

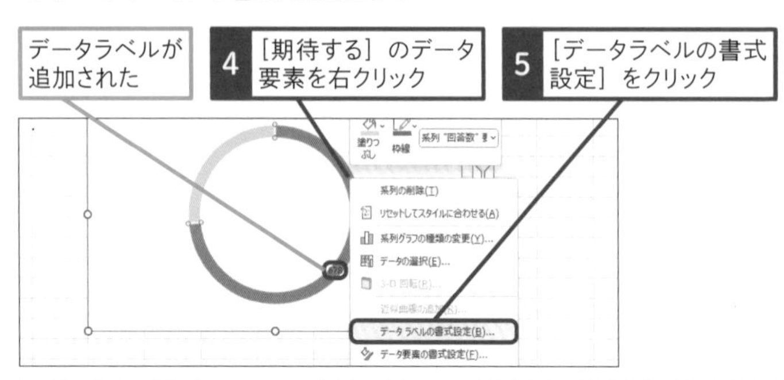

［データラベルの書式設定］作業ウィンドウが表示された

6 ［分類名］と［パーセンテージ］のここをクリックしてチェックマークを付ける

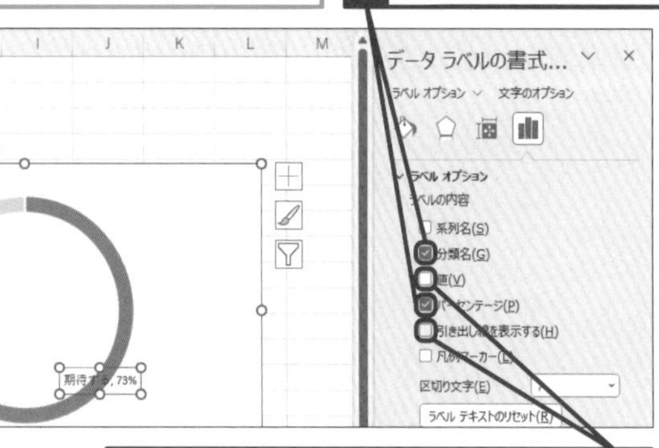

7 ［値］と［引き出し線を表示する］のここをクリックしてチェックマークをはずす

8 ［区切り文字］のここをクリックして［(改行)］を選択

9 ［閉じる］をクリック

使いこなしのヒント

引き出し線を無効にしておく

手順4の操作7で［引き出し線を表示する］のチェックマークをはずしています。この操作を忘れると、データラベルをドーナツの穴の中央に移動したときに引き出し線が表示されてしまうので注意してください。

5 データラベルを目立たせる

1 データラベルをゆっくり2回クリック

2 ここまでドラッグ

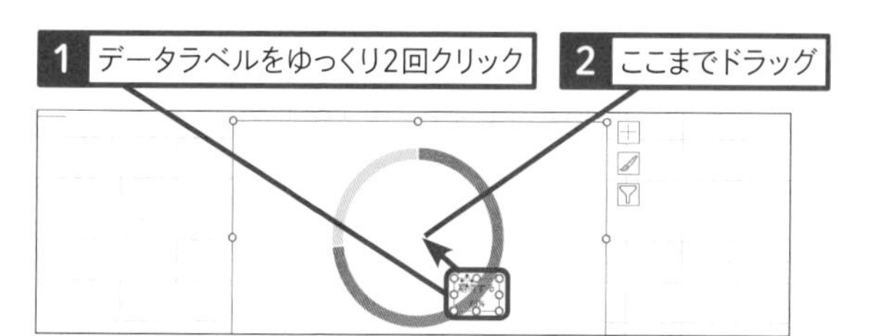

フォントを［游ゴシックMedium］に変更しておく

レッスン10を参考に、フォントサイズを［12］に変更しておく

フォントの色をドーナツグラフに合わせる

3 ［ホーム］タブをクリック

4 ［フォントの色］のここをクリック

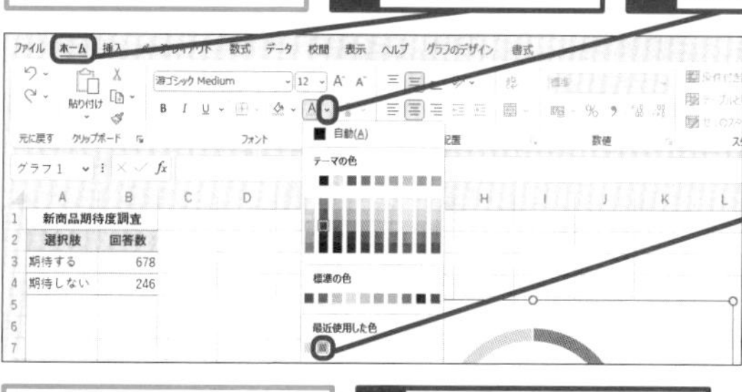

5 ［最近使用した色］の［オレンジ］をクリック

「73%」の文字だけ、フォントのサイズを大きくする

6 データラベルをゆっくり2回クリック

7 「73%」の文字をドラッグして選択

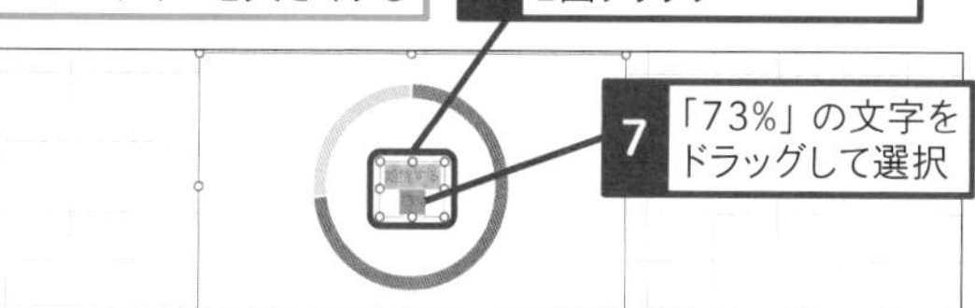

8 ［フォントサイズ］のここをクリック

9 ［36］をクリック

データラベルの位置と大きさを調整しておく

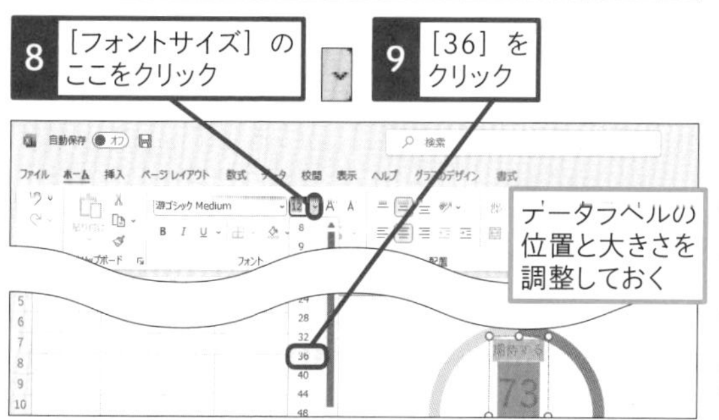

使いこなしのヒント

「73%」を1行に収めるには

「73％」のフォントサイズを大きくすると、「％」が次行に移動したり、「73％」の代わりに「…」が表示されてしまう場合があります。データラベルをゆっくり2回クリックすると、八方に白丸のハンドルが表示されます。そのハンドルをドラッグしてデータラベルを大きくすると、「73％」を1行に収められます。

スキルアップ

グラフをコピーして使い回すには

書式やレイアウトを調整したグラフをコピーして使い回すと、設定の手間が省けて効率的です。グラフをコピーするとコピー元と同じデータ範囲のグラフが作成されるので、カラーリファレンスをドラッグしてデータ範囲を適切に変更しましょう。なお、以下の手順のグラフは、レッスン09で紹介した［色の変更］の機能を使用してデータ要素の色を一括設定しています。データ要素ごとに［書式］タブの［図形の塗りつぶし］から個別に色を設定した場合、データ範囲を変更したときに色が解除されてしまうので注意してください。

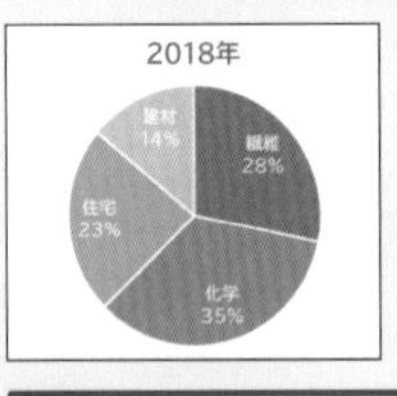

2018年のグラフをコピーして2023年のグラフを作成する

1 ［2018年］のグラフのグラフエリアにマウスポインターを合わせる

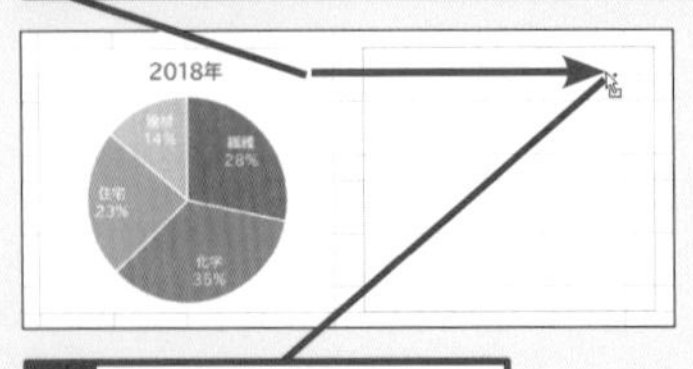

2 Ctrl キーを押しながらここまでドラッグ

［2018年］のグラフがコピーされた

3 コピーしたグラフのプロットエリアをクリック

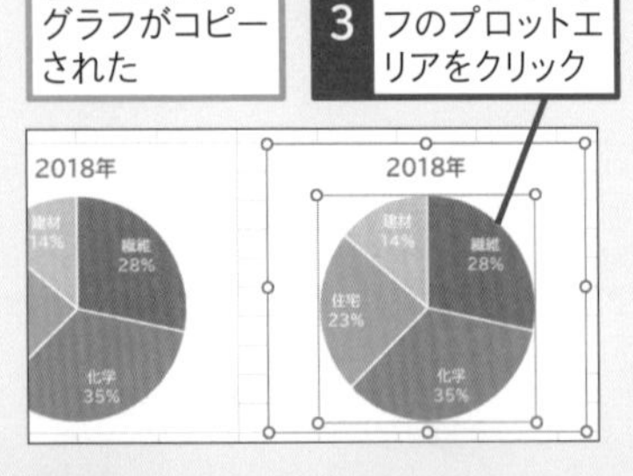

4 青のカラーリファレンスにマウスポインターを合わせる

5 ここまでドラッグ

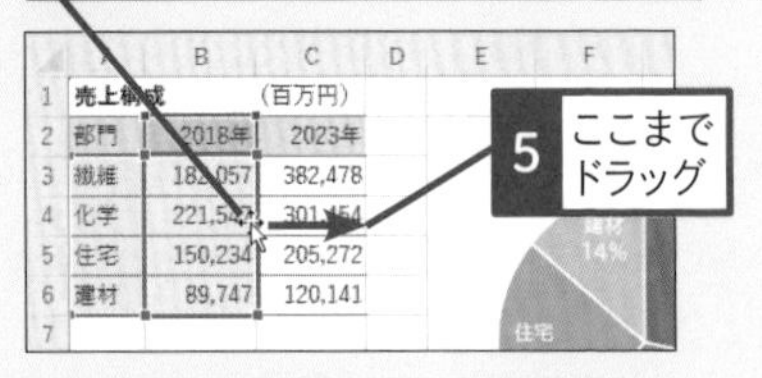

	A	B	C	D	E	F
1	売上構成		（百万円）			
2	部門	2018年	2023年			
3	繊維	182,057	382,478			
4	化学	221,547	301,454			
5	住宅	150,234	205,272			
6	建材	89,747	120,141			
7						

コピーしたグラフのデータ範囲が2023年のデータに変更された

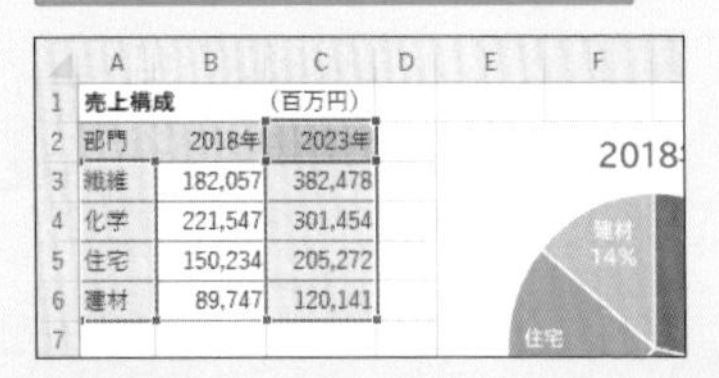

	A	B	C	D	E	F
1	売上構成		（百万円）			
2	部門	2018年	2023年			
3	繊維	182,057	382,478			
4	化学	221,547	301,454			
5	住宅	150,234	205,272			
6	建材	89,747	120,141			
7						

2023年のデータでグラフを作成できた

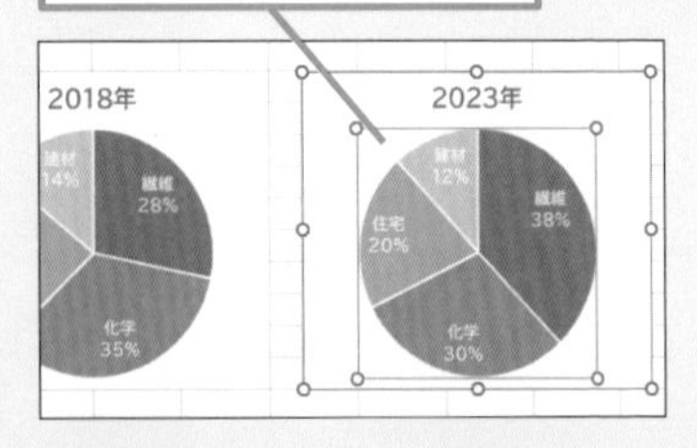

活用編

第8章

データの特性に合わせて数値を視覚化しよう

ここまで、棒グラフ、折れ線グラフ、円グラフと、比較的馴染みの深いグラフを扱ってきました。しかし、Excelのグラフ機能は強力で、このほかにも専門性の高いさまざまなグラフを作成できます。ここでは、そのようなグラフの作成テクニックを身に付けましょう。

レッスン

50 性能や特徴のバランスを表すには

レーダーチャート　練習用ファイル　L50_レーダーチャート.xlsx

最大値の設定が評価を正しく表すポイント

製品の機能性や操作性、デザインなど評価のバランスをグラフで表すときは、「レーダーチャート」を使用しましょう。試験科目ごとの得点のバランスを表したいときにも便利です。

レーダーチャートでは、数値のバランスを多角形で表します。多角形が正多角形に近ければバランスがよく、ゆがんでいればバランスが悪いと判断できます。また、多角形が大きければ評価が高く、小さければ評価が低いと判断できます。多角形で評価の高さを正しく判断するには、軸の最大値をきちんと設定して、評価が何点満点中の何点であるかを明確にすることが大切です。次ページからの手順では、10点を満点とした製品別ユーザーレビューの結果からレーダーチャートを作成していきます。[DS425] と [TM605] という製品の系列が2つ、評価項目が5つあるので、下の例のように五角形が2つ表示されたグラフになります。

After

製品の機能や操作性に関する評価とバランスがひと目で分かる

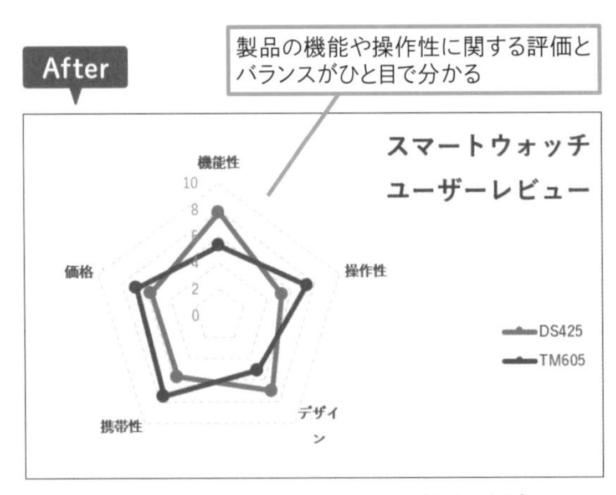

※上記の [After] のグラフは、練習用ファイルの [書式設定後] シートに用意されています。

関連レッスン
レッスン51
2種類の数値データの相関性を表すには
P.200

1 レーダーチャートを作成する

グラフにしたいデータ範囲を選択する

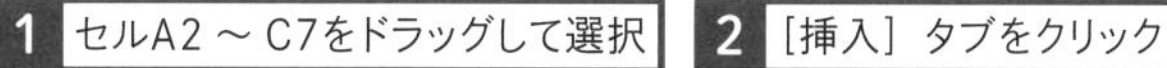

1 セルA2 ～ C7をドラッグして選択

2 ［挿入］タブをクリック

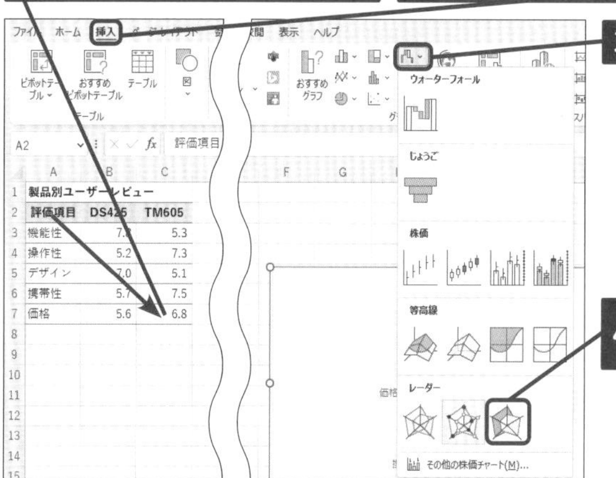

	A	B	C
1	製品別ユーザーレビュー		
2	評価項目	DS426	TM605
3	機能性	7.3	5.3
4	操作性	5.2	7.3
5	デザイン	7.0	5.1
6	携帯性	5.7	7.5
7	価格	5.6	6.8

3 ここをクリック

4 ［マーカー付きレーダー］をクリック

2 レーダー（値）軸の目盛りを設定する

「8.0」「6.0」などと表示されているレーダー（値）軸の最大値と目盛り間隔を設定する

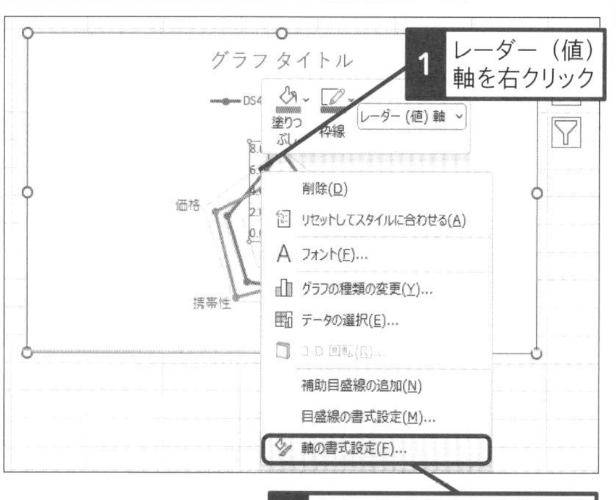

1 レーダー（値）軸を右クリック

2 ［軸の書式設定］をクリック

使いこなしのヒント

レーダー（値）軸って何?

レーダーチャートの数値軸を「レーダー（値）軸」と呼びます。軸は項目と同じ数だけあり、中心から外に向かって放射状に伸びています。レーダー（値）軸を選択するには、いずれかの軸の直線の部分をクリックするか、手順2の操作1のように目盛りの数値をクリックしましょう。

次のページに続く ➡

● レーダー（値）軸の最大値と表示形式を変更する

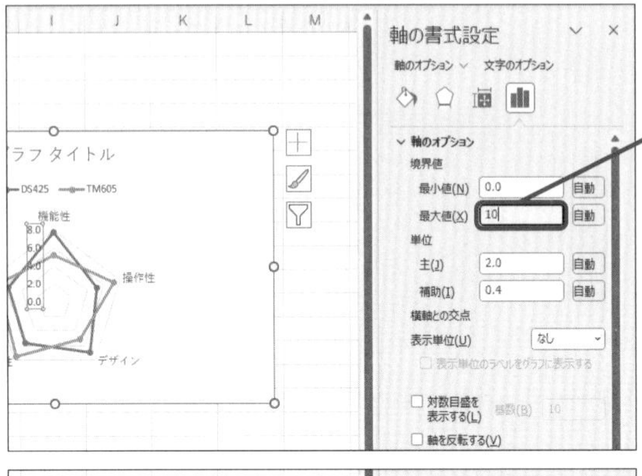

レーダー（値）軸を10段階にする

3 ［最大値］に「10」と入力

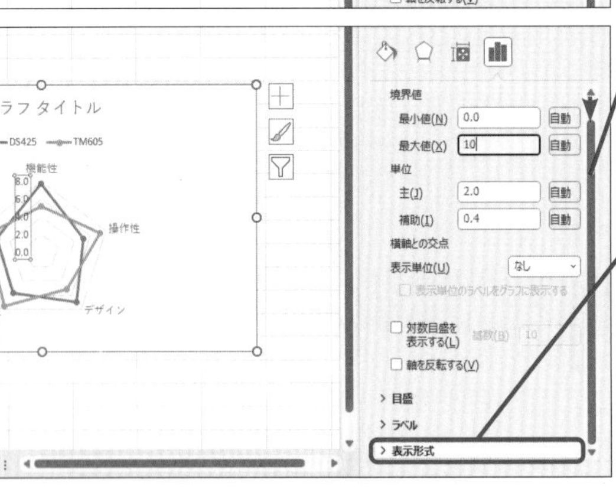

4 ここを下にドラッグしてスクロール

5 ［表示形式］をクリック

［表示形式］の設定項目が表示された

6 ここを下にドラッグしてスクロール

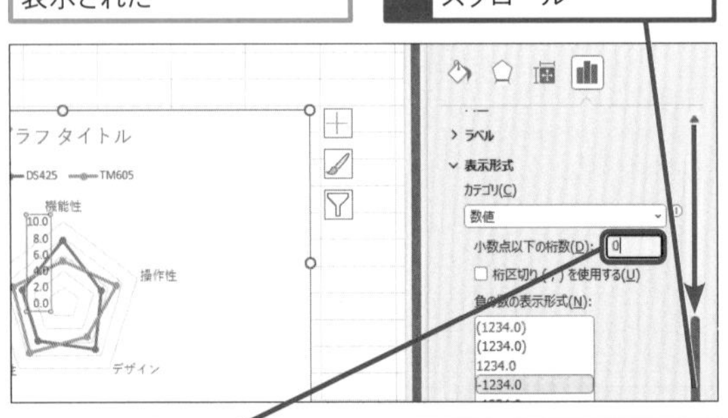

7 ［小数点以下の桁数］に「0」と入力

8 ［閉じる］をクリック

使いこなしのヒント

表示形式を変更して目盛りを整数にする

作成直後のレーダーチャートの目盛りには、「0.0、2.0、4.0」のように元表と同じ小数第1位までの数値が表示されます。手順2の操作5以降で、小数点以下の表示桁数を「0」に変更して、目盛りの数値を「0、2、4」のような整数表示にしています。

● 軸の表示を確認する

軸の表示が変更された

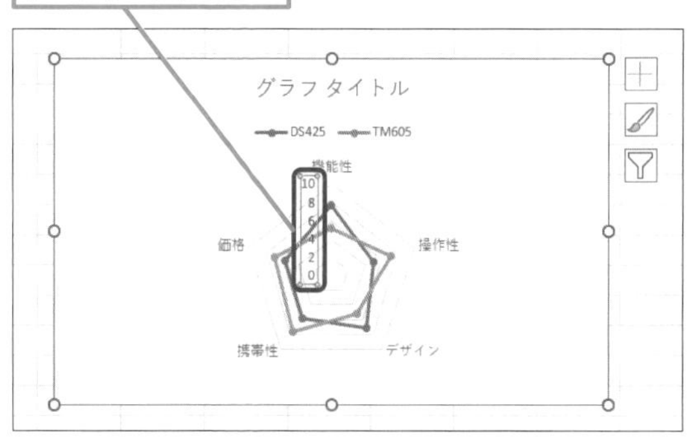

必要に応じてグラフの位置や書式を変更しておく

使いこなしのヒント

軸の最大値をきちんと設定しよう

レーダーチャートは多角形の大きさで評価の高さを判断するので、レーダー（値）軸（レーダーチャートの数値軸）の最大値をきちんと設定しておかないと正しい判断ができません。ここでは元表のデータが10点満点中の得点なので、軸の最大値を10に変更します。

最大値が「8」に設定されている

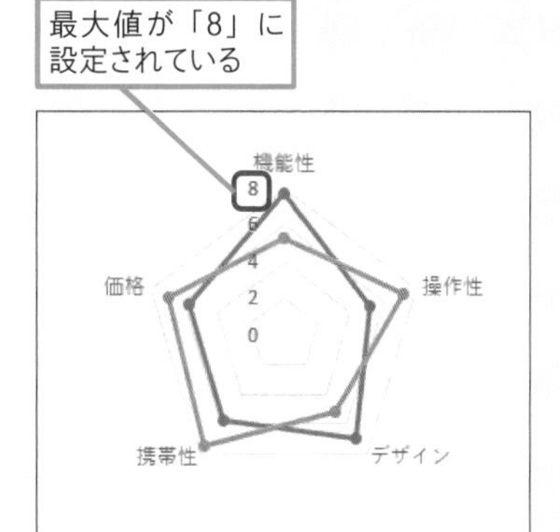

最大値が「10」に設定されている

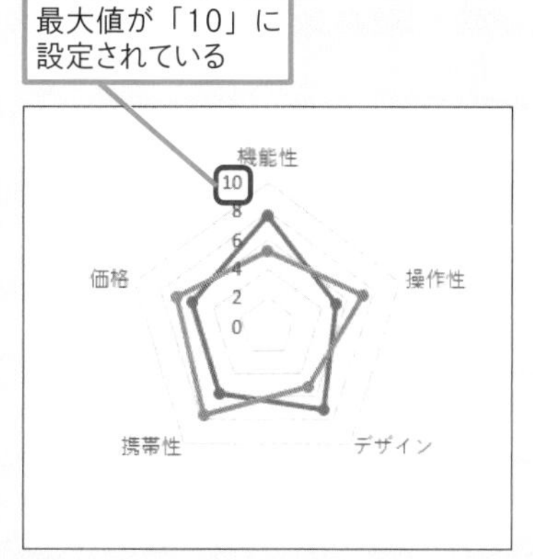

レッスン 51

2種類の数値データの相関性を表すには

散布図と近似曲線　練習用ファイル　L51_散布図と近似曲線.xlsx

点のばらつきで広告費と売り上げの相関性を見分ける

「広告費と売り上げに関係はあるのか」「気温と売り上げの関係はどうか」というように、2種類の数値の関係を調べたいときは、散布図を使用します。散布図とは、縦軸と横軸の両方が数値軸になっているグラフです。例えば広告費と売り上げの数値から散布図を作成するときは、「広告費を○円かけたときの売り上げは○円」という1件のデータを、散布図上の1つの点で表します。データ数を増やせば散布図上の点が増え、点のばらつき具合で2種類のデータの相関性を判断できるようになります。ばらつきが小さく、何らかの傾向が見える場合は、相関関係があると見なせます。点の数が多いほど、データの信頼性は高くなります。

近似曲線で相関関係がはっきり分かる!

データに相関関係がある場合、散布図に適切な近似曲線を加えると、より相関関係が鮮明になります。下のグラフには直線の近似曲線を入れています。これにより、「広告費を○万円かけると、○万円の売り上げが見込める」という、より具体的なデータ分析が可能になります。

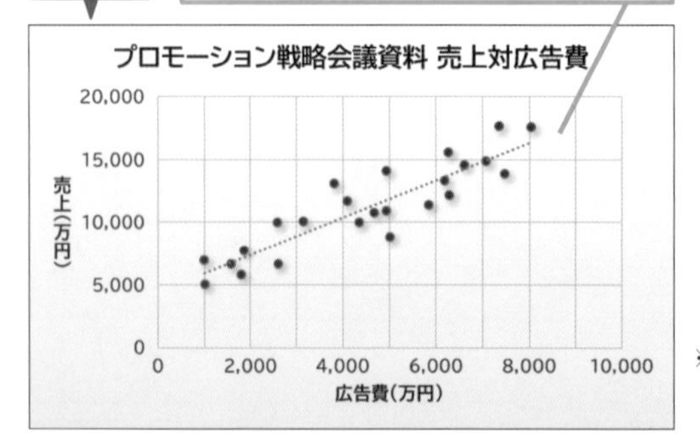

関連レッスン
レッスン50
性能や特徴のバランスを表すには　P.196

※左記のグラフは、練習用ファイルの［書式設定後］シートに用意されています。

活用編 第8章 データの特性に合わせて数値を視覚化しよう

1 散布図を作成する

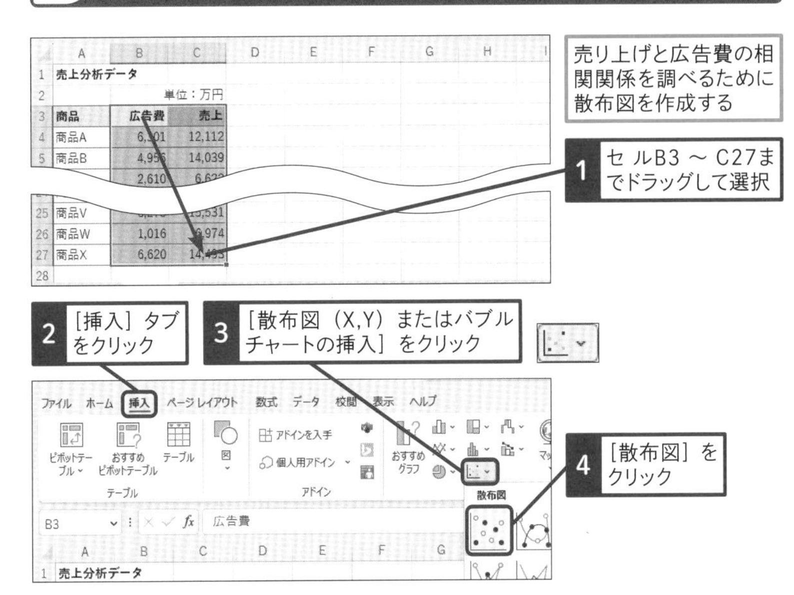

2 近似曲線を追加する

売り上げと広告費のデータから散布図が作成された

データが正確に選ばれているか確認する

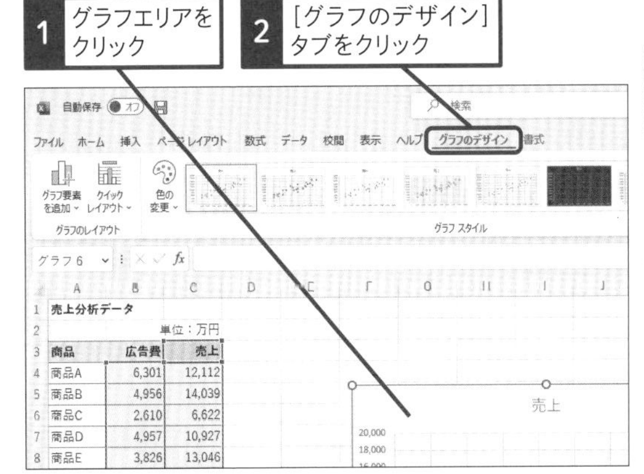

用語解説

近似曲線

近似曲線とは、相関関係にあるデータの傾向を表す直線や曲線です。棒グラフ、折れ線グラフ、散布図、株価チャート、バブルチャートに追加できます。3-Dグラフには追加できません。

次のページに続く

● 追加する近似曲線を選択する

広告費と売り上げの相関関係を明確に表すために近似曲線を追加する

3 [グラフ要素を追加] をクリック

4 [近似曲線] をクリック

5 [線形] をクリック

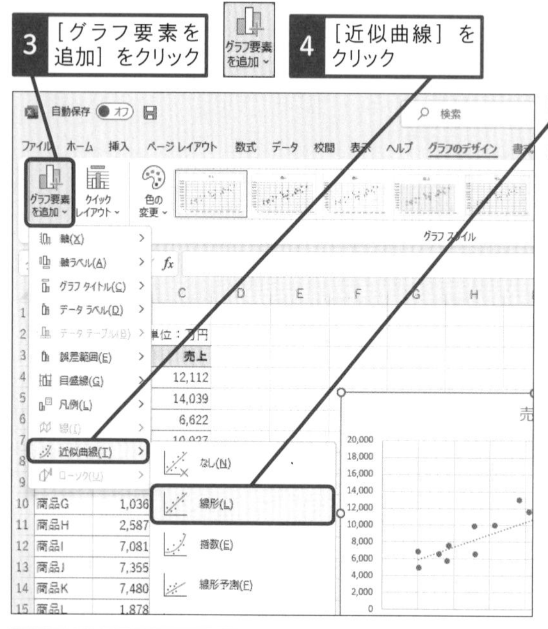

売り上げと広告費の相関関係を表す近似曲線が追加された

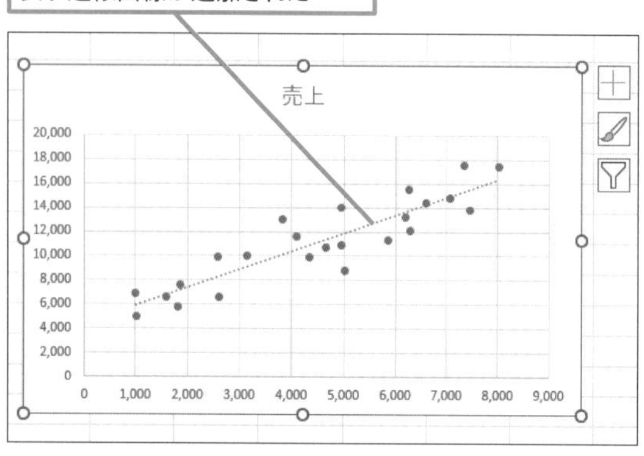

必要に応じてグラフの位置や書式を変更しておく

活用編 第8章 データの特性に合わせて数値を視覚化しよう

使いこなしのヒント

相関関係って何?

相関関係とは、2種類のデータのうち、一方を増減すると、もう一方も連動して変化する関係です。下の散布図からは、かき氷の売り上げと気温は相関関係があり、食パンの売り上げと気温は相関関係がないことが読み取れます。

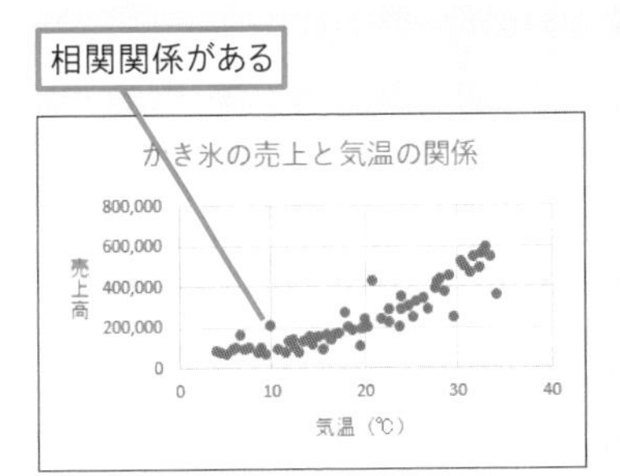

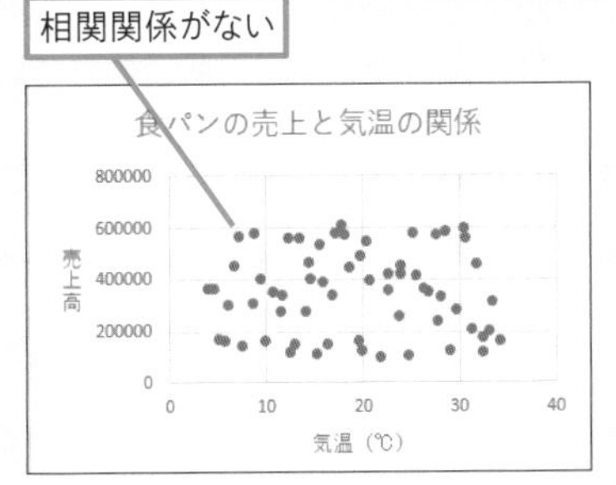

使いこなしのヒント

近似曲線の種類を変更するには

操作5のメニューから［その他の近似曲線オプション］をクリックすると、［近似曲線の書式設定］作業ウィンドウが表示され、近似曲線の種類を選べます。直線的に変化する場合は［線形近似］、増加の幅が大きくなっていく場合は［指数近似］という具合に、データの傾向に合わせて選びましょう。その際、［グラフに数式を表示する］にチェックマークを付けると、近似曲線の数式を自動表示できます。

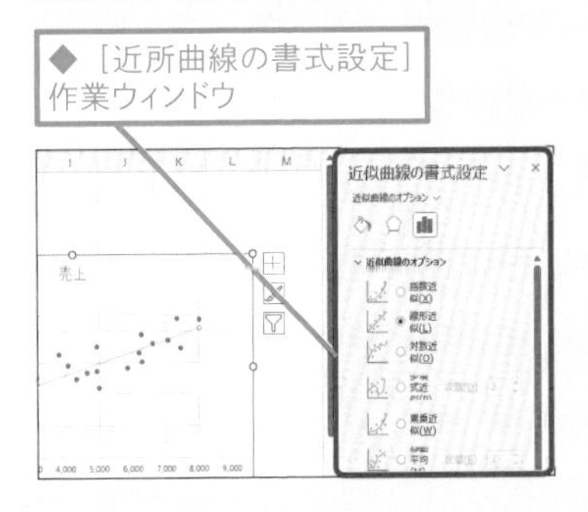

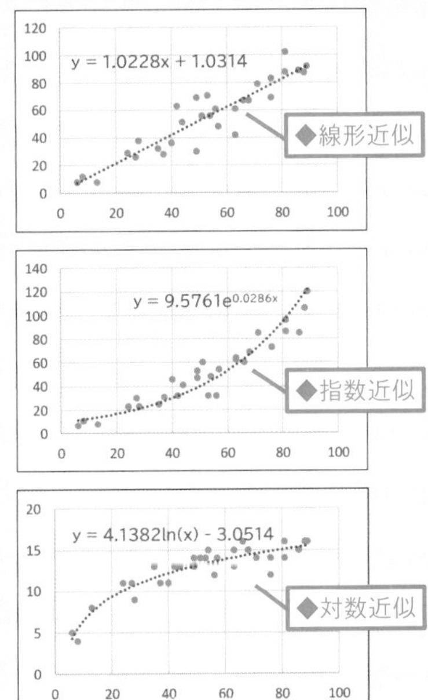

レッスン
52 財務データの正負の累計を棒グラフで表すには

動画で見る

ウォーターフォール図　練習用ファイル　L52_ウォーターフォール図.xlsx

数値データの累計の様子を分かりやすく視覚化できる

「ウォーターフォール図」を使用すると、正負の数値の累計計算の過程を分かりやすくグラフ化できます。下のグラフは、財務データを表したウォーターフォール図です。期首残高に、営業や投資などによる損益を順に加算していき、期末残高を求める様子を表現しています。プラスの数値は青、マイナスの数値はオレンジというように棒を色分けしているので、各項目がプラスなのかマイナスなのかがひと目で分かります。また、最終的な計算結果である期末残高は、正負とは別の色の棒で表示して区別しています。項目名と数値を並べた表から簡単に作成できるので、累計の様子を視覚化したいときにぜひ活用してください。

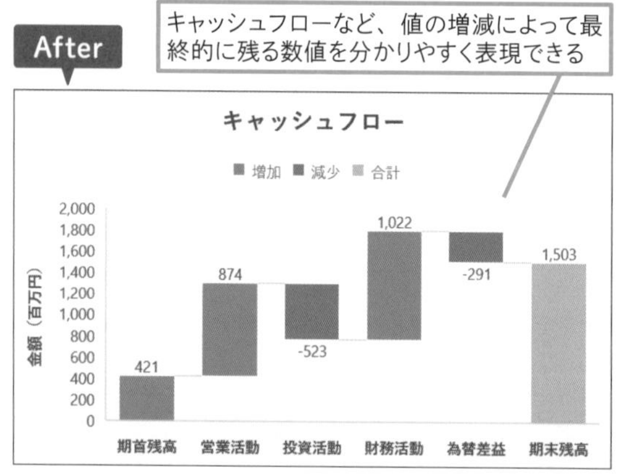

※上記の［After］のグラフは練習用ファイルの［書式設定後］シートに用意されています。

使いこなしのヒント

期末残高をSUM関数で求める

キャッシュフローとは、現金の流れのことです。練習用サンプルの表では、セルB3に期首残高、セルB4～B7に項目ごとの今期の金額が入力されています。また、セルB8には「=SUM(B3:B7)」という数式が入力されており、期末残高としてセルB3～B7の合計が求められています。

関連レッスン

レッスン23	項目名を負の目盛りの下端位置に表示するには	P.94
レッスン41	上下対称グラフを作成するには	P.154

1 ウォーターフォール図を作成する

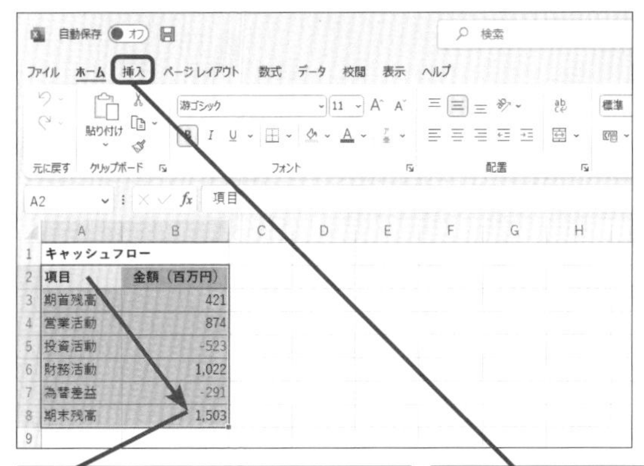

ここではキャッシュフローをグラフ化する

1 セルA2 ～ B8をドラッグして選択

2 ［挿入］タブをクリック

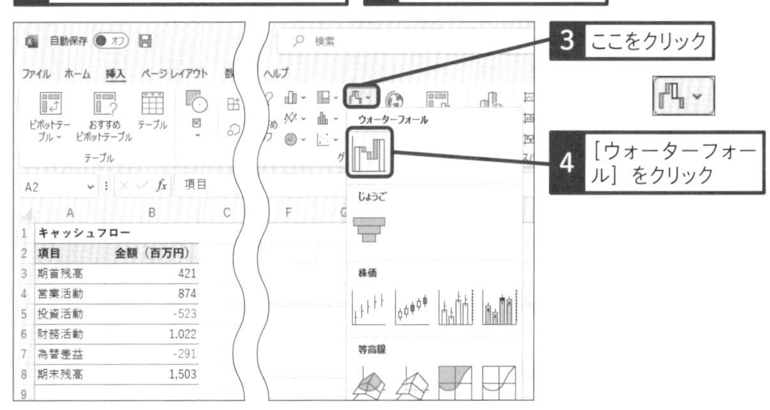

3 ここをクリック

4 ［ウォーターフォール］をクリック

使いこなしのヒント

さまざまなデータから作成できる

ウォーターフォール図は、正数だけ、または負数だけのデータからでも作成できます。次の図は、四半期ごとの売上高の累計を表示したグラフです。

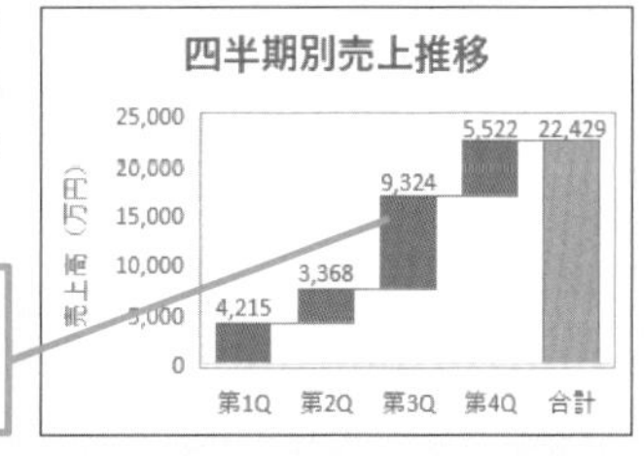

ウォーターフォール図にすることで、第3Qの売上高が最も高いことがすぐに伝わる

52 ウォーターフォール図

次のページに続く

2 期末残高を合計として設定する

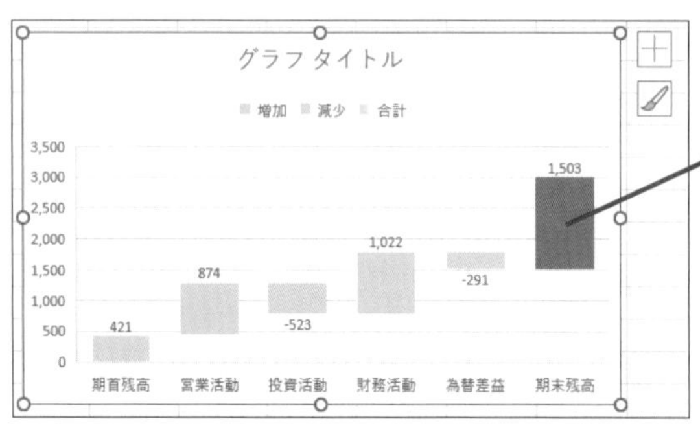

ウォーターフォール図が作成された

1 ［期末残高］のデータ要素を2回クリックして選択

データ要素が選択されると、ほかのデータ要素が半透明で表示される

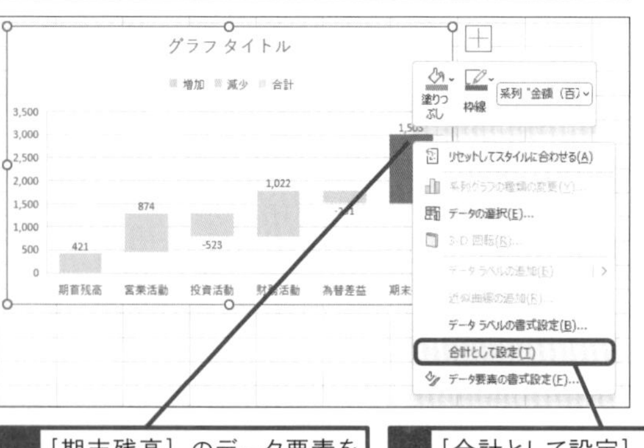

［期末残高］のデータ要素の表示方法を変更する

2 ［期末残高］のデータ要素を右クリック

3 ［合計として設定］をクリック

使いこなしのヒント

累計の位置に注目しよう

正数の棒の場合、上端の位置がそれまでの数値の累計を表します。また、負数の棒の場合、下端の位置がそれまでの数値の累計を表します。なお、右のグラフは、累計の位置を見やすくするためにデータラベルを削除してあります。

［期首残高］と［営業活動］の累計は［営業活動］の棒の上端になる

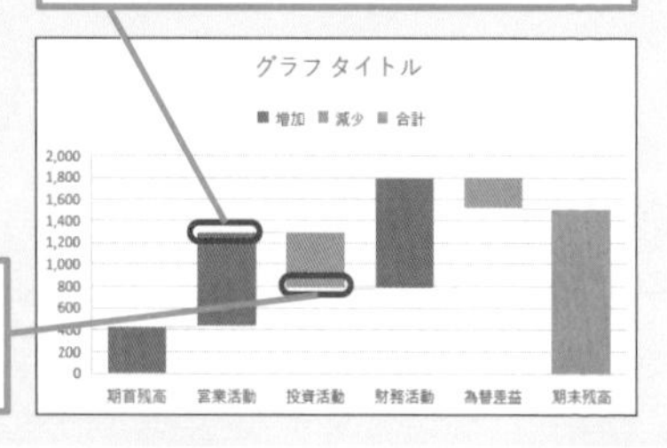

［期首残高］と［営業活動］、［投資活動］の累計が［投資活動］の下端になる

3 ［増加］の棒の色を変更する

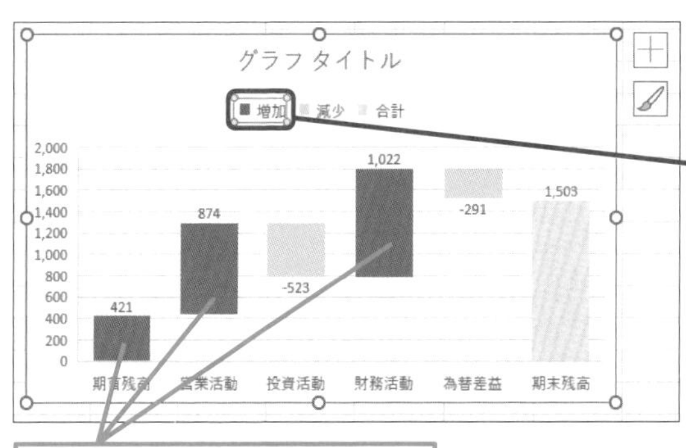

［増加］の色を変更する

1 凡例の［増加］を2回クリック

すべての［増加］の棒が選択される

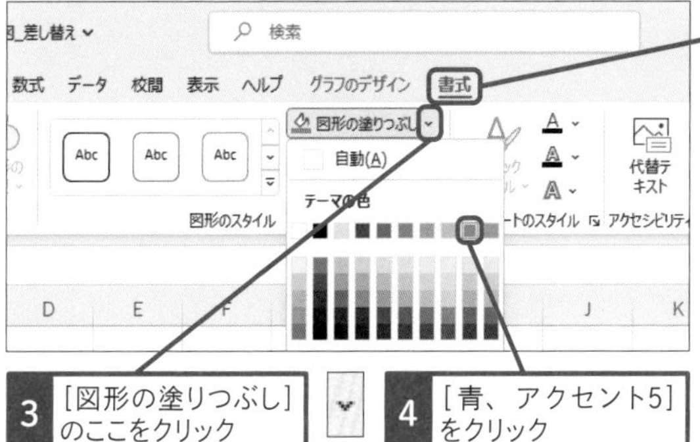

2 ［書式］タブをクリック

3 ［図形の塗りつぶし］のここをクリック

4 ［青、アクセント5］をクリック

［増加］の色が変更される

同様に［減少］と［合計］も色を設定しておく

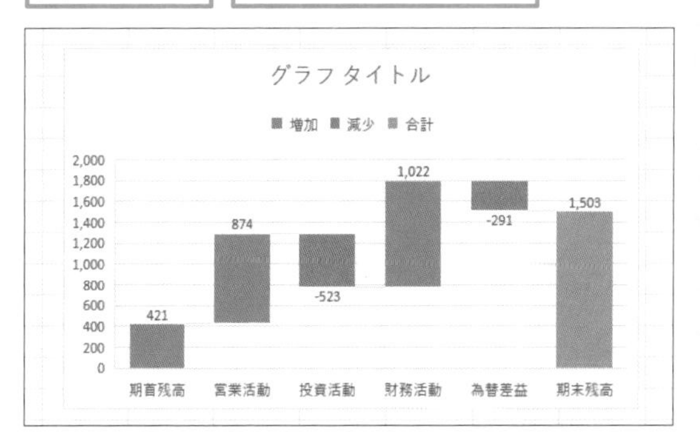

使いこなしのヒント

増加、減少、合計の色を一気に変更するには

通常、凡例には系列名が表示されますが、ウォーターフォール図には「増加」「減少」「合計」の文字が表示されます。凡例から［増加］を選択すると、グラフ上の［増加］の棒をまとめて選択できます。その状態で塗りつぶしの色を設定すると、すべての［増加］の棒の色を変更できます。

レッスン
53 ヒストグラムで人数の分布を表すには

FREQUENCY関数　練習用ファイル　L53_FREQUENCY関数.xlsx

データのばらつきや分布が即座に分かる！

数値データを10ごと、100ごと、というように一定の区間で区切って、区間ごとのデータ数を集計することがあります。そのような集計表を「度数分布表」と呼び、また、度数分布表から作成した棒グラフを「ヒストグラム」と呼びます。このレッスンでは、社内英語検定の受験結果の表から、10点刻みの区間に何人の受験者が含まれるかを集計し、度数分布表を作成します。受験者数はFREQUENCY関数という関数を使用して集計するので、自分で数える必要はありません。度数分布表さえしっかり作成しておけば、ヒストグラム自体は単純な棒グラフなので簡単に作成できます。どの得点層にどれだけの人数が含まれているかが即座に分かり、得点ごとの人数の分布を把握するのに便利です。

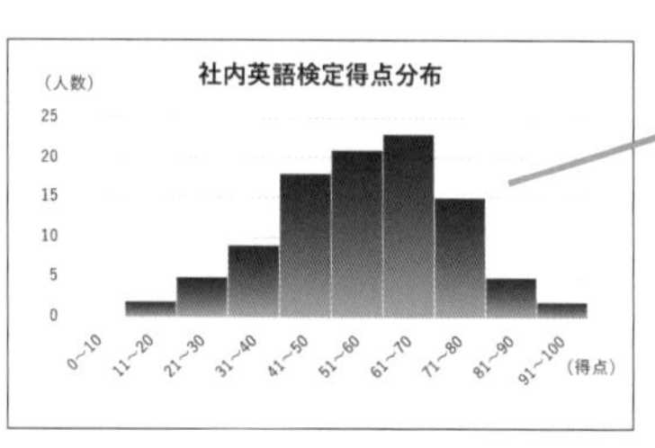

※上記のグラフは、練習用ファイルの［書式設定後］シートに用意されています。

関連レッスン
レッスン36
棒を太くするには　P.138

Before

	A	B	C	D
1	社内英語検定結果			
2	社員番号	社員名	得点	
3	1001	松　洋子	74	
4	1002	鈴木　隆	18	
5	1003	友永　秀雄	69	
6	1004	河合　真美	78	
7	1005	杉浦　奈津子	52	
8	1006	大石　友香	52	
9	1007	夏目　裕一	56	
10	1008	園田　慶介	56	
11	1009	元木　五郎	55	
12	1010	野田　登美子	47	
13	1011	西浦　健太	68	

After

10点刻みの区間となる値を表に入力して、人数を集計する

	A	B	C	D	E	F	G	H
1	社内英語検定結果							
2	社員番号	社員名	得点		区間	人数		
3	1001	松　洋子	74		0～10	0	10	
4	1002	鈴木　隆	18		11～20	2	20	
5	1003	友永　秀雄	69		21～30	5	30	
6	1004	河合　真美	78		31～40	9	40	
7	1005	杉浦　奈津子	52		41～50	18	50	
8	1006	大石　友香	52		51～60	21	60	
9	1007	夏目　裕一	56		61～70	23	70	
10	1008	園田　慶介	56		71～80	15	80	
11	1009	元木　五郎	55		81～90	5	90	
12	1010	野田　登美子	47		91～100	2		
13	1011	西浦　健太	68					

1 得点分布表を作成する

社内英語検定の点数分布をグラフで表すために、得点分布表を作成する

どの得点層にどれだけ人数がいるかを把握するために、区間の最大値を入力する

	A	B	C	D	E	F	G	H	I
1	社内英語検定結果								
2	社員番号	社員名	得点		区間	人数			
3	1001	松　洋子	74		0～10		10		
4	1002	鈴木　隆	18		11～20		20		
5	1003	友永　秀雄	69		21～30		30		
6	1004	河合　真美	78		31～40		40		
7	1005	杉浦　奈津子	52		41～50		50		
8	1006	大石　友香	52		51～60		60		
9	1007	夏目　裕一	56		61～70		70		
10	1008	園田　慶介	56		71～80		80		
11	1009	元木　五郎	55		81～90		90		
12	1010	野田　登美子	47		91～100				
13	1011	西浦　健太	68						

1 セルG3 ～ G11に区間の最大値を入力

FREQUENCY関数を入力して、セルC3 ～ C102にある各得点からセルE3 ～ E12にある得点区間の人数を集計する

2 セルF3 ～ F12をドラッグして選択

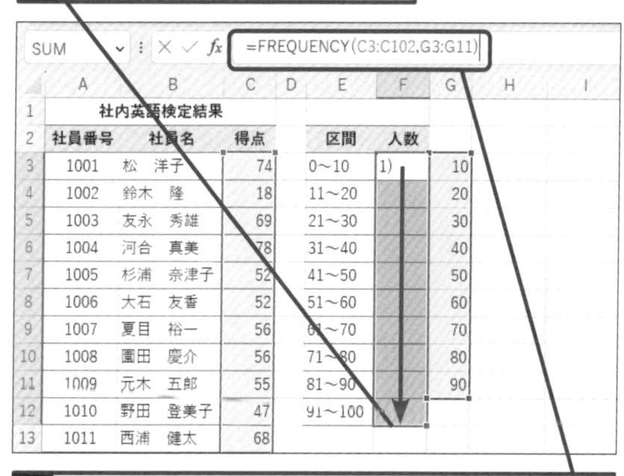

SUM　=FREQUENCY(C3:C102,G3:G11)

	A	B	C	D	E	F	G	H	I
1	社内英語検定結果								
2	社員番号	社員名	得点		区間	人数			
3	1001	松　洋子	74		0～10	1)	10		
4	1002	鈴木　隆	18		11～20		20		
5	1003	友永　秀雄	69		21～30		30		
6	1004	河合　真美	78		31～40		40		
7	1005	杉浦　奈津子	52		41～50		50		
8	1006	大石　友香	52		51～60		60		
9	1007	夏目　裕一	56		61～70		70		
10	1008	園田　慶介	56		71～80		80		
11	1009	元木　五郎	55		81～90		90		
12	1010	野田　登美子	47		91～100				
13	1011	西浦　健太	68						

3 数式バーに「=FREQUENCY(C3:C102,G3:G11)」と入力

4 Ctrl + Shift + Enter キーを押す

使いこなしのヒント

各区間の最大値を入力しておく

このレッスンでは、FREQUENCY関数を使用して度数分布表を作成します。FREQUENCY関数は、各区間の最大値を並べたセル範囲を引数にするので、度数分布表には、「10」や「20」など各区間の最大値を入力しておきます。なお、FREQUENCY関数で求められる人数の個数は、最大値の個数より1つ多くなるので、セルG12に「100」を入力する必要はありません。

使いこなしのヒント

スピル機能を利用してもいい

Excel 2021とMicrosoft 365では、操作1の後、操作3の数式をセルF3に入力して Enter キーを押すだけで、自動的にセルF12までの範囲に人数が表示されます。このように数式の入力範囲が自動拡張する機能を「スピル」、自動拡張する数式を「動的配列数式」と呼びます。

次のページに続く

● 得点の区間人数が表示された

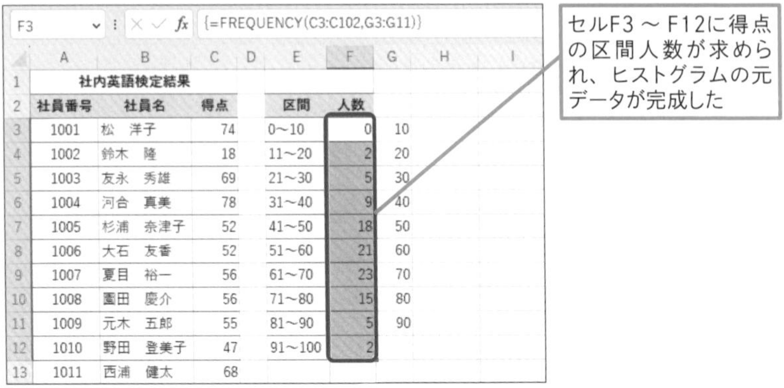

F3　{=FREQUENCY(C3:C102,G3:G11)}

	A	B	C	D	E	F	G
1	社内英語検定結果						
2	社員番号	社員名	得点		区間	人数	
3	1001	松　洋子	74		0～10	0	10
4	1002	鈴木　隆	18		11～20	2	20
5	1003	友永　秀雄	69		21～30	5	30
6	1004	河合　真美	78		31～40	9	40
7	1005	杉浦　奈津子	52		41～50	18	50
8	1006	大石　友香	52		51～60	21	60
9	1007	夏目　裕一	56		61～70	23	70
10	1008	園田　慶介	56		71～80	15	80
11	1009	元木　五郎	55		81～90	5	90
12	1010	野田　登美子	47		91～100	2	
13	1011	西浦　健太	68				

セルF3～F12に得点の区間人数が求められ、ヒストグラムの元データが完成した

使いこなしのヒント

配列数式を修正したり削除したりするには

配列数式は、セル単位では編集や削除を行えません。配列数式を修正するには、配列数式を入力したすべてのセルを選択してから、数式バーで修正し、最後に Ctrl + Shift + Enter キーを押して確定します。また、配列数式を削除するには、配列数式を入力したすべてのセルを選択して Delete キーを押します。

使いこなしのヒント

FREQUENCY関数って何？

FREQUENCY関数は、［データ配列］の中から、［区間配列］ごとのデータ数を求める関数です。引数［データ範囲］には数える対象のデータを入力したセル範囲を指定し、引数［区間配列］には各区間の最大値を入力したセル範囲を指定します。

=**FREQUENCY**(データ配列, 区間配列)

この関数は、あらかじめ結果を入力するセル範囲を選択してから数式を入力し、Ctrl + Shift + Enter キーを押して確定する特殊な関数です。数式を確定すると、あらかじめ選択したすべてのセルに「{　}」で囲まれた数式が入力されます。このような数式を「配列数式」と呼びます。

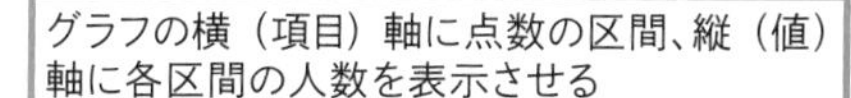

2 ヒストグラムを作成する

グラフの横（項目）軸に点数の区間、縦（値）軸に各区間の人数を表示させる

1 セルE2 ～ F12をドラッグして選択

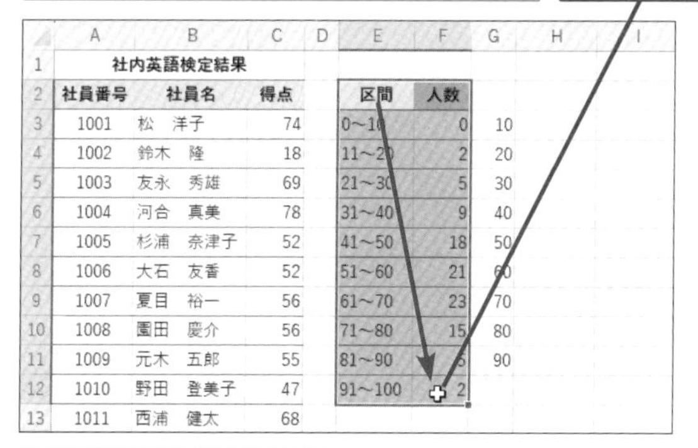

	A	B	C	D	E	F	G
1	社内英語検定結果						
2	社員番号	社員名	得点		区間	人数	
3	1001	松　洋子	74		0~10	0	10
4	1002	鈴木　隆	18		11~20	2	20
5	1003	友永　秀雄	69		21~30	5	30
6	1004	河合　真美	78		31~40	9	40
7	1005	杉浦　奈津子	52		41~50	18	50
8	1006	大石　友香	52		51~60	21	60
9	1007	夏目　裕一	56		61~70	23	70
10	1008	園田　慶介	56		71~80	15	80
11	1009	元木　五郎	55		81~90	5	90
12	1010	野田　登美子	47		91~100	2	
13	1011	西浦　健太	68				

2 ［挿入］タブをクリック

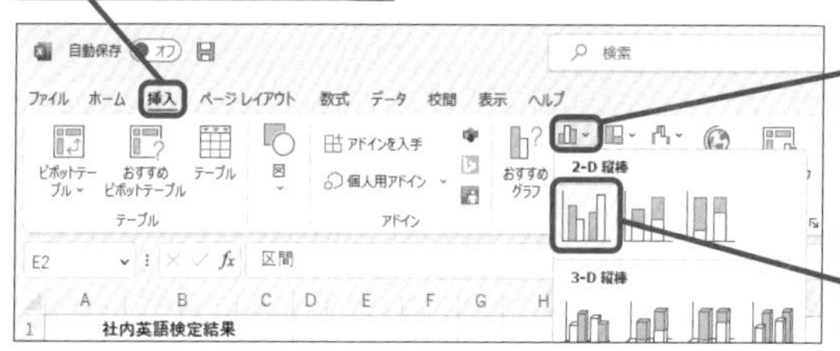

3 ［縦棒/横棒グラフの挿入］をクリック

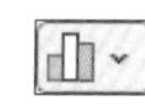

4 ［集合縦棒］をクリック

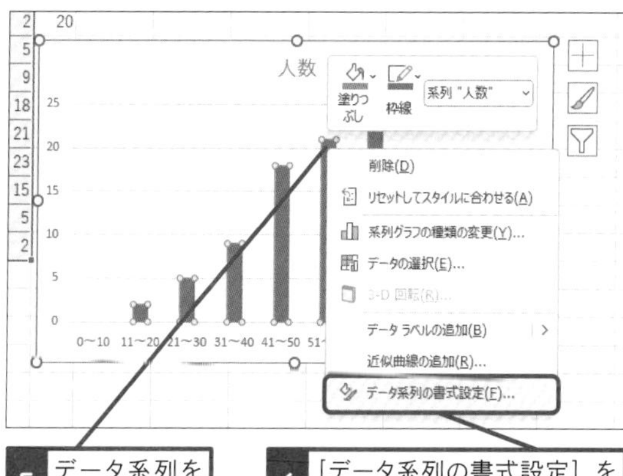

得点区間ごとの分布が縦棒グラフで表示された

書式を変更し、ヒストグラムを作成する

5 データ系列を右クリック

6 ［データ系列の書式設定］をクリック

次のページに続く→

● 要素の間隔を入力する

各得点層の人数の分布がひと目で把握できるようになった

必要に応じてグラフの位置や書式を変更しておく

使いこなしのヒント

要素の間隔を設定して棒をすき間なく並べる

一般的にヒストグラムは隣同士の棒をぴったりくっ付けて、全体の山の形でデータの散らばり具合や偏りなどを読み取ります。操作7のように[要素の間隔]を「0」にすると、棒同士がすき間なく並びます。

使いこなしのヒント

G列を非表示にするには

度数分布表やグラフを作成したら、G列に入力した「10、20、30……」を列ごと非表示にして、見栄えを整えましょう。その際、G列の上にグラフが配置されているとグラフのサイズが変わってしまうので、グラフを移動してからG列を非表示にするといいでしょう。

2 G列を右クリック

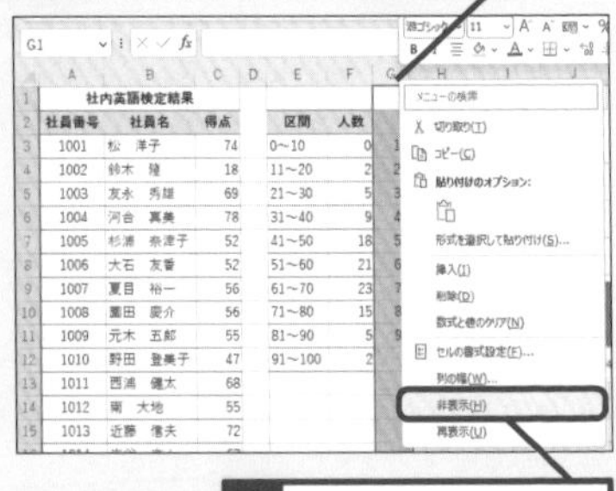

3 [非表示]をクリック

使いこなしのヒント

[ヒストグラム] は度数分布表が不要

[ヒストグラム] では、得点が並んだセル範囲から直接ヒストグラムを作成できます。以下の手順では、[ビンの幅] に「10」、[ビンのアンダーフロー] に「20」と指定して、ヒストグラムに10刻みの分布を表示しました。「ビン」とは、ヒストグラムの棒のことです。度数分布表を用意する必要がないので便利ですが、[ヒストグラム] では詳細な設定ができません。横(項目) 軸の区間名を「11 ～ 20」のように分かりやすく表示したり、棒に凝った書式を設定したい場合は、このレッスンで紹介した手順でヒストグラムを作成しましょう。

1 セルC3 ～ C102をドラッグして選択

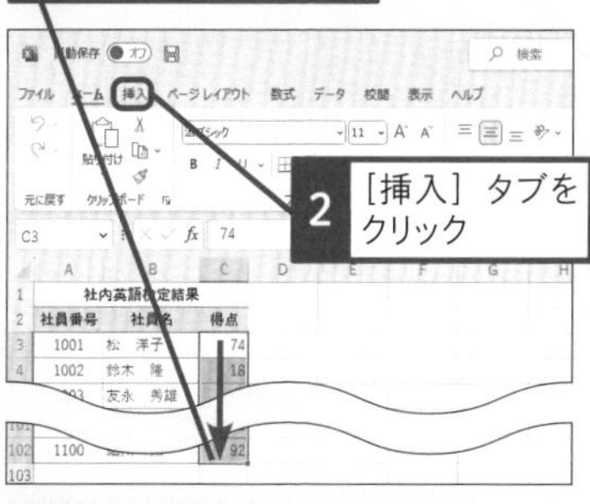

2 [挿入] タブをクリック

3 [統計グラフの挿入] をクリック

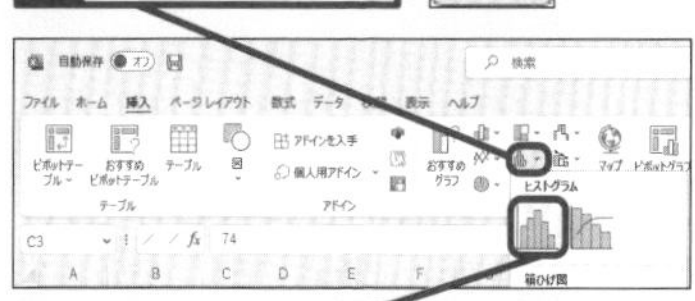

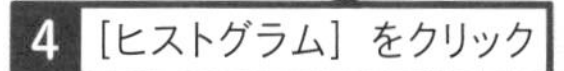
4 [ヒストグラム] をクリック

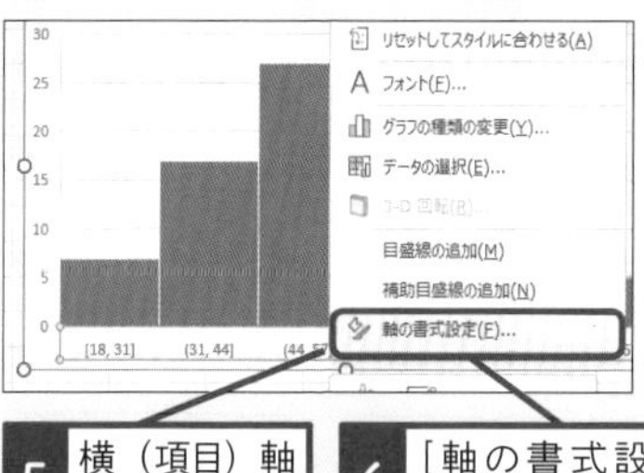

5 横 (項目) 軸を右クリック

6 [軸の書式設定] をクリック

[軸の書式設定] 作業ウィンドウが表示された

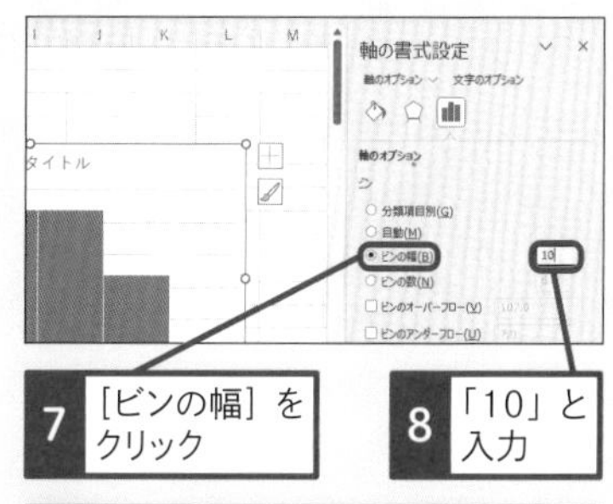

7 [ビンの幅] をクリック

8 「10」と入力

9 [ビンのアンダーフロー] をクリックしてチェックマークを付ける

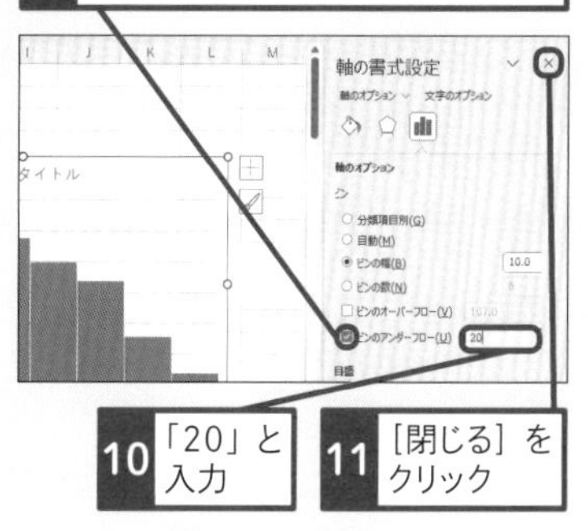

10 「20」と入力

11 [閉じる] をクリック

ヒストグラムが作成された

スキルアップ

パレート図を作成するには

パレート図は、項目を大きい順に並べた縦棒グラフと、その累積構成比の折れ線グラフを組み合わせたグラフで、データ分析によく使用されます。以下のように商品名と売上高のセル範囲から［パレート図］を作成すると、自動で商品ごとに売上高が集計され、売上高の高い商品順に並んだパレート図を簡単に作成できます。

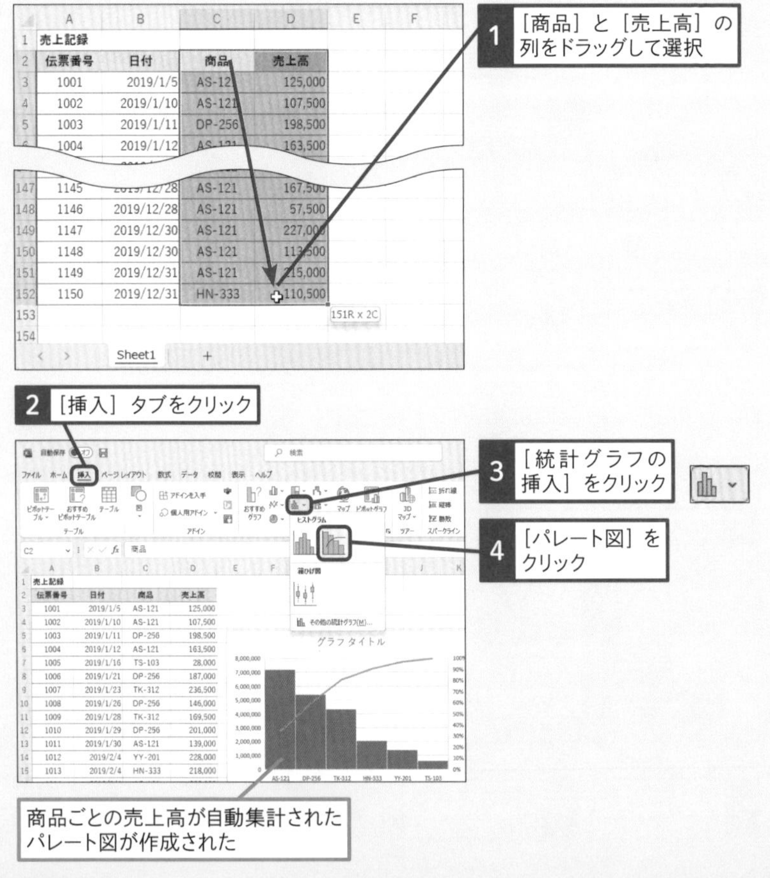

活用編

第9章

データを効果的に見せるテクニック

グラフは、説得力のある資料作りに欠かせない存在です。この章では、伝えたいことを相手に伝えるためのグラフ作成のポイントや、データをより効果的に見せるためのテクニックを紹介します。

レッスン
54 棒を太くして量の違いをアピールしよう

棒の太さ　練習用ファイル　L54_棒の太さ.xlsx

棒の太さで「量」の変化を強調する

時間の経過に伴う数値の推移を表すグラフは「折れ線」というイメージが強いでしょう。確かに数値が上昇傾向にあるか下降傾向にあるかに焦点を置くなら折れ線グラフが最適です。しかし、時間の経過に伴って「量」がどれだけ変化したかをアピールしたい場合は、棒グラフを使用しましょう。棒グラフは、棒の高さや面積がダイレクトに数値の大きさを表すので、量の違いや変化を強調するのに持ってこいのグラフです。ただし、Excelで作成したままのグラフだと棒が細いので、棒の面積による強調効果をあまり期待できません。棒グラフを作成したら、必ず棒の太さを調整しましょう。
ここでは年度ごとの営業利益の推移を表す縦棒グラフで、棒の太さを変更します。[After] のグラフは棒にインパクトがあるので、数値の変化が実感しやすいのではないでしょうか。

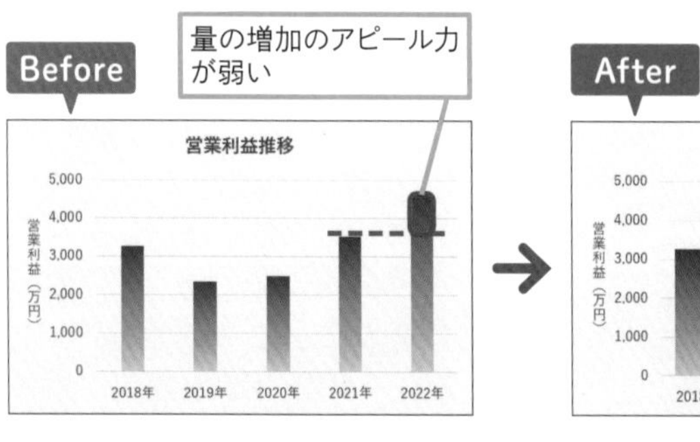

関連レッスン
レッスン45　特定の期間だけ背景を塗り分けるには　P.170

1 棒グラフの棒を太くする

1 系列を右クリック

2 ［データ系列の書式設定］をクリック

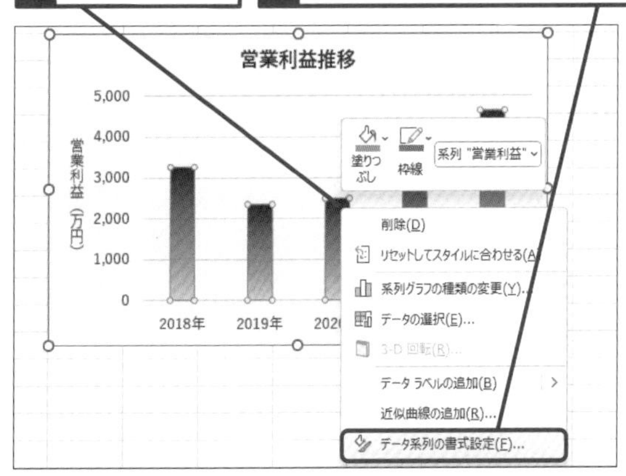

3 ［要素の間隔］に「60」と入力

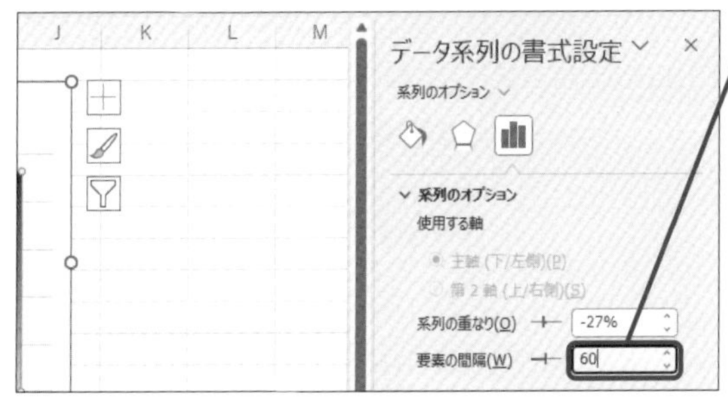

［閉じる］をクリックして［データ系列の書式設定］作業ウィンドウを閉じておく

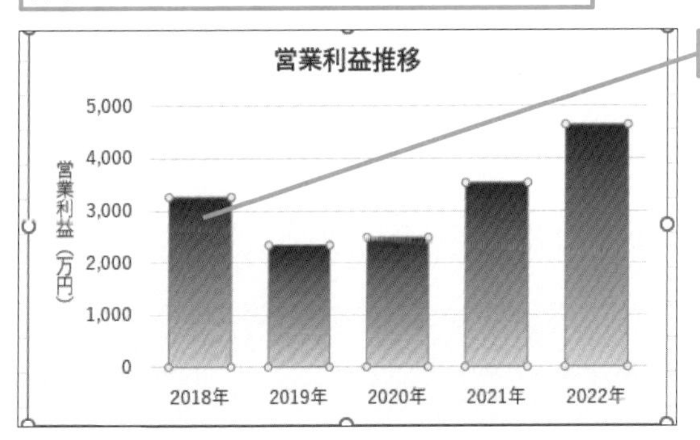

棒が太くなった

レッスン

55 棒を大きさ順に並べよう

降順の並べ替え　練習用ファイル　L55_降順の並べ替え.xlsx

売上高の順位が明確になる!

商品別、店舗別、地域別など、時系列ではない項目を横軸に取って縦棒グラフを作成する場合、項目の順序に特別な意味がない限りは、棒を大きい順に左から右へと並べるのが原則です。大きい順にすることで、数値を比較しやすくなります。さらに、売れ行きのよい商品、売り上げに貢献している店舗など、順位に基づくデータ分析もしやすくなります。

ここでは、ブランド別の売上高の積み上げグラフを大きい順に並べ替えます。元表の［合計］欄を降順で並べ替えると、グラフも自動的に合計順に並べ替えられます。売り上げの高いブランドはどれか、売り上げの低いブランドはどれかという情報がほしいとき、［Before］のグラフは全体を見渡さないと判断できませんが、［After］のグラフではぱっと見るだけで判断できます。

Before

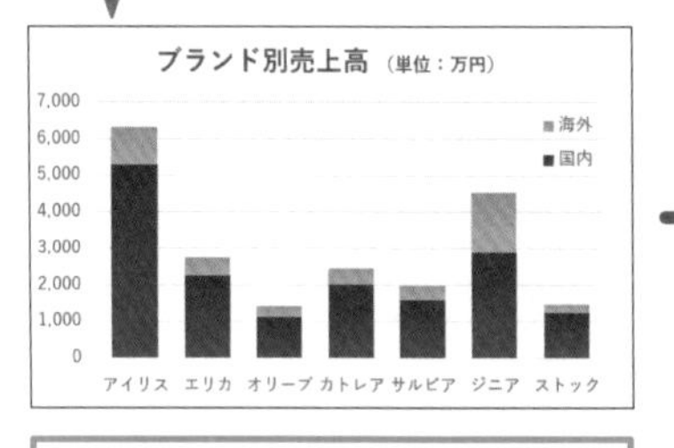

全体を見ないと売り上げに貢献しているブランドが分からない

After

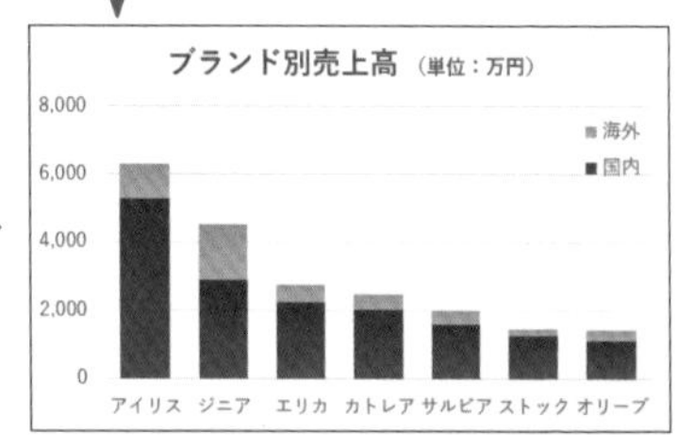

売り上げ順に並んでいるので貢献度の高いブランドがすぐに分かる

関連レッスン

レッスン38	横棒グラフの項目の順序を表と一致させるには	P.144
レッスン39	グラフの積み上げの順序を変えるには	P.146

1 棒を大きさ順に並べ替える

[合計] 列の値が大きい順にデータを並べ替える

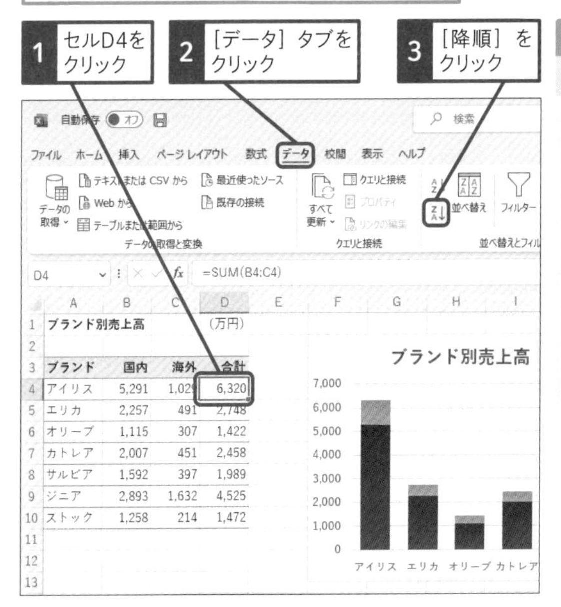

表のデータが [合計] 列の値が大きい順に並べ替えられる

グラフの棒が大きさ順に並んだ

ブランド別売上高　(万円)

ブランド	国内	海外	合計
アイリス	5,291	1,029	6,320
ジニア	2,893	1,632	4,525
エリカ	2,257	491	2,748
カトレア	2,007	451	2,458
サルビア	1,592	397	1,989
ストック	1,258	214	1,472
オリーブ	1,115	307	1,422

ブランド別売上高

7,000 / 6,000 / 5,000 / 4,000 / 3,000 / 2,000 / 1,000 / 0

アイリス　ジニア　エリカ　カトレア

用語解説

降順

降順とは、大きい順の順序のことです。表内のセルを1つ選択して[降順] ボタンをクリックすると、選択したセルが数値の場合は大きい数値から小さい数値、日付の場合は新しい日付から古い日付の順に表全体が並び替わります。

使いこなしのヒント

項目の順序に意味がある場合

商品を商品コード順に並べる、支店を所在地順に並べるなど、グラフを見る人にとって分かりやすい"いつもの並び順"がある場合は、棒をその順序で並べるのもいいでしょう。また、時系列データの場合は、棒を時系列順に並べるのが鉄則です。

レッスン
56 余計な目盛りを削除して数値をダイレクトに伝えよう

数値のデータラベル　練習用ファイル　L56_数値のデータラベル.xlsx

棒とデータラベルだけをすっきり表示する

棒グラフを作成すると、当然のように数値軸や目盛り線が表示されます。数値を読み取るには「棒→目盛り線→数値軸」と目でたどる必要があり、わずかながら手間がかかります。数値を伝えることを目的としてグラフを作成する場合は、データラベルを使って数値を表示しましょう。グラフを見るだけで数値が目に飛び込んでくるので、ダイレクトに伝わります。
目盛り線や数値軸の目盛りは不要になるので、思い切って非表示にするといいでしょう。グラフ上の要素を絞りすっきりさせることで、見てほしい情報だけが配置されたグラフとなり、作成者の意図を明確にできます。

Before

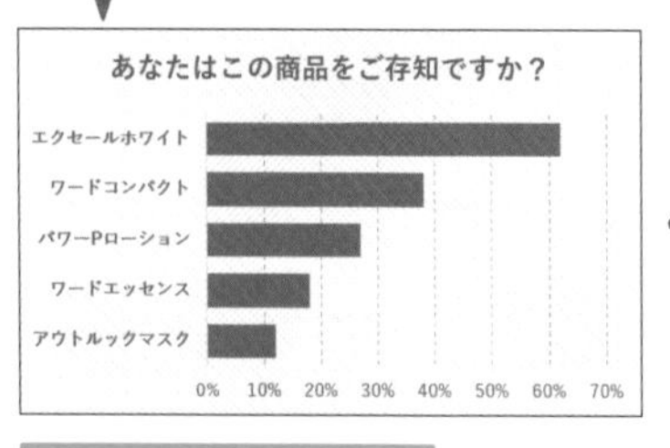

数値を知るには目盛りを読む必要がある

After

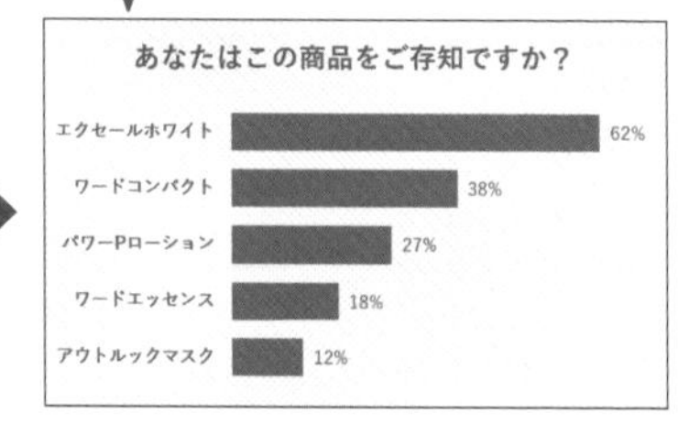

ひと目で数値が分かる

関連レッスン

レッスン13　軸や目盛り線の書式を変更するには　P.60
レッスン38　横棒グラフの項目の順序を表と一致させるには　P.144

1 データラベルを追加する

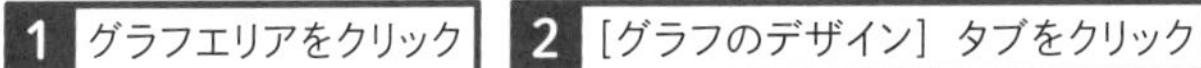

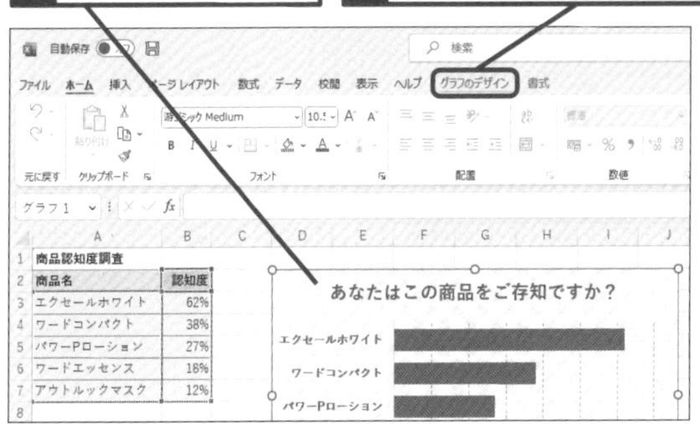

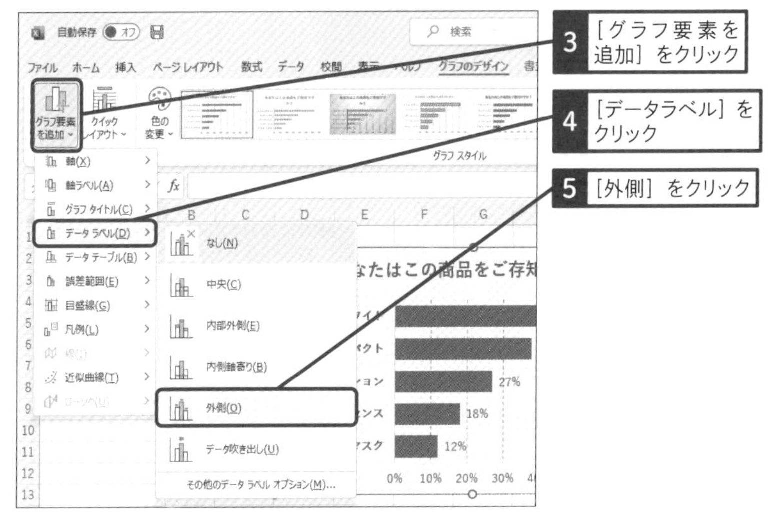

使いこなしのヒント

データラベルの表示形式を設定するには

データラベルの値は、元表のセルに設定されている表示形式で表示されます。独自の表示形式を設定したい場合は、データラベルを右クリックして［データラベルの書式設定］をクリックします。作業ウィンドウが表示されるので、レッスン32の手順4を参考に［表示形式コード］を設定します。例えば「0.00」と指定すると、「62%」が「0.62」と小数第2位までの小数で表示されます。

次のページに続く

2 不要な目盛りを削除する

［認知度］の系列にデータラベルが表示された

1 横（値）軸目盛線をクリック

2 Delete キーを押す

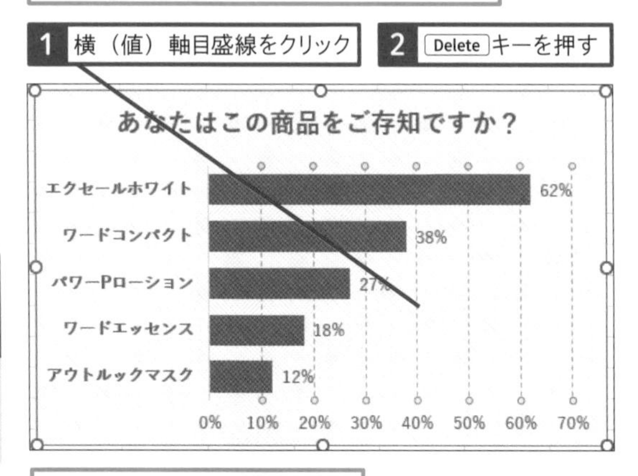

横（値）軸目盛線が削除された

3 縦（項目）軸をクリック

4 ［書式］タブをクリック

5 ［図形の枠線］のここをクリック

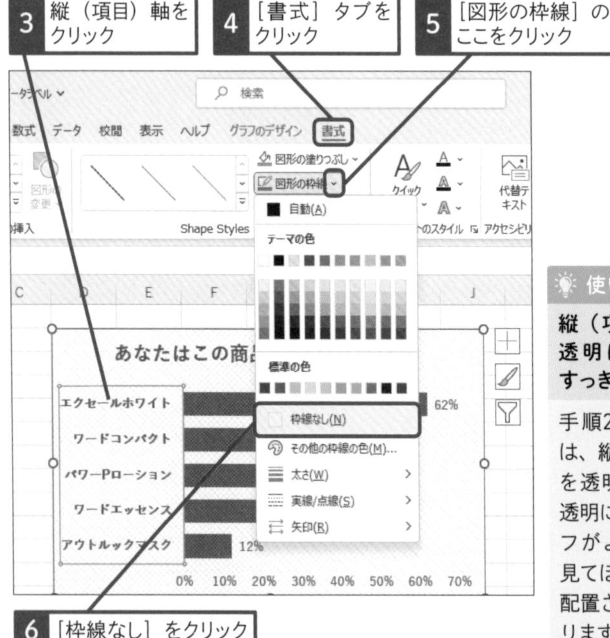

6 ［枠線なし］をクリック

使いこなしのヒント

縦（項目）軸の線を透明にして見た目をすっきりさせる

手順2の操作3～6では、縦（項目）軸の線を透明にしています。透明にすることでグラフがよりすっきりし、見てほしい情報だけが配置されたグラフとなります。

縦（項目）軸の枠線がなくなった

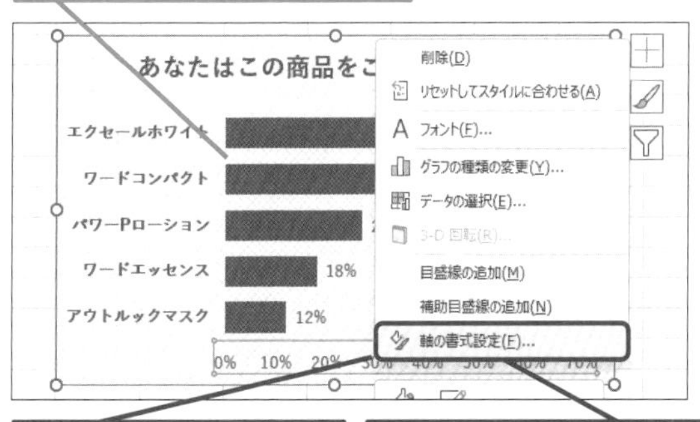

7 横（値）軸を右クリック

8 ［軸の書式設定］をクリック

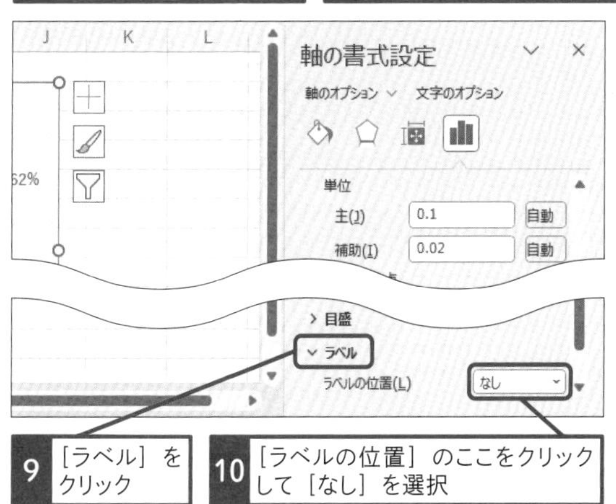

9 ［ラベル］をクリック

10 ［ラベルの位置］のここをクリックして［なし］を選択

横（値）軸のラベルがなくなった

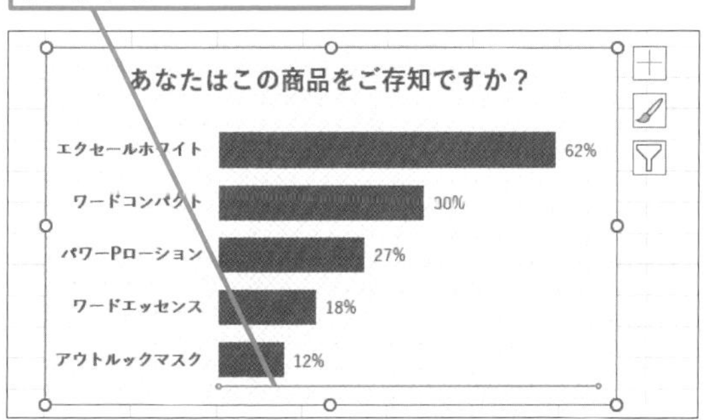

使いこなしのヒント

横（値）軸を削除してもいい

ここでは横（値）軸を透明のままグラフ上に残しましたが、削除してもかまいません。横（値）軸を選択して Delete キーを押すと、目盛りの数値ごと削除されます。削除後に横（値）軸の最大値を変更する必要が生じたときは、あらためてグラフに横（値）軸を追加して設定しましょう。

レッスン 57

色数を抑えてメリハリを付けよう

動画で見る

色とパターンの設定　練習用ファイル　L57_色とパターンの設定.xlsx

シンプルな色使いでセンスよく仕上げる

Excelでグラフを作成すると、第1系列に青、第2系列にオレンジ、第3系列に灰色……、というようにカラーパレットの色が自動設定されます。ひと目でExcelのグラフと分かるありきたりの配色なので、受け手によってはあか抜けない印象を持たれるかもしれません。独自の色を設定したくても、洗練された色の組み合わせを探すのはなかなか大変です。そんなときは使用する色を絞って、同系色でまとめてみましょう。「パターン」を上手に使用すると、見栄えよく同系色にまとめられます。

ここでは下の［After］のように、100%積み上げ横棒グラフを緑系の色でまとめます。左の棒に緑色、右の棒に緑のストライプを設定します。使用するのは同系色の緑ですが、パターンの種類を変えることで濃淡だけでなく質感の異なる色を表現でき、シンプルかつメリハリのある仕上がりになります。

Before

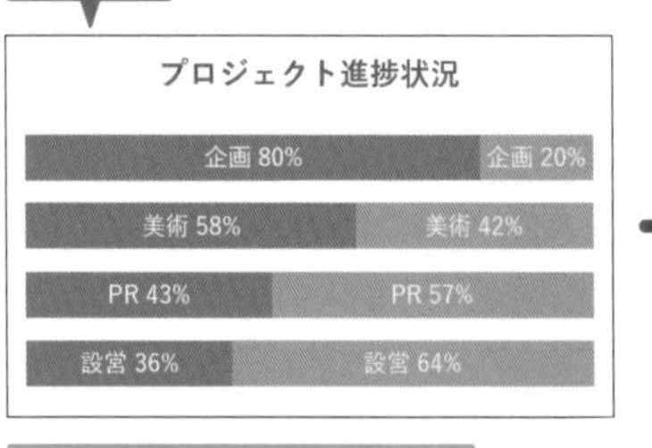

いつもの配色でありきたりな印象を受ける

After

プロジェクト進捗状況
企画 80%
美術 58%
PR 43%
設営 36%

同系色のパターンを使うことでシンプルだが洗練された印象になる

関連レッスン

レッスン12　棒にグラデーションを設定するには　P.56
レッスン15　いつもとは違う色でグラフを作成するには　P.68

1 データ系列の色を変更する

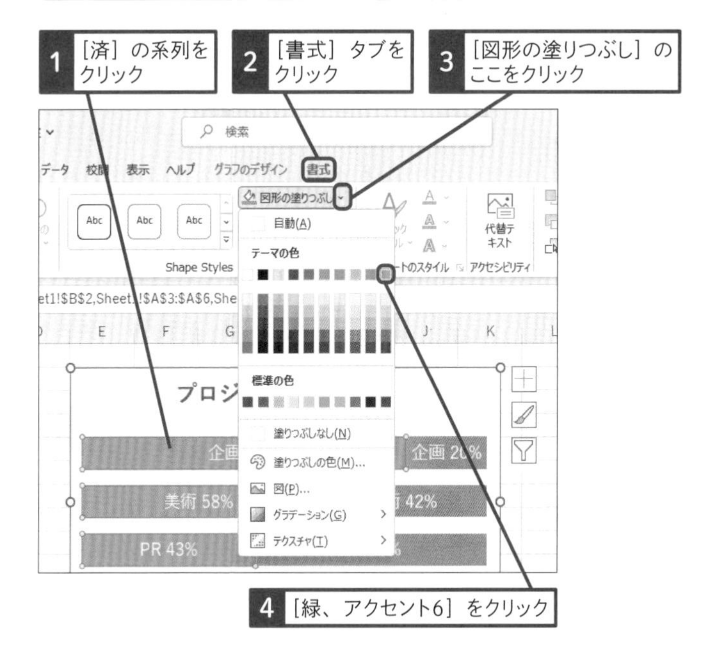

2 系列をパターンで塗りつぶす

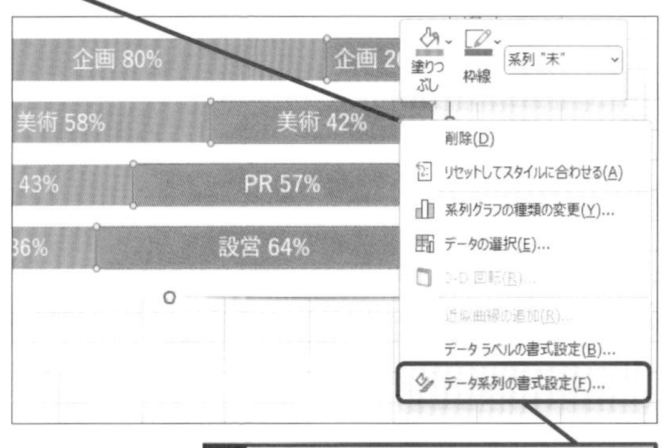

次のページに続く →

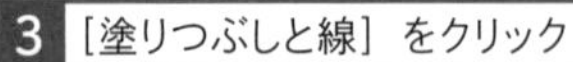

3 [塗りつぶしと線] をクリック

4 [塗りつぶし] をクリック

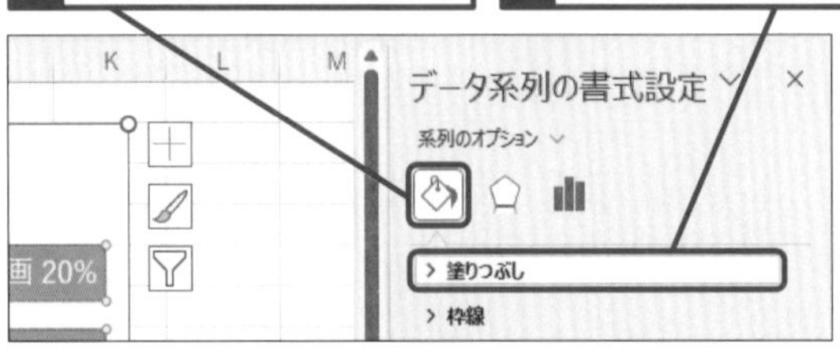

5 [塗りつぶし (パターン)] をクリック

6 [対角ストライプ：右上がり (反転)] をクリック

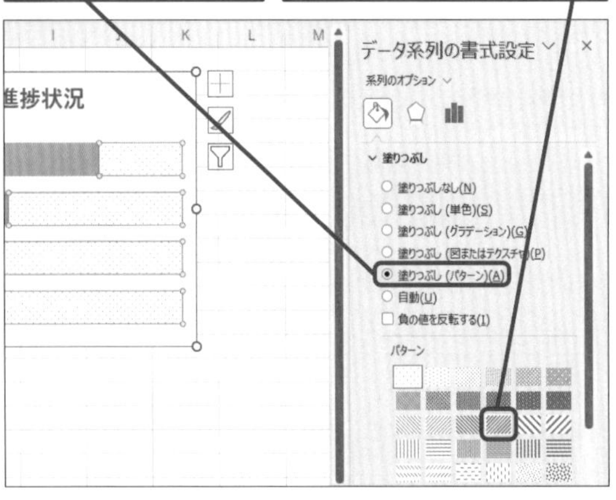

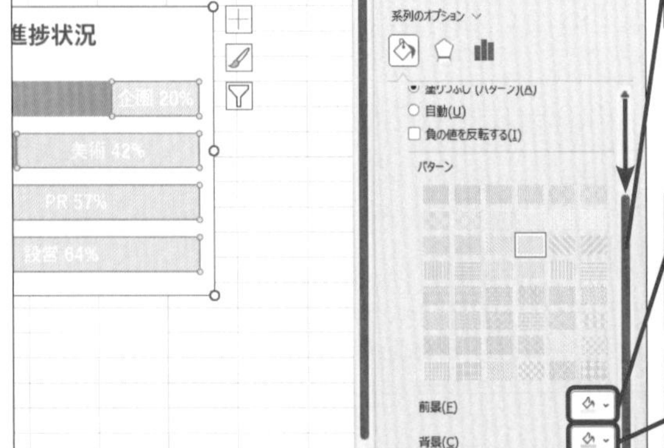

7 ここを下にドラッグしてスクロール

8 [前景] のここをクリックして [緑、アクセント6、白+基本色80%] を選択

9 [背景] のここをクリックして [緑、アクセント6、白+基本色60%] を選択

使いこなしのヒント

未達成の数値を消して達成率を目立たせる

このレッスンのグラフは、プロジェクトの進捗状況の達成率と未達成率の表から作成しています。達成率を見れば未達成率は分かるので、手順3で未達成率のデータラベルを削除します。削除することで、達成率の数値が際立ちます。

「済」の列に達成率が入力されている

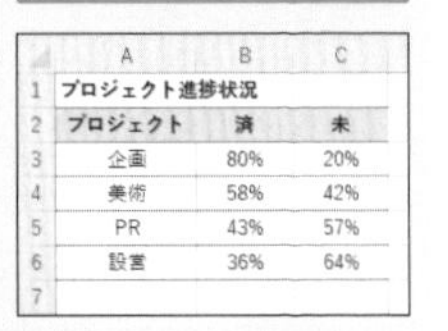

	A	B	C
1	プロジェクト進捗状況		
2	プロジェクト	済	未
3	企画	80%	20%
4	美術	58%	42%
5	PR	43%	57%
6	設営	36%	64%
7			

3 データラベルを削除する

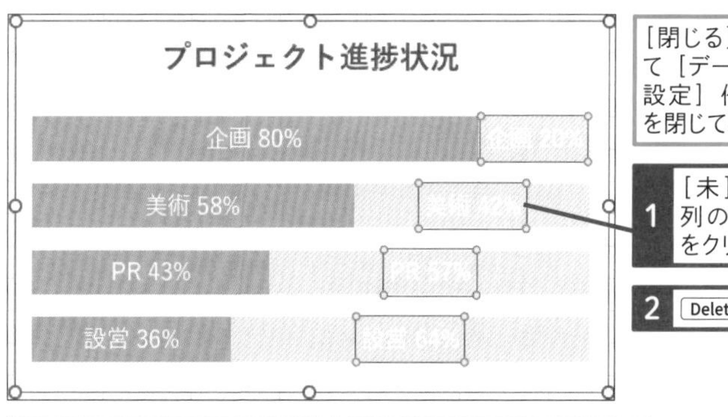

[未] のデータ系列のデータラベルが削除された

グラフを同系色で塗り分けることができた

使いこなしのヒント

カラーパレットの配色を入れ替えてありきたりを阻止

グラフがありきたりな色になるのを防ぐには、レッスン15で紹介した [配色] を変更する方法があります。手順1ではカラーパレットから色を選んでいるのでグラフが既視感のある緑になりますが、[配色] を変更するといつもとは違う色に変えられます。

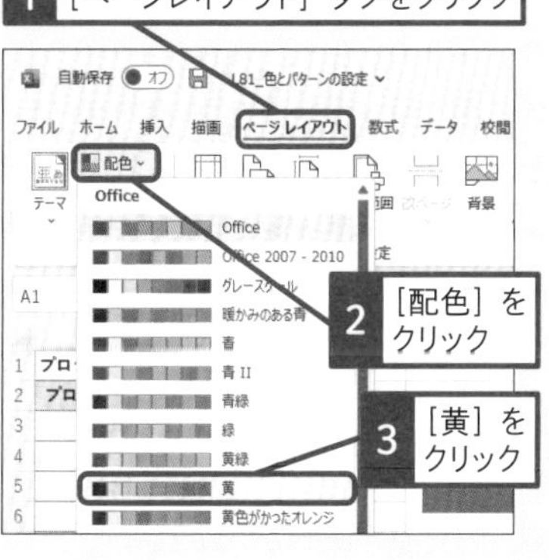

グラフの色が変わった

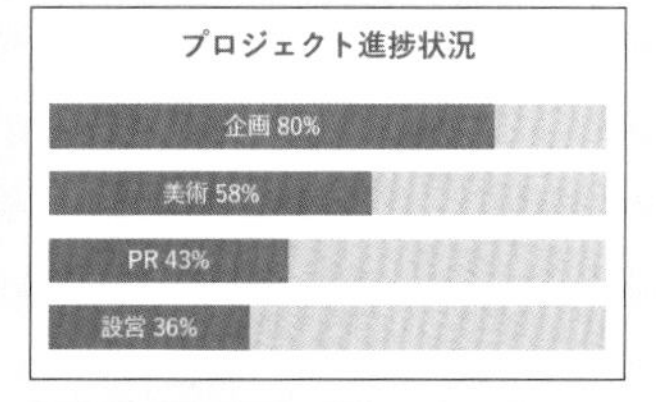

手順1を参考にカラーパレットを表示すると別の配色になる

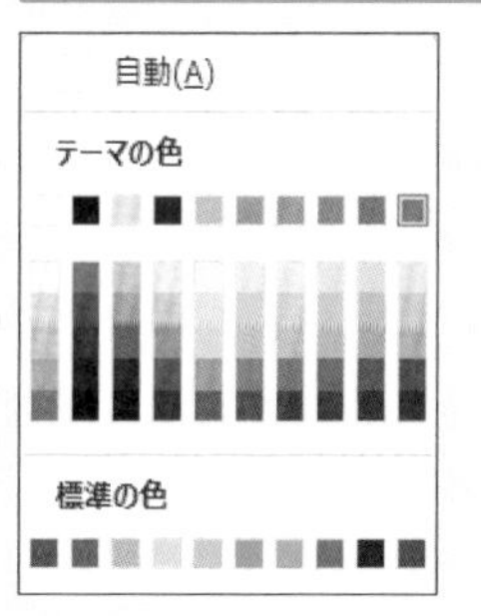

レッスン
58 注目データは文字サイズで主張しよう

フォントサイズの拡大　練習用ファイル　L58_フォントサイズの拡大.xlsx

大袈裟過ぎるくらいがちょうどいい

グラフの注目ポイントの棒に1つだけデータラベルを追加して、元表の数値を表示することがあります。数値により大きな注目を集めるには、大袈裟過ぎると感じるくらいのフォントサイズを大胆に使ってみましょう。
ここでは、ユーザー数の推移を表すグラフで、直近のユーザー数をアピールします。［Before］と［After］のどちらのグラフからも、ユーザー数が年々増加し、直近で10万人に届こうとしていることは分かります。しかし、ユーザー数の増加がより視覚に響くのは、フォントサイズの大きい［After］のグラフではないでしょうか。

Before

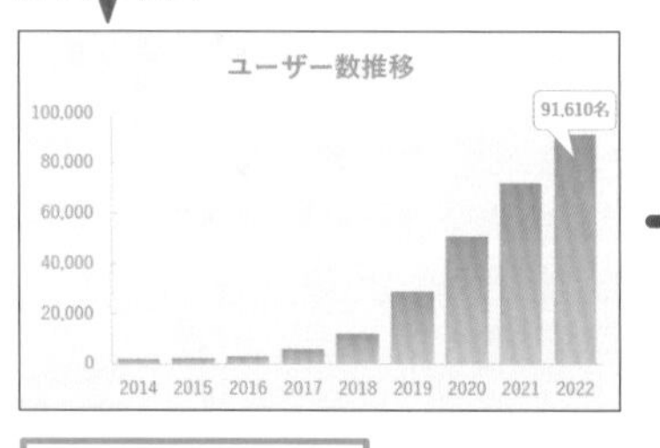

直近のユーザー数が淡々と伝わる

After

直近のユーザー数が強く印象付けられる

関連レッスン

レッスン14	グラフの中に図形を描画するには	P.64
レッスン59	伝えたいことはダイレクトに文字にしよう	P.230

1 データラベルを大きくする

1 [2022] のデータ要素のデータラベルをゆっくり2回クリック

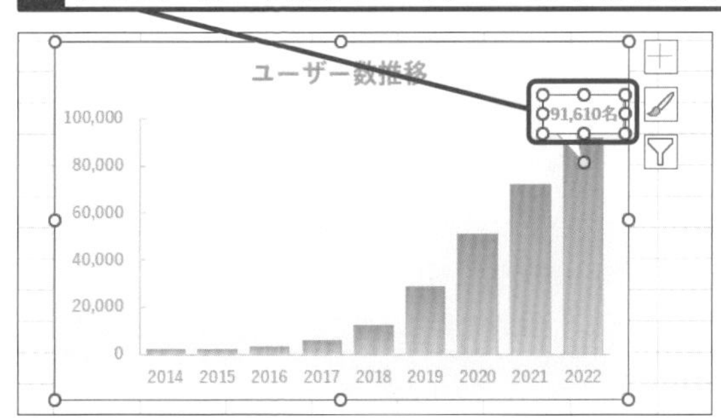

2 ここにマウスポインターを合わせる

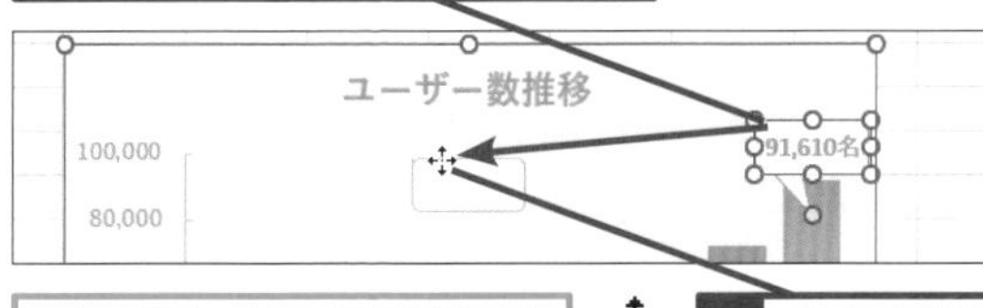

マウスポインターの形が変わった

3 ここまでドラッグ

4 ここにマウスポインターを合わせる

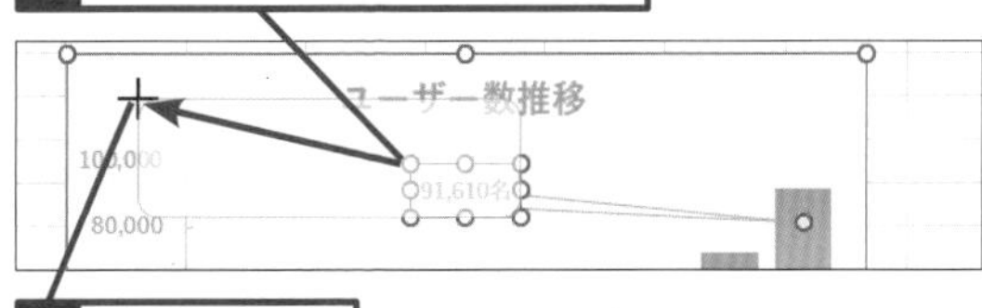

マウスポインターの形が変わった

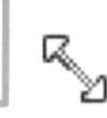

5 ここまでドラッグ

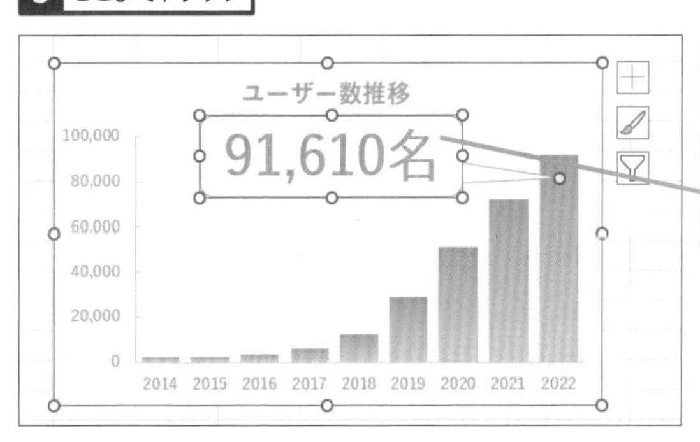

データラベルのサイズが大きくなった

レッスン10を参考に、フォントサイズを [36] に変更しておく

使いこなしのヒント

単位の「名」は表示形式で表示する

上のグラフのデータラベルでは、3けた区切りの数値の後ろに「名」という単位が付いています。このような表示にするには、221ページの使いこなしのヒントを参考に「#,##0"名"」という表示形式コードを設定します。

レッスン
59 伝えたいことはダイレクトに文字にしよう

テキストボックスの利用　練習用ファイル　L59_テキストボックスの利用.xlsx

そのものズバリを文字にして伝える

プレゼンテーション用のグラフは、相手が読み取る努力をしなくても自然に伝わる分かりやすいグラフが理想です。手っ取り早い方法は、こちらの意図を文字にして直接伝えることです。ただし、文章を長々と書き入れるのはご法度です。ひと目で理解できる簡潔なフレーズを使いましょう。

[After] の円グラフでは、テキストボックスに「業界シェア　No.1」と大きな文字で表示しています。グラフを見れば当社がNo.1であることは分かりますが、それは相手がグラフを読み取る意思があってのことです。アピールポイントを文字にすれば、こちらの意図がすっと頭に入り強く印象に残ります。意図を文字にして伝えることで、訴求効果も高まるのです。

Before

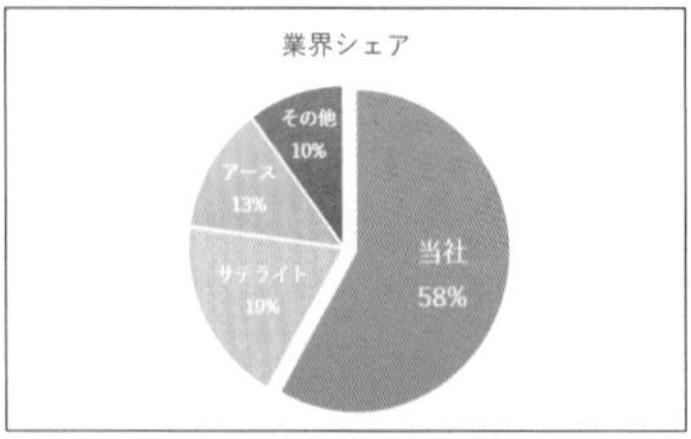

当社がNo.1であることを知るにはグラフを読み取る必要がある

After

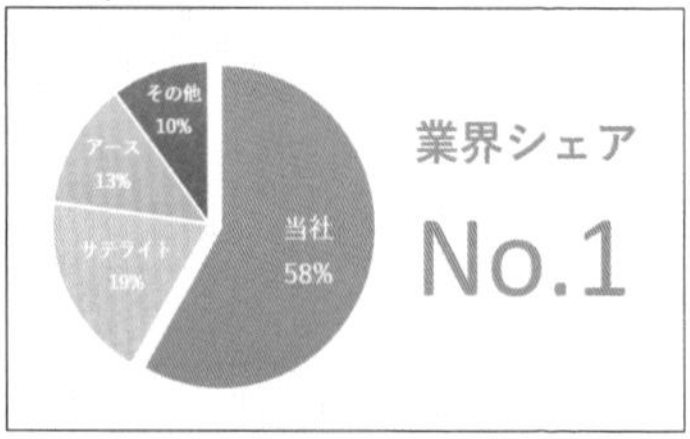

当社がNo.1であることが考えなくても自然に伝わる

関連レッスン

レッスン14	グラフの中に図形を描画するには	P.64
レッスン46	円グラフから扇形を切り離すには	P.178

1 プロットエリアを移動する

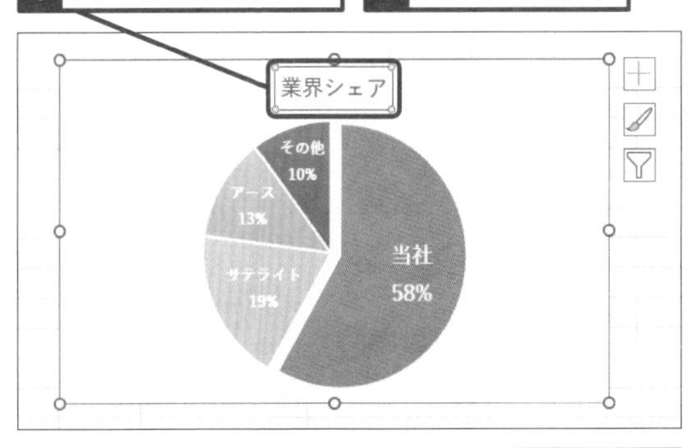

グラフタイトルが削除された

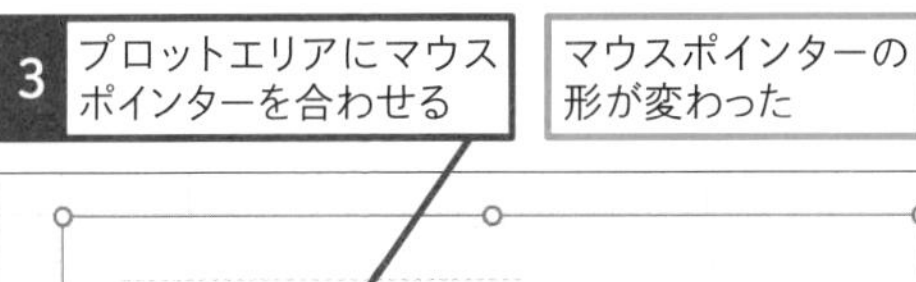

3 プロットエリアにマウスポインターを合わせる

マウスポインターの形が変わった

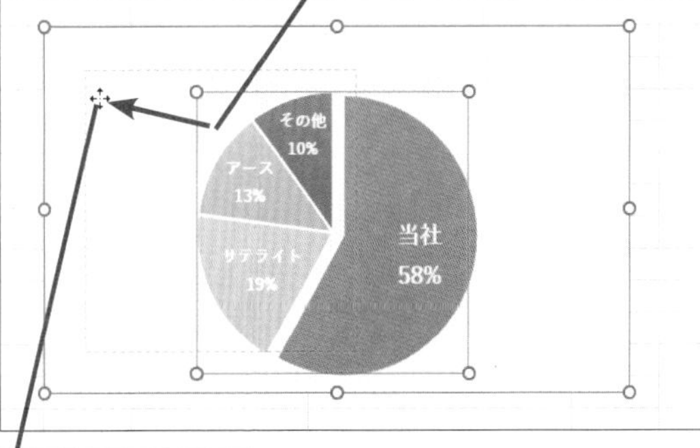

4 ここまでドラッグ

使いこなしのヒント

ビジネス向けのフォント

グラフをプレゼンテーションや会議の資料として作成するときは、読みやすいフォントを使いましょう。例えば、[BIZ UDPゴシック] はビジネス向けのユニバーサルデザインのフォントで、視認性や識別性に優れています。[メイリオ] もユニバーサルデザインを意識して作られたフォントなのでお薦めです。また、[游ゴシック] も読みやすさに定評があります。

次のページに続く ➡

2 テキストボックスを挿入する

プロットエリアが移動した

1 ［書式］タブをクリック

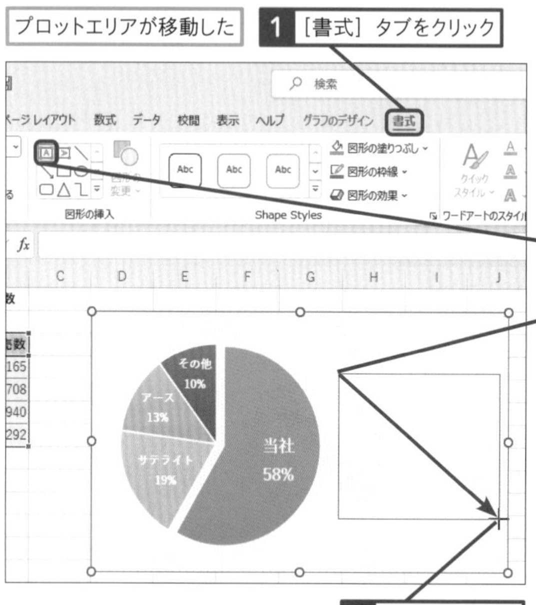

2 ［図形の挿入］の［テキストボックス］をクリック

3 ここにマウスポインターを合わせる

4 ここまでドラッグ

テキストボックスが挿入された

5 「業界シェア」と入力

6 Enter キーを押す

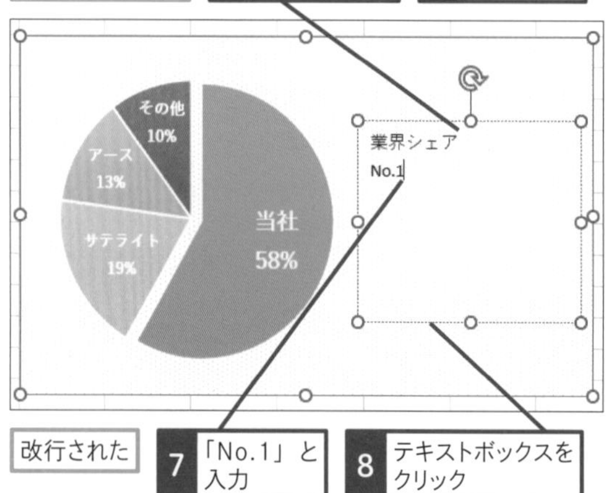

改行された

7 「No.1」と入力

8 テキストボックスをクリック

時短ワザ

文字のサイズは数値で指定できる

［ホーム］タブの［フォントサイズ］欄に直接数値を入力すると、フォントサイズを素早く変更できます。1～409の範囲であれば、一覧リストの選択肢にない数値を入力することも可能です。

フォントサイズの欄に数値を入力できる

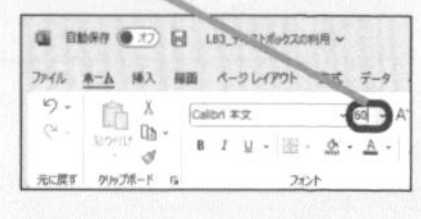

活用編 第9章 データを効果的に見せるテクニック

3 フォントを調整する

1 [ホーム] タブをクリック

2 [フォントの色] のここをクリック

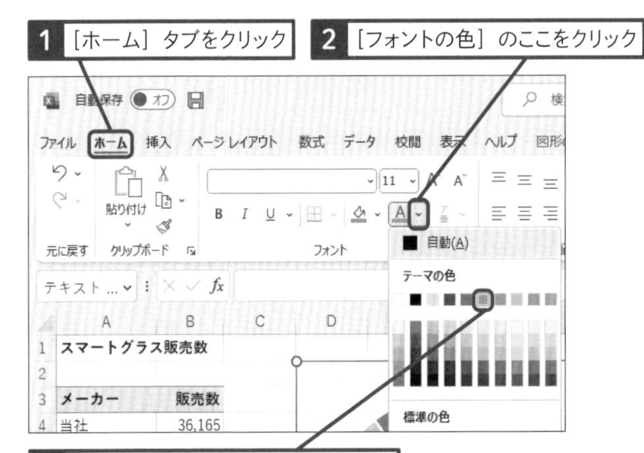

3 [オレンジ、アクセント2] をクリック

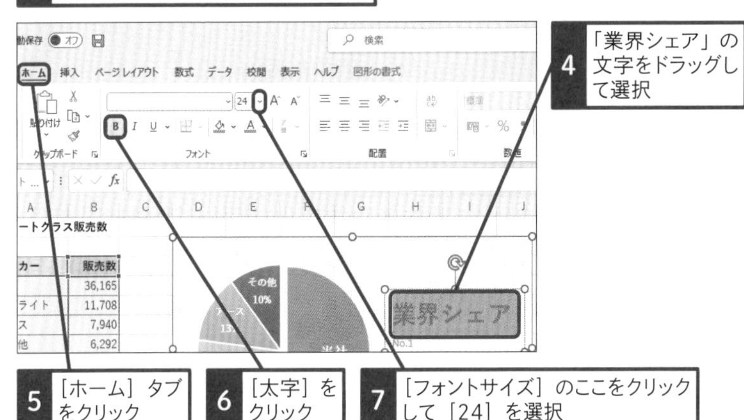

4 「業界シェア」の文字をドラッグして選択

5 [ホーム] タブをクリック

6 [太字] をクリック

7 [フォントサイズ] のここをクリックして [24] を選択

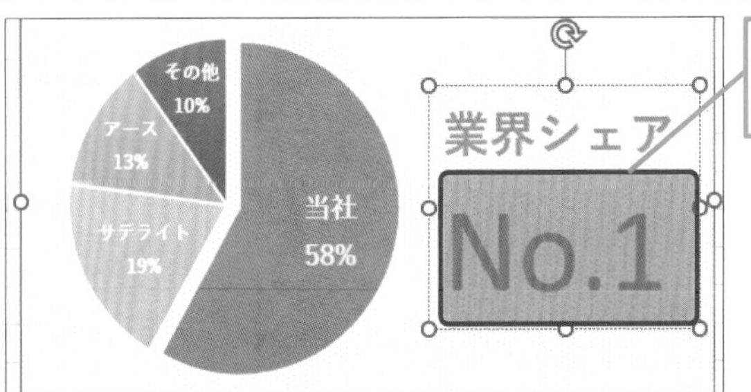

同様に「No.1」をドラッグしてフォントサイズを [60] に変更しておく

レッスン
60 凡例を使わずに直接折れ線に系列名を付けよう

動画で見る

系列名のデータラベル　練習用ファイル　L60_系列名のデータラベル.xlsx

折れ線と凡例を照らし合わせる手間を省く

Excelで複数の系列があるグラフを作成すると、系列名と色の対応が凡例に表示されます。棒グラフの場合、棒と凡例の並びが一致するので順に目で追って照らし合わせることができます。一方、折れ線グラフの場合、折れ線と凡例の並びが一致しない上、折れ線が途中で交差するため、凡例との照らし合わせが面倒です。どの系列の折れ線なのかすぐに分かるグラフにするには、データラベルを使用して折れ線に直接系列名を書き入れましょう。ここでは［After］のグラフのように、プロットエリアの右側にスペースを作って、右端のマーカーにデータラベルを追加し、系列名を表示します。

Before

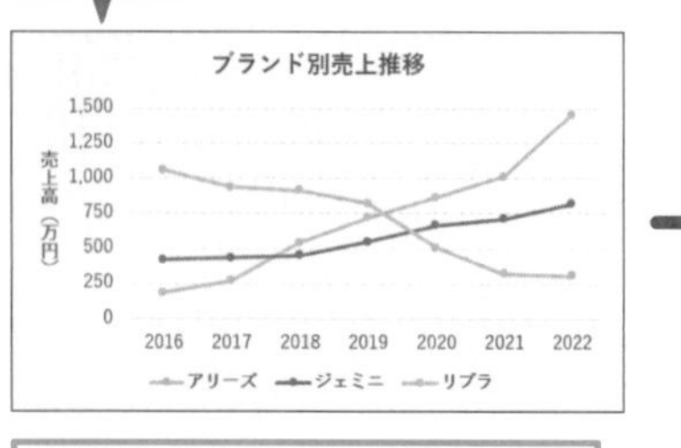

折れ線と凡例を照らし合わせるのに視線の移動が必要

After

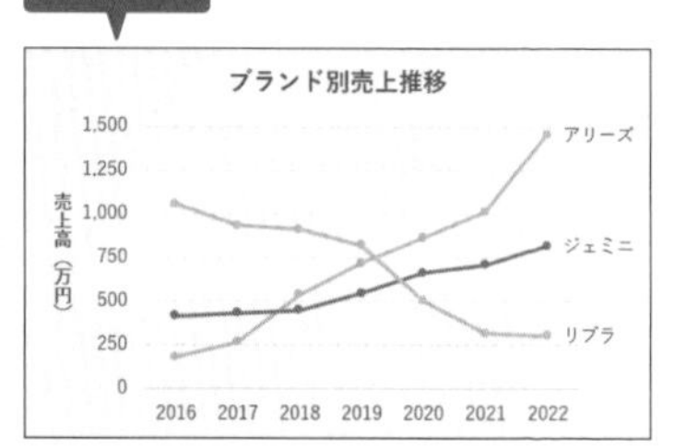

折れ線のすぐそばに系列名が表示されているので視線を動かす必要がない

関連レッスン

レッスン42　折れ線全体の書式や一部の書式を変更するには　P.160
レッスン43　縦の目盛り線をマーカーと重なるように表示するには　P.164

1 プロットエリアのサイズを変更する

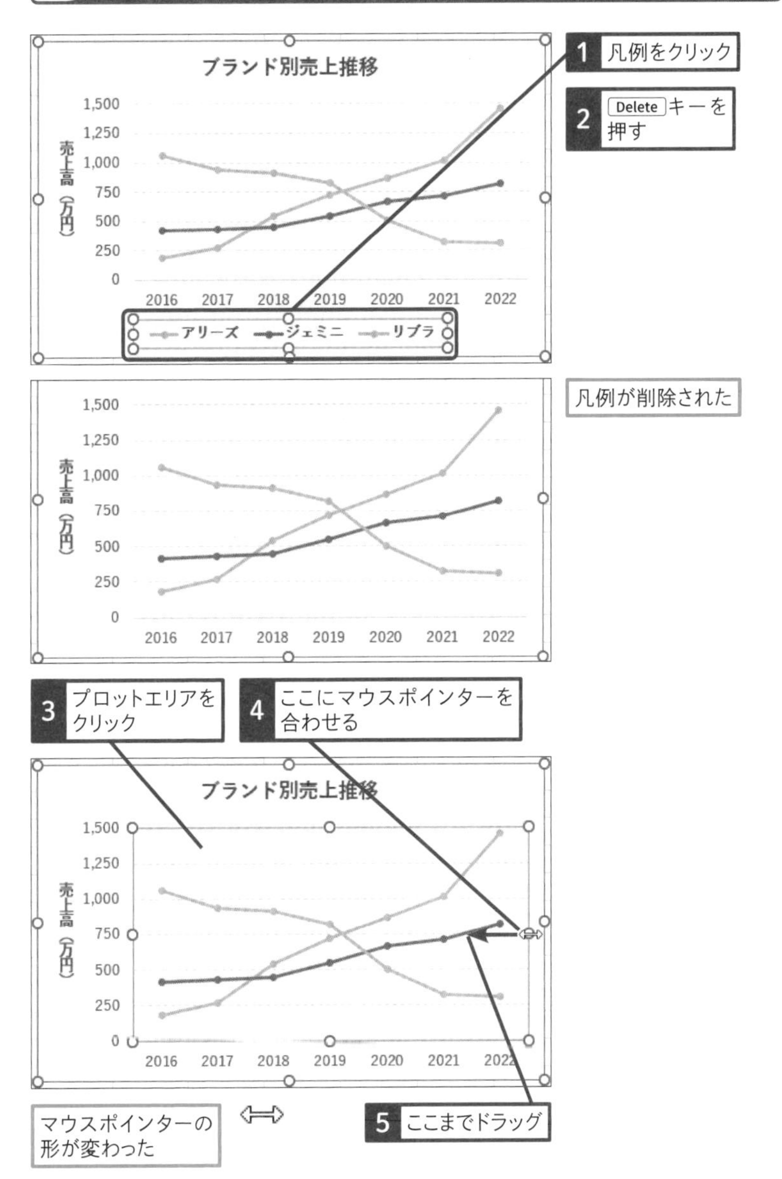

次のページに続く

2 折れ線の右端に系列名を表示する

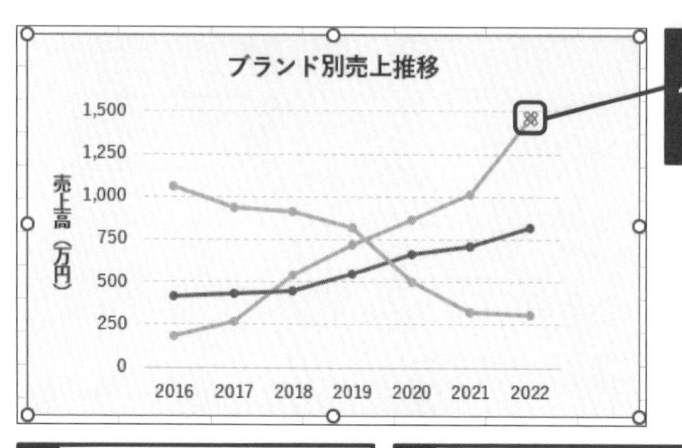

1 ［アリーズ］系列の［2022］のデータ要素をゆっくり2回クリック

2 ［アリーズ］系列の［2022］のデータ要素を右クリック

3 ［データラベルの追加］をクリック

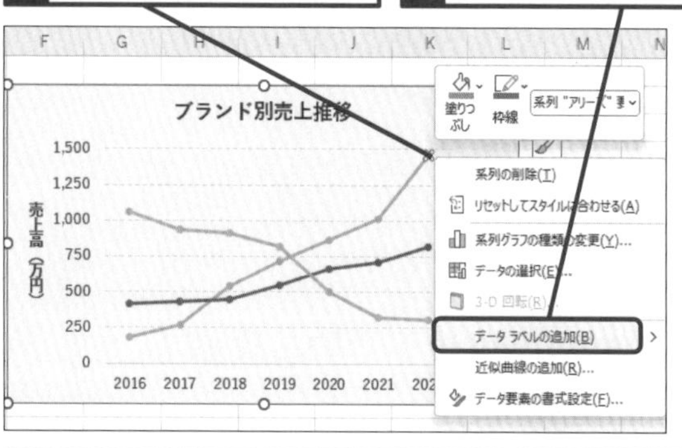

4 ［アリーズ］系列の［2022］のデータ要素をもう一度右クリック

5 ［データラベルの書式設定］をクリック

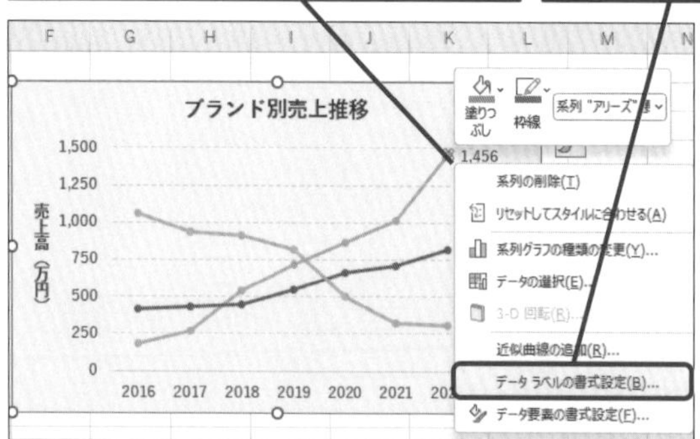

● データラベルの内容を設定する

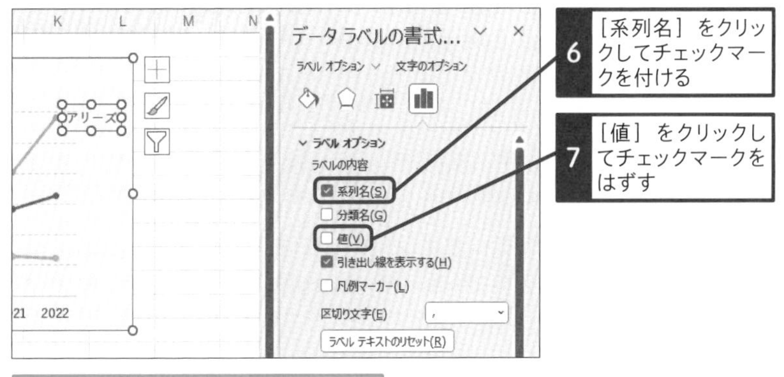

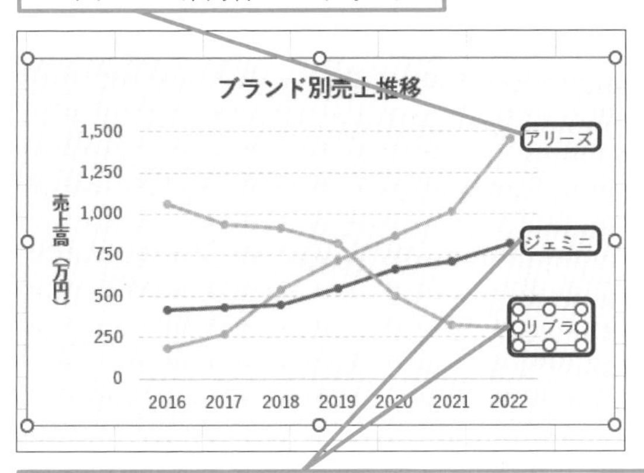

使いこなしのヒント

データラベルの色を線とそろえると分かりやすい

データラベルの文字を折れ線と同じ色にすると対応が分かりやすくなります。

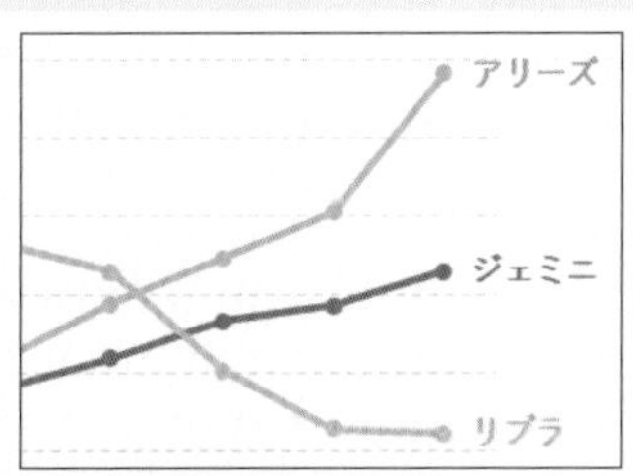

レッスン 61

折れ線の変化が分かるように数値軸を調整しよう

数値軸の範囲　練習用ファイル　L61_数値軸の範囲.xlsx

上向きか下向きか傾向を明確にしよう

折れ線グラフは、前後の数値の差から傾向を読み取るグラフです。数値が上向きなのか下向きなのかが重要なので、折れ線の傾きが目立つように縦（値）軸の目盛りの範囲を設定しましょう。
下の［Before］のグラフは、「当社製品」と「競合商品」の売り上げの推移を表した折れ線グラフです。当社製品の伸びをアピールしたいのですが、目盛りが0 ～ 7,000と広いため、折れ線がほぼ平坦で傾向がつかみにくくなっています。［After］のグラフでは、目盛りの範囲を4,500 ～ 6,500に変更しました。範囲を絞り込んだ分だけ折れ線の変化が大きくなり、当社製品の伸びを強力にアピールできます。

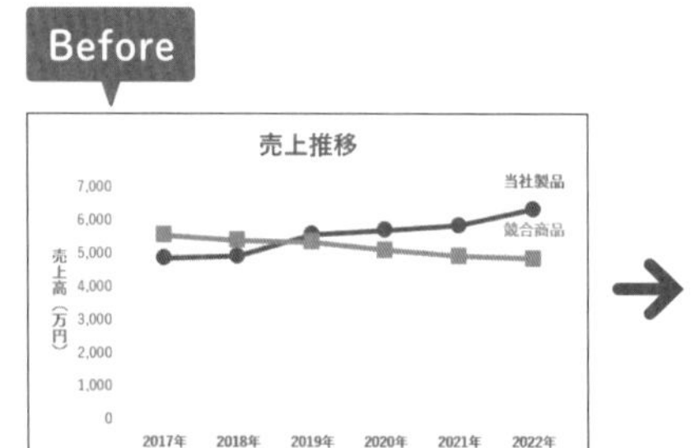

折れ線が平坦で変化が分かりづらい

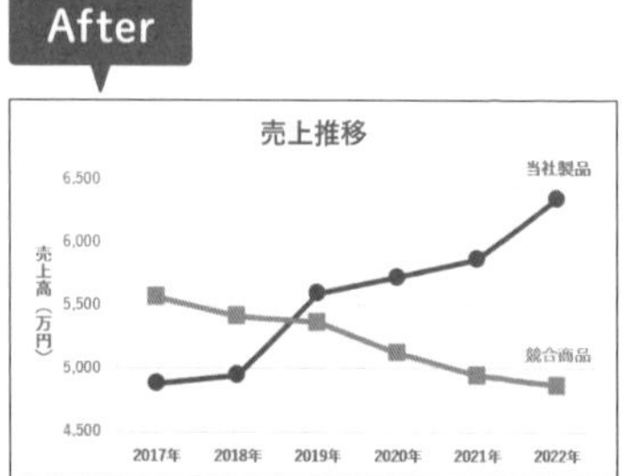

折れ線の傾きが大きくなり「当社製品」の伸びをアピールできる

関連レッスン

レッスン37	縦棒グラフに基準線を表示するには	P.140
レッスン42	折れ線全体の書式や一部の書式を変更するには	P.160

1 数値軸の範囲を変更する

1 縦（値）軸を右クリック

2 ［軸の書式設定］をクリック

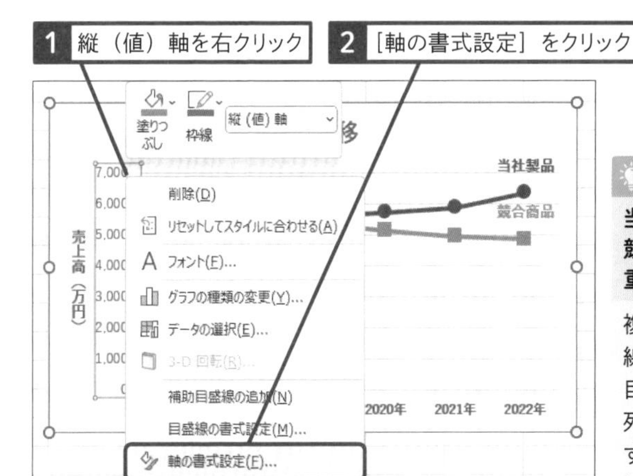

3 ［最小値］に「4500」と入力

4 ［閉じる］をクリック

縦（値）軸の範囲が変更された

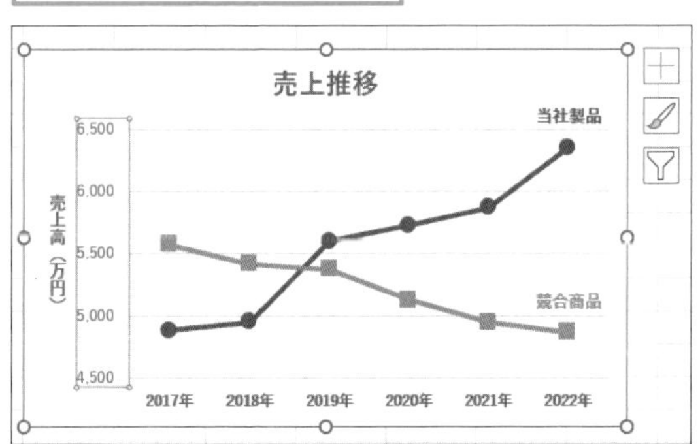

使いこなしのヒント

当社製品の折れ線を競合商品の前面に重ねるには

複数系列からなる折れ線グラフでは、1系列目が最背面、最後の系列が最前面に重なります。重なり方を変更したいときは、レッスン39を参考に［データソースの選択］ダイアログボックスで系列の順序を入れ替えます。このレッスンのサンプルの場合、「当社製品」の青い折れ線を前面にした方がより強調されます。

赤い線が前面に表示されている

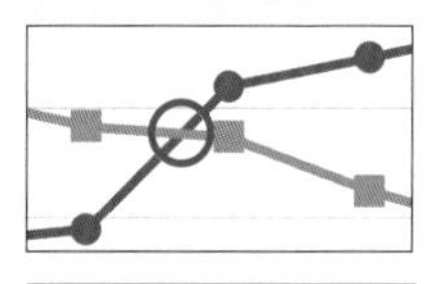

系列の順序を変えると青い線を前面に表示できる

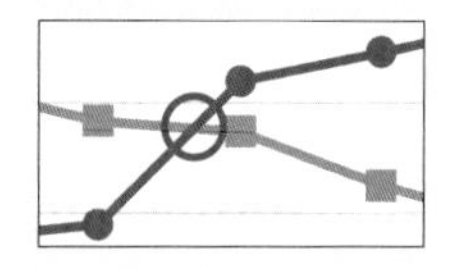

レッスン

62 折れ線の形状に合わせて縦軸の位置を切り替えよう

縦軸との交点　練習用ファイル　L62_縦軸との交点.xlsx

目盛りを左に移動して最新の数値を読みやすく

折れ線グラフに複数の系列を表示して、時間の経過とともに数値の差が広がっていく様子を示したいことがあります。下のグラフは、3種類の決済サービスのユーザー数の推移を表したグラフです。初期のユーザー数はほとんど同じですが、月を追うごとに差が広がっています。このような折れ線グラフでは、縦（値）軸を右側に配置すると見やすいグラフになります。[Before]のグラフと[After]のグラフを比べてください。縦（値）軸を右側に配置した［After］の方が、最終的な数値が読みやすく、数値の差が大きいことが鮮明に感じられるでしょう。

Before

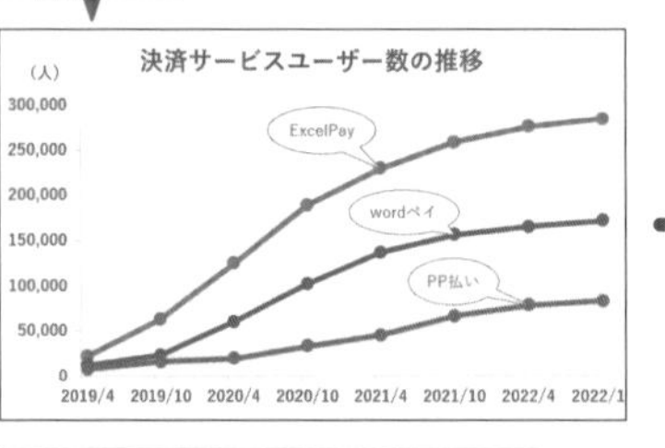

最終的な数値が読み取りにくい

After

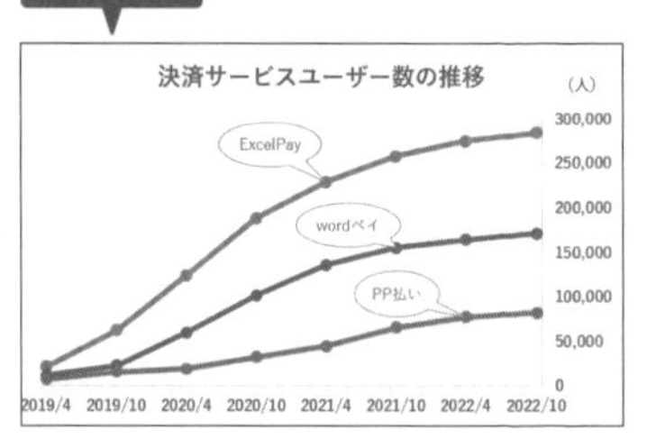

最終的な数値が読み取りやすい

関連レッスン

レッスン18	数値軸や項目軸に説明を表示するには	P.78
レッスン43	縦の目盛り線をマーカーと重なるように表示するには	P.164

1 縦軸との交点を変更する

1 横（項目）軸を右クリック

2 ［軸の書式設定］をクリック

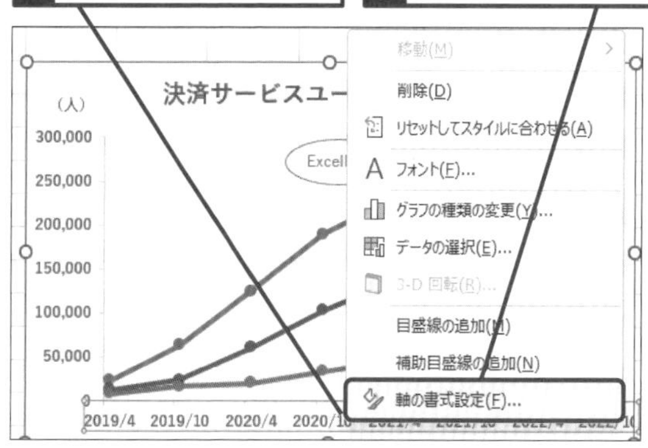

3 ［最大日付］をクリック

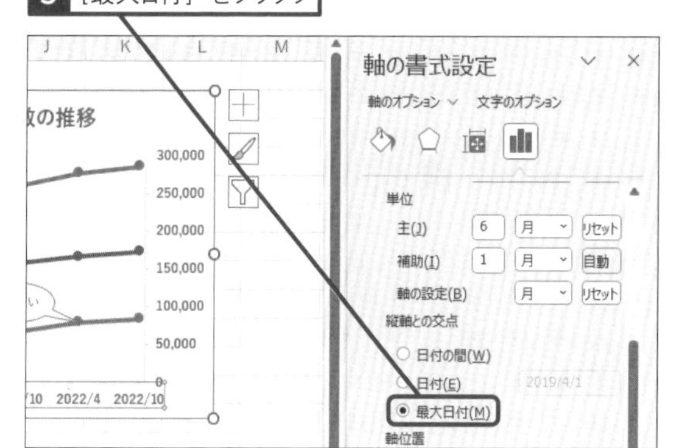

「（人）」のテキストボックスをドラッグして移動しておく

使いこなしのヒント

「最大日付」って何?

このレッスンのグラフの横（項目）軸は、日付が表示される「日付軸」です。操作3の［最大日付］とは、日付軸に表示される最新の日付のことです。［縦軸との交点］で［最大日付］を選択することにより、縦軸が最大日付である「2022/10」の位置に移動します。

レッスン
63 見せたいデータにフォーカスを合わせよう

グラフフィルター　練習用ファイル　L63_グラフフィルター .xlsx

グラフフィルターで注目データだけを抽出する

資料を作成すると、つい詳しい情報を盛り込んでしまいがちです。もちろん詳しい方が役に立つケースもありますが、場合によっては情報を盛り込み過ぎるとすべてに気を取られ、ポイントがぼやけてしまうことがあります。情報を絞り込んだ方が、伝えたいことが端的に伝わるでしょう。
下のグラフのアピールポイントは、「売上高が10年で10倍になった」ことです。10年分のデータが表示されている［Before］のグラフより、10年前と現在の2つのデータだけが表示されている［After］のグラフの方が、アピールポイントが際立ちます。ここでは［グラフフィルター］を使用して、グラフ上のデータを絞り込みます。

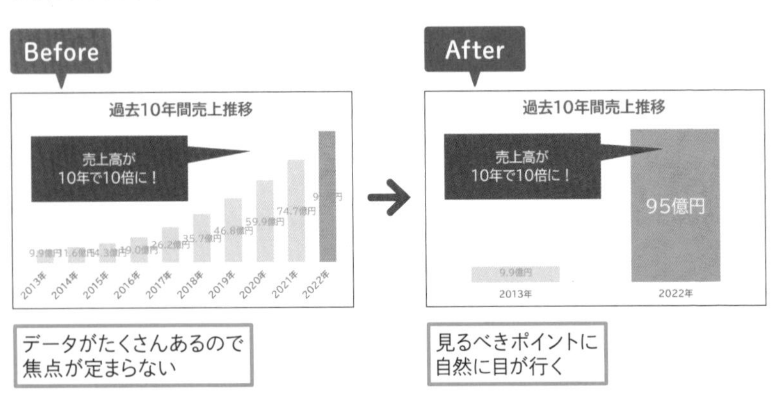

データがたくさんあるので焦点が定まらない

見るべきポイントに自然に目が行く

関連レッスン

レッスン57　色数を抑えてメリハリを付けよう　P.224
レッスン59　伝えたいことはダイレクトに文字にしよう　P.230

活用編　第9章　データを効果的に見せるテクニック

1 不要なデータをグラフから除外する

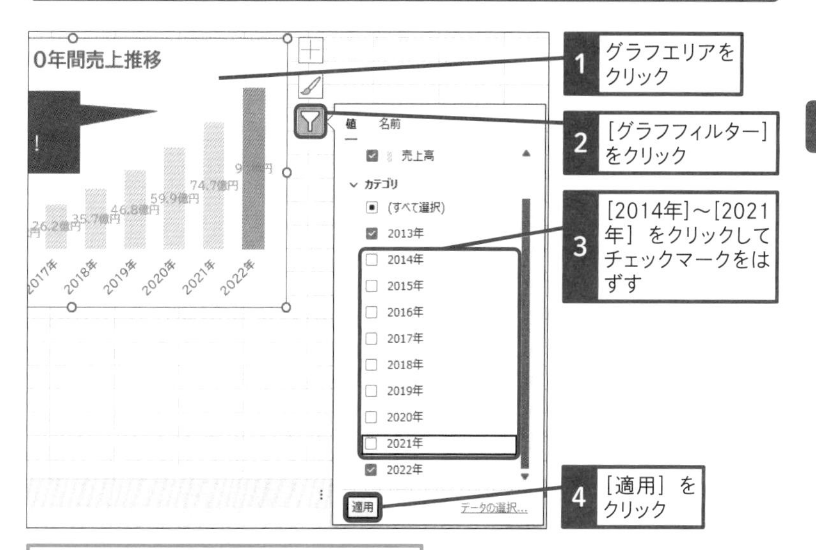

[グラフフィルター] をクリックして閉じておく

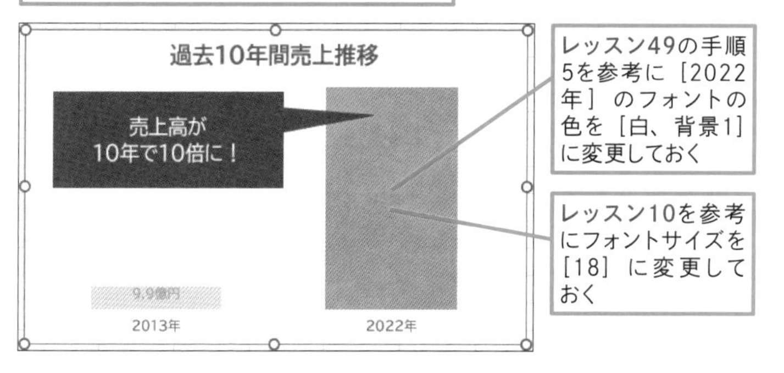

使いこなしのヒント

グラフフィルターって何?

「グラフフィルター」とは、グラフに表示する内容を絞り込む機能です。例えば複数系列からなるグラフの場合、グラフに表示するデータ系列を [系列] 欄から絞り込めます。また、[カテゴリ] 欄からは横 (項目) 軸に表示する項目を絞り込めます。

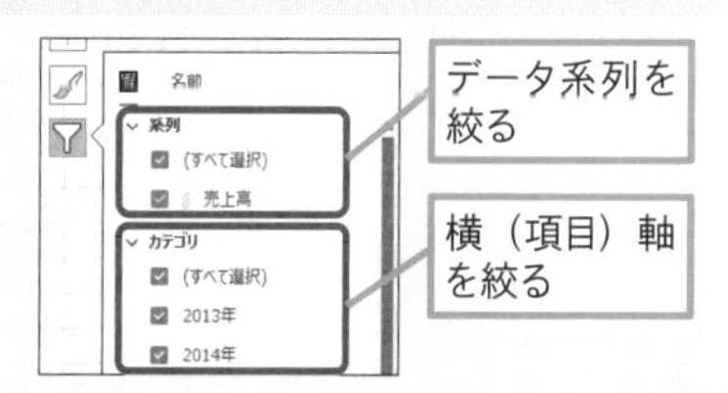

レッスン
64 系列数が多い折れ線は積み上げる／絞るで対処しよう

積み上げの利用　練習用ファイル　L64_積み上げの利用.xlsx

折れ線を積み上げて交差を解消する

折れ線グラフの系列数が多くなると線の交差が増え、1つ1つの折れ線が判別しづらくなります。プロットエリアに見やすく表示できるのは、3～4本程度でしょう。特徴的なデータだけ、または目的のあるデータだけを選んで、グラフ化する系列を絞りましょう。
絞り込みをしたくない場合は、積み上げ面グラフを使用してすべてのデータを積み上げるという方法も考えられます。この方法が使えるのは売上高や売上数のように合計することに意味のある数値に限られますが、データが交差することがないので各データの判別が容易になります。また、凡例との照らし合わせも便利になります。折れ線グラフの右側に凡例を表示した場合、折れ線と凡例の順序がごちゃごちゃで読み取りが困難です。一方、積み上げ面グラフでは、積み上げと凡例の順序が一致します。

Before

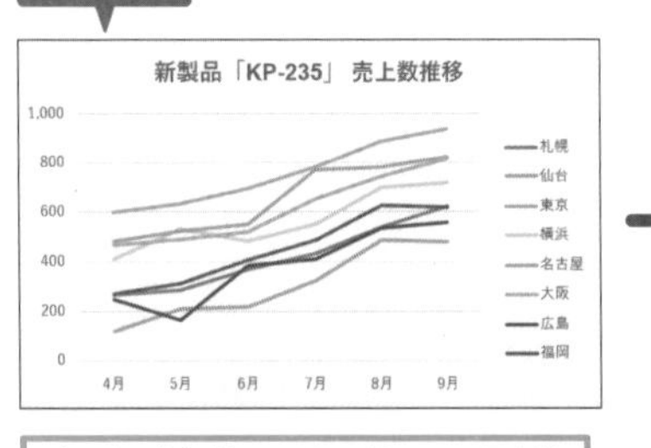

データが交差して見づらい。凡例と折れ線の順序が一致しない

After

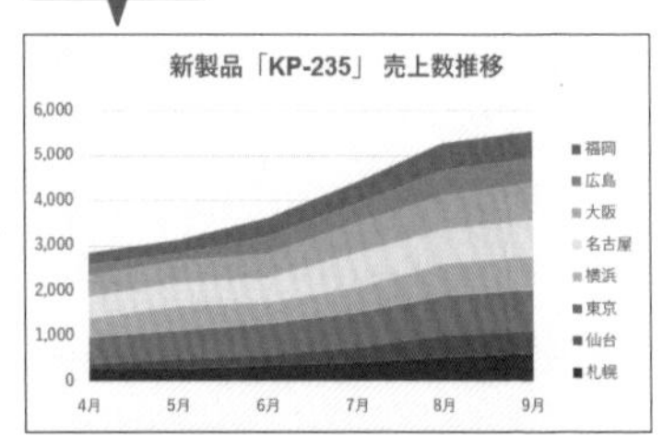

各データを判別しやすい。凡例が積み上げの順序と一致する

※上記の［After］のグラフは練習用ファイルの［書式設定後］シートに用意されています。

関連レッスン

レッスン45　特定の期間だけ背景を塗り分けるには　P.170

1 積み上げ面グラフに変更する

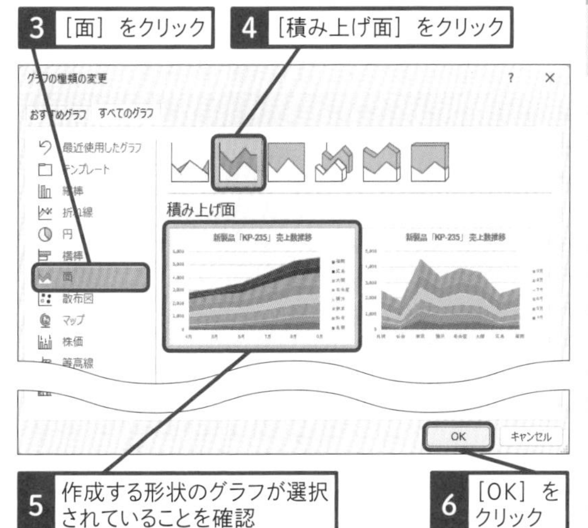

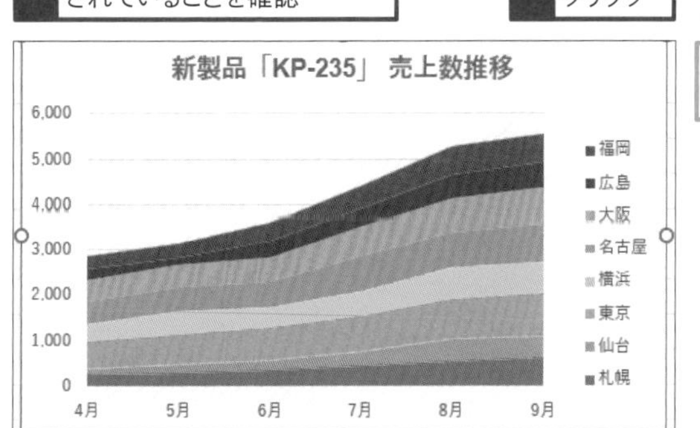

グラフの種類が変更された

使いこなしのヒント

積み上げの順序を変更するには

積み上げ面グラフでは、元表の先頭の項目が一番下、最後の項目が一番上に積み上げられます。積み上げの順序を変えるには、レッスン39を参考に［データソースの選択］ダイアログボックスを使用して系列の順序を変更します。積み上げの順序を変えると、連動して凡例の順序も入れ替わります。

レッスン
65 「その他」を利用して円グラフの要素を絞ろう

その他の計算　練習用ファイル　L65_その他の計算.xlsx

細かい数値を「その他」としてまとめる

円グラフでは比率の小さなデータが複数あると、見づらくなります。見やすく表示できる要素数は、5～6個程度でしょう。ただし、見づらいからといって、小さい数値を円グラフから完全に除外してしまってはいけません。円グラフは全体の合計を100%としたときの比率を表すグラフなので、小さい数値も合計に含める必要があります。グラフに表示する要素数を減らすには、小さな数値を「その他」としてグラフの最後に表示します。ここでは元表を作成し直して、グラフも作り直します。

Before

	A	B
1	売上実績	
2	商品	売上高
3	BR-101	8,935,200
4	SK-203	6,325,700
5	RT-102	3,221,400
6	BB-588	2,364,400
7	RS-211	1,033,000
8	SK-302	685,200
9	BR-106	432,400
10	SK-303	323,600
11		

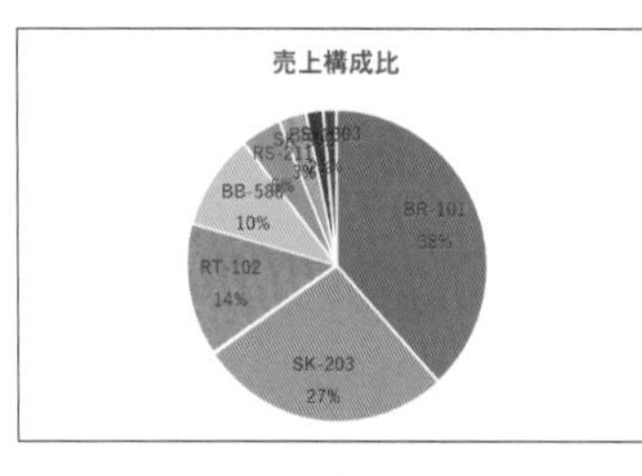

値の小さい要素がごちゃごちゃして見づらい

After

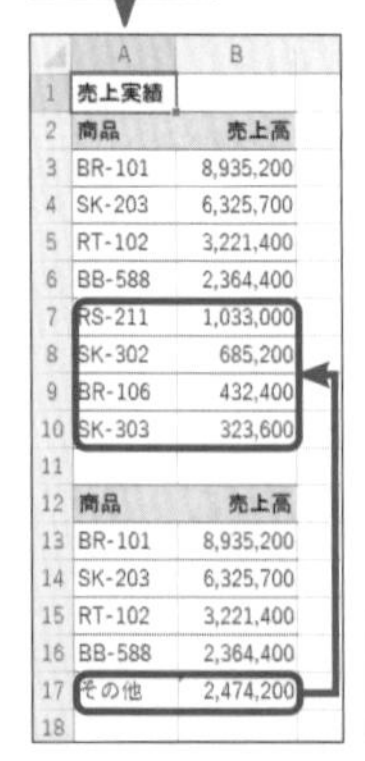

	A	B
1	売上実績	
2	商品	売上高
3	BR-101	8,935,200
4	SK-203	6,325,700
5	RT-102	3,221,400
6	BB-588	2,364,400
7	RS-211	1,033,000
8	SK-302	685,200
9	BR-106	432,400
10	SK-303	323,600
11		
12	商品	売上高
13	BR-101	8,935,200
14	SK-203	6,325,700
15	RT-102	3,221,400
16	BB-588	2,364,400
17	その他	2,474,200
18		

グラフがすっきり見やすくなる

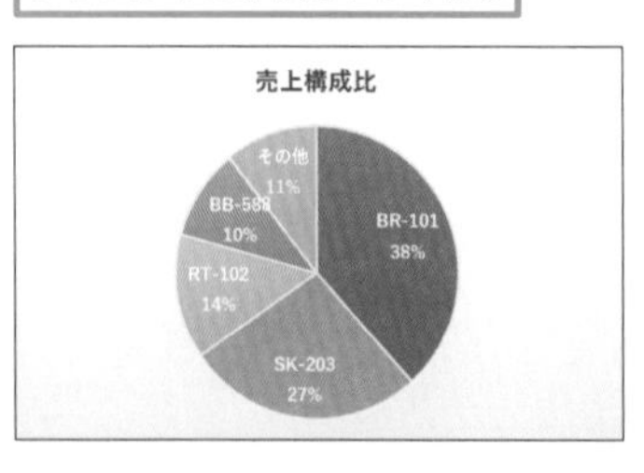

小さな要素を「その他」にまとめる

※上記の［After］のグラフは練習用ファイルの［書式設定後］シートに用意されています。

関連レッスン

レッスン47
項目名とパーセンテージを見やすく表示するには　P.180

レッスン48
円グラフの特定の要素の内訳を表示するには　P.184

1 その他の数値を計算する

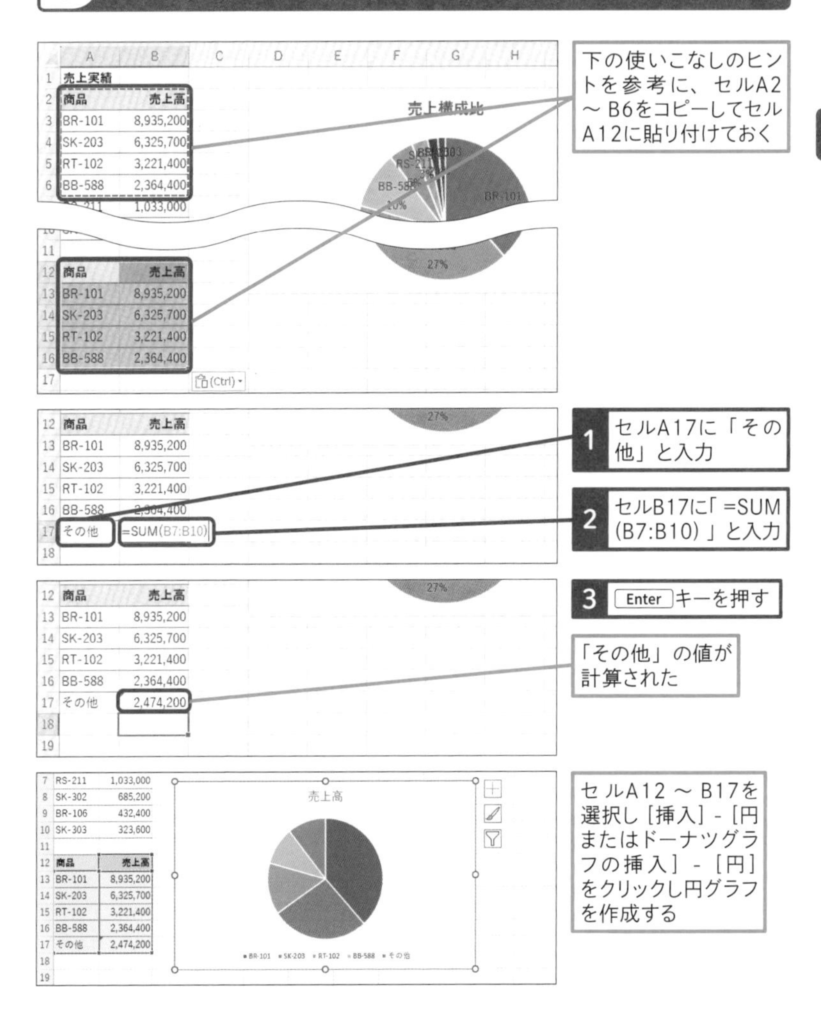

使いこなしのヒント

セルをコピーするには

表を作り直すには、コピー／貼り付けを利用すると効率的です。まずセルA2～B6を選択して、Ctrl＋Cキーを押します。次にセルA12をクリックしてCtrl＋Vキーを押すと、セルA2～B6の内容が貼り付けられます。

レッスン

66 棒グラフの基線はゼロから始めよう

最小値の設定 練習用ファイル L66_最小値の設定.xlsx

棒を断りなく端折るのはNG！

棒グラフは、棒全体のサイズで数値の大きさを表現するグラフです。数値軸の「0」を省略して途中の数値から始めると、棒のサイズと数値が一致しなくなり、正確な比較ができません。
下の［Before］のグラフの渋谷店と代々木店の棒を見比べてみましょう。渋谷店の棒は約2倍の高さがあり、売り上げが代々木店の2倍あるように見えます。しかし、実際には縦（値）軸の最小値が「7,000」なので、すべての棒が7,000を差し引いたサイズで表示されており、売り上げに2倍の差はありません。縦（値）軸の最小値を「0」に変更すると、［After］のように各店舗の売り上げに大きな差がないことが分かります。「売り上げに大きな差がない」という正しい情報を伝えるためにも、棒グラフの基線は必ず「0」から始めましょう。

Before

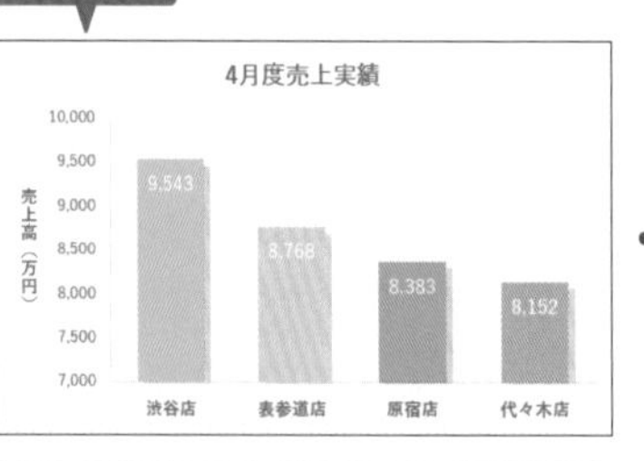

棒の下側が省略されているので棒のサイズで正確な比較ができない

After

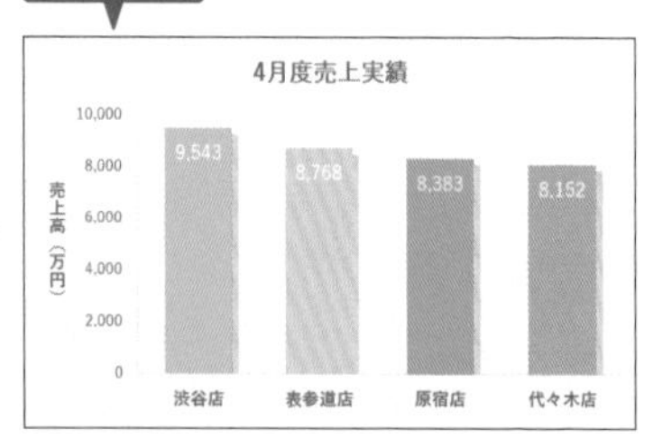

基線が「0」なら棒のサイズで数値を正確に表せる

関連レッスン

レッスン37	縦棒グラフに基準線を表示するには	P.140
レッスン61	折れ線の変化が分かるように数値軸を調整しよう	P.238

1 縦（値）軸の最小値を変更する

1 縦（値）軸を右クリック
2 ［軸の書式設定］をクリック

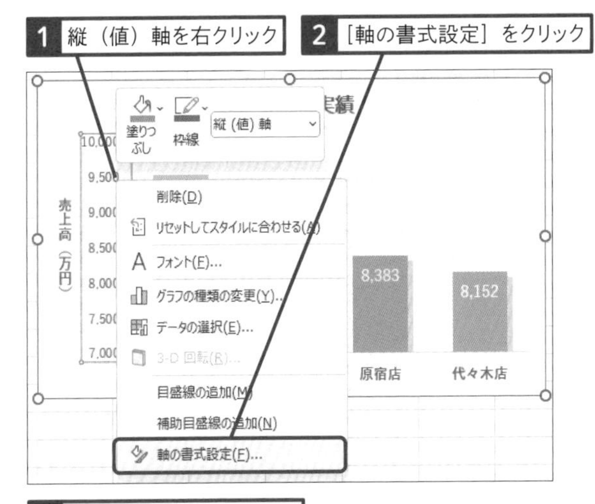

3 ［最小値］に「0」と入力

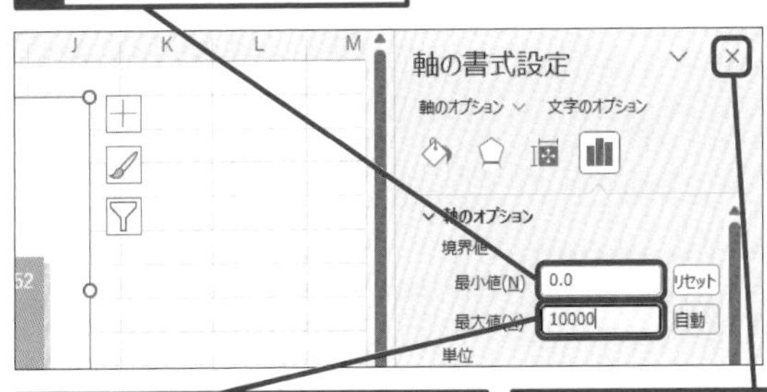

4 ［最大値］に「10000」と入力
5 ［閉じる］をクリック

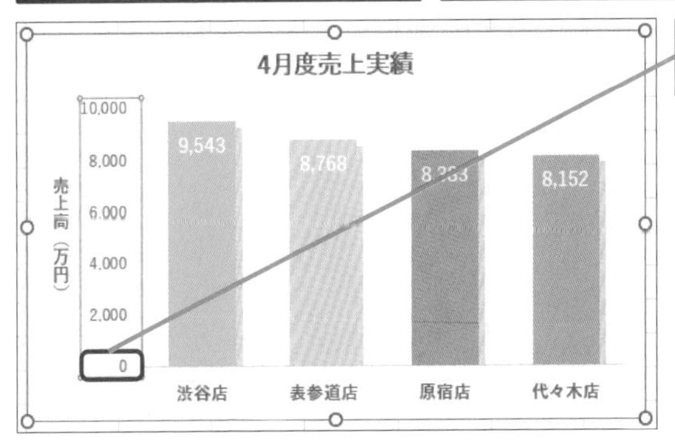

縦（値）軸の範囲が変更された

スキルアップ

PowerPointを利用して画像から色の構成を調べるには

グラフにブランドカラーやコーポレートカラーを設定するには、色の構成を知る必要があります。PowerPointのスライドにロゴなどの画像を貼り付け、以下のように操作すると、画像の色から赤、緑、青の数値を調べられます。調べた数値は、55ページの使いこなしのヒントを参考に［色の設定］ダイアログボックスの［赤］［緑］［青］に入力することでグラフに設定できます。

画像をPowerPointのスライドに貼り付けて選択しておく

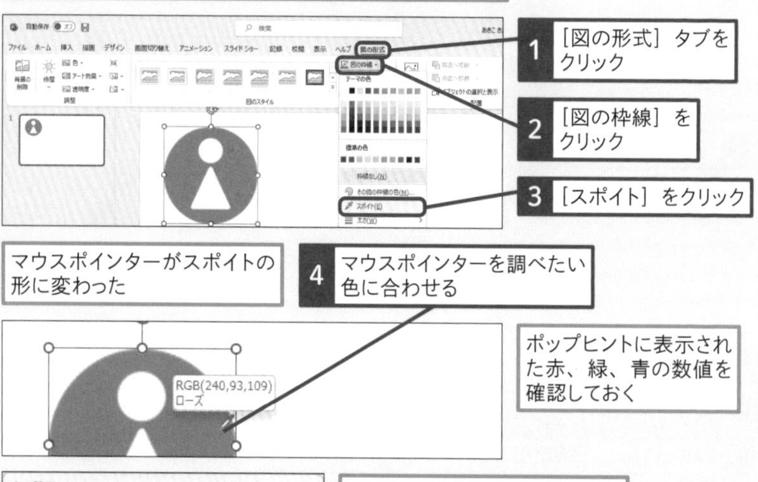

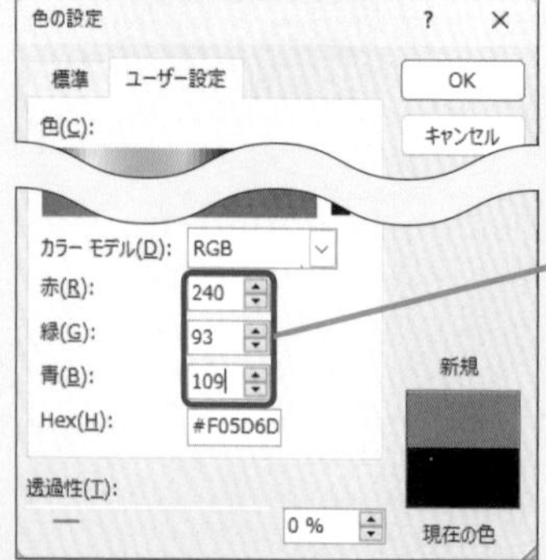

索引

さ

た

は

■著者
きたみあきこ

東京都生まれ。神奈川県在住。テクニカルライター。コンピューター関係の雑誌や書籍の執筆を中心に活動中。近著に『できるExcelグラフ』『できるAccess 2021 Office 2021 & Microsoft 365両対応』『できるExcelパーフェクトブック 困った！& 便利ワザ大全 Office2021/2019/2016 & Microsoft 365対応』『できるイラストで学ぶ入社1年目からのExcel』『できるイラストで学ぶ入社1年目からのExcel VBA』（以上、インプレス）『極める。Excel デスクワークを革命的に効率化する[上級]教科書』（翔泳社）『Excel関数＋組み合わせ術［実践ビジネス入門講座］【完全版】第2版』（SBクリエイティブ）などがある。

●Office Kitami ホームページ
https://office-kitami.com/

STAFF

シリーズロゴデザイン	山岡デザイン事務所 <yamaoka@mail.yama.co.jp>
カバー・本文デザイン	伊藤忠インタラクティブ株式会社
カバーイラスト	こつじゆい
サンプル制作協力	ハシモトアキノブ
DTP 制作	田中麻衣子
校正	株式会社トップスタジオ
編集協力	荻上　徹
デザイン制作室	今津幸弘 <imazu@impress.co.jp>
	鈴木　薫 <suzu-kao@impress.co.jp>
制作担当デスク	柏倉真理子 <kasiwa-m@impress.co.jp>
編集	小野孝行 <ono-t@impress.co.jp>
編集長	藤原泰之 <fujiwara@impress.co.jp>

■商品に関する問い合わせ先

このたびは弊社商品をご購入いただきありがとうございます。本書の内容などに関するお問い合わせは、下記のURLまたは二次元バーコードにある問い合わせフォームからお送りください。

https://book.impress.co.jp/info/

上記フォームがご利用いただけない場合のメールでの問い合わせ先

info@impress.co.jp

※お問い合わせの際は、書名、ISBN、お名前、お電話番号、メールアドレス に加えて、「該当するページ」と「具体的なご質問内容」「お使いの動作環境」を必ずご明記ください。なお、本書の範囲を超えるご質問にはお答えできないのでご了承ください。

●電話やFAXでのご質問には対応しておりません。また、封書でのお問い合わせは回答までに日数をいただく場合があります。あらかじめご了承ください。
●インプレスブックスの本書情報ページ　https://book.impress.co.jp/books/1123101033 では、本書のサポート情報や正誤表・訂正情報などを提供しています。あわせてご確認ください。
●本書の奥付に記載されている初版発行日から3年が経過した場合、もしくは本書で紹介している製品やサービスについて提供会社によるサポートが終了した場合はご質問にお答えできない場合があります。

■落丁・乱丁本などの問い合わせ先

FAX　03-6837-5023

service@impress.co.jp

※古書店で購入された商品はお取り替えできません。

できるポケット

Excelグラフ 基本&活用マスターブック

2023年8月11日　初版発行

著　者　きたみあきこ&できるシリーズ編集部

発行人　高橋隆志

発行所　株式会社インプレス
〒101-0051　東京都千代田区神田神保町一丁目105番地
ホームページ　https://book.impress.co.jp/

印刷所　図書印刷株式会社

ISBN978-4-295-01755-4 C3055

Printed in Japan